● 陈济川 编

大学生心理健康教程

厦门大学出版社 XIAMEN UNIVERSITY PRESS 国家一级出版社 全国百佳图书出版单位

图书在版编目(CIP)数据

大学生心理健康教程/陈济川编. —厦门:厦门大学出版社,2013.1(2014.9 重印)
ISBN 978-7-5615-4382-5

Ⅰ.①大… Ⅱ.①陈… Ⅲ.①大学生-心理健康-健康教育-教材 Ⅳ.①B844.2

中国版本图书馆 CIP 数据核字(2012)第 301239 号

厦门大学出版社出版发行
(地址:厦门市软件园二期望海路 39 号 邮编:361008)
http://www.xmupress.com
xmup @ xmupress.com
福建二新华印刷有限公司印刷
2013 年 1 月第 1 版 2014 年 9 月第 2 次印刷
开本:787×1092 1/16 印张:15
字数:346 千字 印数:3 001～6 000 册
定价:25.00 元

内容简介

本教程在编撰过程中，力求结合新办本科师范院校的特点，针对大学生心理健康教育方面存在的问题予以指导，具有较强的实用性。

本教程包括正文十章及三个附录。

第一章主要阐述大学生心理健康的意义与价值，常见心理问题及其调适方法，常见精神疾病及其处理方法，心理咨询的理论、原则和方法等；第二章主要阐述大学生人格特征及大学生人格健全的标准，人格自我健全及人格障碍自我矫正的方法等；第三章主要阐述大学生情绪的特征，常见情绪障碍类型及处理方法，情绪控制与调节的方法等；第四章主要阐述自我意识的概念、特征，大学生自我意识发展的困扰及其形成原因，健康自我意识培养的方法等；第五章主要阐述适应、应激、自我防御机制的概念，大学生常见的适应问题及其原因，应对挫折的能力等；第六章主要阐述大学生人际交往的特点和作用，增进大学生人际关系的技巧，人际交往心理障碍的调适方法等；第七章主要阐述大学生学习心理的特点，科学用脑的方法和适合自己的学习技巧等；第八章主要阐述大学生性心理的发展及表现，大学生的爱情与婚恋观，树立正确的恋爱观及常见性心理障碍调适方法等；第九章主要阐述生命的意义、大学生心理危机的表现，及大学生心理危机的干预与预防等方面的问题。第十章主要阐述职业生涯的概念、特性及各发展阶段的特点，让学生学会规划自己的职业生涯，克服常见的择业心理困惑等。

附录是大学生心理健康及教与学心理案例，以及一些常用的心理量表，读者可以阅读参考。

前 言

21世纪是一个发展迅猛、竞争激烈、交流频繁和生存问题突出的时代,21世纪的人才不仅应当拥有强健的体魄、渊博的知识、精湛的技术,更应具备开拓进取、执着追求、勇于创新、承受挫折和适应环境的良好心理素质与健全人格。1994年8月《中共中央关于进一步加强和改进学校德育工作的若干意见》中明确指出:“要通过多种形式对不同年龄层次的学生进行心理健康教育和指导,帮助学生提高心理素质,健全人格,增强承受挫折、适应环境的能力。”大学生应根据时代发展要求和自己的生理心理特点,掌握科学的知识和正确的方法,努力将自己塑造成身心健康、全面发展、能适应国际国内形势发展的新型人才。

大学生涯对每一位大学生来说,都是一个无法割舍的人生体验。在这里,不管他们愿意与否,他们都要开始独立地面对真实的生活,都要自主地解决自己的人生难题。但是,当他们以极大的热情去直面生活、实现自己的理想之梦时,会发现生活之舟是那么复杂,有时甚至是那么难以驾驭。在痛苦的反思之后,有的人开始调整目标,重塑生活,以积极的心态去迎接新的生活;有的人则选择了逃避与自暴自弃,以消极的心理与行为去对抗生活。积极的接纳与奋进是美好人生的起点,而消极的对抗则有可能一事无成。因此,在大学阶段,树立良好的心理健康观关系着每一位学子的成长。

为深入贯彻落实全国教育工作会议、教育规划纲要以及全国加强和改进大学生思想政治教育工作座谈会精神,进一步深入贯彻落实《中共中央、国务院关于进一步加强和改进大学生思想政治教育的意见》(中发〔2004〕16号),推进大学生心理健康教育工作科学化建设,进一步发挥课堂教学在大学生心理健康教育工作中的主渠道作用,提高大学生心理健康素质,编者根据教育部制定的《普通高等学校学生心理健康教育课程教学基本要求》,并结合本校的实际,制定了教学大纲、教学计划并编写了本教程。

本教程在编写过程中,参考了国内外许多已发表的心理健康教育论著,并引用汇编了其中部分研究成果,在此,对这些心理健康教育的专家们以及关心、支持本书编写的宁德师范学院领导和同事表示深切的谢意。限于编者水平,书中不妥或错漏之处在所难免,敬请专家、同仁和广大读者赐教。

编 者

2012年11月

前言

目 录

第一章　心理健康概论

【目的与要求】

1. 了解心理健康的意义与价值；
2. 了解常见心理问题及其调适方法；
3. 了解常见精神疾病及其处理方法；
4. 了解心理咨询的理论、原则和方法。

第一节　心理健康概述

一、心理健康的概念

理论研究与实践证明，人是生理、心理与社会层面的统一。人不仅仅是一个生物体，而且是有着复杂的心理活动、生活在一定的社会环境中的完整的人。

世界卫生组织（WHO）提出，健康是一种生理、心理与社会适应都臻于完满的状态，而不仅是没有疾病和摆脱虚弱的状态，并进一步指出健康的新概念：一是有充沛的精力，能从容不迫地担负日常工作和生活，而不感到疲劳和紧张；二是积极乐观，勇于承担责任，心胸开阔；三是精神饱满，情绪稳定，善于休息，睡眠良好；四是自我控制能力强，善于排除干扰；五是应变能力强，能适应外界环境的各种变化；六是体重得当，身材匀称；七是牙齿清洁，无空洞，无痛感，无出血现象；八是头发有光泽，无头屑；九是反应敏锐，眼睛明亮，眼睑不发炎；十是肌肉和皮肤富有弹性，步伐轻松自如。因此，健康是生理健康与心理健康的统一，二者是相互联系、密不可分的。当人的生理产生疾病时，其心理也必然受到影响，会情绪低落，烦躁不安，容易发怒，从而导致心理不适；同样，长期心情抑郁、精神负担重、焦虑的人也易产生身体不适。因此，健全的心理与健康的身体是相互依赖、相互促进的。

从广义上讲，心理健康是一种持续高效而满意的心理状态；从狭义上讲，心理健康是知、情、意、行的统一，是人格完善协调，社会适应良好。

（http://baike.baidu.com/view/1137846.htm）

二、心理健康的评估方法

(一)心理评估中常用的方法

心理评估方法众多,有心理测量学技术,还有社会学及其他学科检测手段。具体分为以下几类:①健康史的自我报告;②收集档案记录;③观察法;④调查法;⑤心理测验方法(包括心理测验和评定量表,是心理卫生评估主要的标准化手段);⑥生物医学检查;⑦其他手段。如果能将多种方法结合使用,使收集的资料更客观、更全面,并在分析结果时全面考虑各方面的相关因素,将使评估结果更科学、更有意义。下面介绍心理评估中经常用到的方法。

1. 观察法

在心理社会评估中,离不开对被试者的观察。观察法是评估者获得信息的常用手段。观察的结果需要经过科学而正确的描述加以“量化”。

(1)目标行为:在心理评估中观察内容常包括仪表、体形、人际交往风格、言谈举止、注意力、兴趣、爱好、各种情境下的应对行为等。实际观察中,应根据观察目的、观察方法及观察的不同阶段选择观察目标行为。对每种准备观察的行为应给予明确的定义,以便准确地观察和记录。

(2)资料记录:常因观察方法不同而采用不同的记录方式。一般而言,定式观察有固定的记录程序和方式,只要严格遵循即可;非定式观察常采用描述性记录方法,不仅要记录观察到的目标行为表现、频率,还要进行推理判断。

2. 调查法

调查法是通过晤谈、访问、座谈、问卷等方式获得资料,并加以分析研究。

(1)晤谈法或访问法:通过与被试者晤谈,了解其心理信息,同时观察其在晤谈时的行为反应,以补充和验证所获得的资料,进行描述或者等级记录以供分析研究。晤谈法的效果取决于问题的性质和研究者本身的晤谈技巧。

(2)座谈法:座谈也是一种调查访问手段。通过座谈可以从较大范围内获取有关资料,以提供分析研究。例如,冠心病康复期的心理行为问题可以通过定期与家属座谈,获得有关心理社会因素资料,并可以进行等级记录。

(3)问卷法:在许多情况下,为了使调查不至于遗漏重要内容,往往事先设计调查表或问卷,列好等级答案,当面或通过邮寄供被调查者填写,然后收集问卷,对其内容逐条进行分析等级记录并进行研究。例如,调查住院病人对护理工作是否满意,哪些满意、哪些不满意及其等级程度。问卷调查的质量取决于研究者事先对问题的性质、内容、目的和要求的明确程度,也取决于问卷内容设计的技巧性及被试的合作程度。例如,问卷中的问题是否反映了所要研究问题的实质,设问的策略是否恰当,对回答的要求是否一致,结果是否便于统计处理,以及内容是否会引起被调查者的顾虑等。

3. 心理测验法

这是指在临床护理工作中以心理测验作为心理或行为变量的主要定量手段。测验法使用经过信度、效度检验的现成量表,如人格量表、智力量表、症状量表等,获得较高可信

度的量化记录。心理测验种类繁多，必须严格按照心理测验科学规范实施，才能得到科学的结论。（参见附录三常用心理测量量表）

4. 实验法

实验法是对某一生物性（或心理行为）变量进行实际客观的直接的测量，获得绝对的量化记录。但是，在心理社会和行为领域，这种方法受到客观的限制，往往仅作为临床护理工作中的辅助变量。

（http：//www. xnjk. net/xljk/cs/20091021130838. htm）

（二）个体心理健康判断的标准

迄今为止，关于心理健康还没有一个统一的概念，国内外学者一般认同心理健康标准的复杂性，既有文化差异，也有个体差异。一般而言，从以下四个方面判断个体心理健康与否：

1. 经验标准

即当事人按照自己的主观感受来判断自己的健康，研究者凭借自己的经验对当事人的心理健康进行判定。重在关注当事人的主观心理感受，由于个体先天的遗传及后天的环境不同，经验标准更强调个别差异。同样的生活事件，当事双方由于自我认知不同，自我体验不同，自我评价也不尽相同。

2. 社会适应标准

以社会中大多数人的常态为参照标准，观察当事人是否适应常态而进行其心理是否健康的判断。例如，根据生理、心理与社会发展，大学生应当具有独立生活与处理生活事务的能力，而如果有的大学生生活能力低下，不能打理自己的日常生活，这便需要引起重视。

3. 统计学标准

依据对大量正常心理特征的测量取得一个常模，把当事人的心理与常模进行比较。这个标准更多地应用于心理学研究之中。一般而言，我们都要将个体的心理测验结果与常模对照，来判断其心理健康状况。

4. 自身行为标准

每个人在以往生活中形成稳定的行为模式，即正常标准。事实上，心理健康与否的界限是相对的，企图找到绝对标准是不现实的，大学生心理健康标准的把握也同样存在这样的问题。如何把握标准？我们认为应把握三个标准，即相对性、整体协调性和发展性。我们在研究大学生整体心理健康时，应将目光投向健康的发展观，即更多的大学生在发展中面临的许多人生课题、心理危机与心理困难也都是在发展的大背景下产生的。有的心理困惑属于某一群体所特有的，比如多重压力之于大学生，他们的人生期望、职业抱负、学业期待引发的学业压力、就业压力、情感压力等都需要应付。有些心理问题具有阶段性，当个体心理成熟后会自愈。

人的心理健康是指一种持续的、积极的心理状态。个体在这种状态下，能够与环境有良好的适应，其生命具有活力，能充分发挥其身心潜能，就可视为心理健康。据此，人的心理健康水平大体可分为三个等级：一是一般常态心理，表现为心情经常愉快，适应能力强，善于与别人相处，能较好地完成与同龄人发展水平相适应的活动，具有调节情绪的能力；

二是轻度失调心理，表现出不具有同龄人所应有的愉快，与他人相处略感困难，生活自理能力较差，经主动调节或通过专业人员帮助后可恢复常态；三是严重病态心理，表现为严重的适应失调，不能维持正常的生活和工作，如不及时治疗可能恶化成为精神病患者。

（http://baike.baidu.com/view/1137846.htm）

三、大学生心理健康的标准

大学生的普遍年龄一般在18～25岁之间，从心理学的观点来看，正处于青年中期。大学生的心理具有青年中期的许多特点，但作为一个特殊群体，大学生又不能完全等同与社会上的青年。心理是否健康一般采用量表测量，其标准不是固定不变的。心理健康标准随着时代变迁、文化背景变化而变化。根据我国大学生的实际情况，评判大学生的心理健康水平应从以下几个标准给予着重考虑：

（一）智力正常

智力，是人的观察力、注意力、记忆力、想象力、思维力、创造力及实践活动能力等的综合，包括在经验中学习或理解的能力、获得和保持知识的能力、迅速而成功地对新情境做出反应的能力、运用推理有效地解决问题的能力等。这是大学生学习、生活与工作的基本心理条件，也是适应周围环境变化所必需的心理保证。因此，衡量大学生的智力是否正常，关键在于其是否正常、充分地发挥了自我效能，即有强烈的求知欲，乐于学习，能够积极参与学习活动。

（二）情绪健康

其标志是情绪稳定和心情愉快。包括的内容有：愉快情绪多于负性情绪，乐观开朗，富有朝气，对生活充满希望；情绪较稳定，善于控制与调节自己的情绪，既能克制又能合理宣泄自己的情绪，情绪的表达既符合社会的要求又符合自身的需要，在不同的时间和场合有恰如其分的情绪表达；情绪反应与环境相适应，反应的强度与引起这种情绪的情境相符合。

（三）意志健全

意志是人在完成一种有目的的活动时进行的选择、决定与执行的心理过程。意志健全者在行动的自觉性、果断性、顽强性和自制力等方面都表现出较高的水平。意志健全的大学生在各种活动中都有自觉的目的性，能适时地做出决定并运用切实有准备的方式解决所遇到的问题，在困难和挫折面前，能采取合理的反应方式，能在行动中控制情绪和言而有信，而不是行动盲目，畏惧困难，顽固执拗。

（四）人格完整

人格是个体比较稳定的心理特征的总和。人格完善就是指有健全统一的人格，个人的所想、所说、所做都是协调一致的。人格完善包括人格结构的各要素完整统一；具有正确的自我意识，不产生自我同一性混乱，以积极进取的人生观作为人格的核心，并以此为中心把自己的需要、目标和行动统一起来。

(五)自我评价正确

正确的自我评价是大学生心理健康的重要条件。大学生在进行自我观察、自我认定、自我判断和自我评价时,能做到自知,恰如其分地认识自己,摆正自己的位置,既不以自己在某些方面高于别人而自傲,也不以某些方面低于别人而自卑。面对挫折与困境,能够自我悦纳,喜欢自己,接受自己,自尊、自强、自制、自爱适度,正视现实,积极进取。

(六)人际关系和谐

良好而深厚的人际关系,是事业成功与生活幸福的前提。其表现为:乐于与人交往,既有广泛而深厚的人际关系,又有知心朋友;在交往中保持独立而完整的人格,有自知之明,不卑不亢;能客观评价别人和自己,善取人之长补己之短;宽以待人,乐于助人;积极的交往态度多于消极态度,交往动机端正。

(七)社会适应正常

个体应与客观现实环境保持良好秩序,既要进行客观观察以取得正确认识,以有效的办法应对环境中的各种困难,不退缩,又要根据环境的特点和自我意识的情况努力进行协调,或改变环境适应个体需要,或改造自我适应环境。

(八)心理行为符合大学生的年龄特征

大学生是处于特定年龄阶段的特殊群体,大学生应具有与年龄与角色相适应的心理行为特征。

正确理解大学生心理健康的标准应重视以下几个方面:

一是标准的相对性。事实上,大学生心理健康与不健康也并无明显界限,而是一个连续化的过程。如将正常比作白色,将不正常比作黑色,那么在白色与黑色之间存在着一个巨大的缓冲区域——灰色区,世间大多数人都散落在这一区域内。这说明,对多数大学生而言,在人生的发展过程中面临心理问题是正常的,不必大惊小怪,应积极加以矫正。与此同时,个体灰色区域也是存在的,大学生应提高自我保健意识,及时进行自我调整。人的健康状态的活动是一个发展的问题,当一个人产生了某种心理障碍并不意味着永远保持或行将加重。在心理上形成心理冲突是非常正常的,而且是可以自行解决的。

二是整体协调性。把握心理健康的标准,应以心理活动为本考察其内外关系的整体协调性。从心理过程看,健康的人的心理活动是一个完整统一的协调体,这种整体协调保证了个体在反映客观世界过程中的高度准确性和有效性。事实表明,认识是健康心理结构的起点,意志行为是人格面貌的归宿,情感是认识与意志之间的中介因素。从心理结构的几个方面看,一旦它们不能符合规律地进行协调运作时,就可能产生一系列的心理困扰或问题。从个性角度看,每个人都有自己长期形成的稳定的个性心理,一个人的个性在没有明显的剧烈的外部因素影响下是不会轻易发生变化的。从个体与群体的关系看,每个人在其现实性上可划分成不同的群体,不同群体间的心理健康标准是有差异的。

三是发展性。事实上，不健康的心理可能是人的发展中不可避免的发展性问题，随着个体的心理成长而逐渐调整使之趋于健康。心理健康的标准是一种理想尺度，它一方面为人们提供了衡量心理是否健康的标准，同时也为人们指出了提高心理健康水平的努力方向。如果每个人在自己现有基础上能够做不同程度的努力，都可追求自身心理发展的更高层次，从而不断发挥自身的潜能。大学生心理健康的基本标准，是他们能够进行有效的学习和生活。如果正常的学习和生活都难以维持，就应该及时予以调整。

心理健康如一缕阳光，撒在我们探索人生、了解自我与社会的路上，也让心灵始终充满阳光，使我们看清了自己的前方，特别是自己的囿限，懂得了如何调节自己，成为一个健康的社会人。

(http://dep.hrxy.edu.cn/shekexi/ScientificResearch.Asp? Tid=81&Id=243)

(http://baike.baidu.com/view/1137846.htm)

四、心理健康的意义与价值

(一)促进身心的健康发展

世界卫生组织认为，健康不但指没有身体疾患，而且指有完整的生理、心理状态和社会适应能力。心理健康是一个人身心健康不可缺少的组成部分之一。有关研究证明，人的生理与心理的关系非常密切。某种生理变化或疾病对人的心理活动有着明显的影响，健康的心理对人的身体健康的良好作用是药物所不能代替的，而不健康的心理对身体健康的危害不亚于病菌。确实，生理健康和心理健康是一个整体，不能分割开来，心理健康能促进生理健康。

(二)和谐人际关系

很多人人际关系不良，源于他们存在人格缺陷和病态心理，这不但使他们自身不快乐，也会造成社会不和谐。而人格完美、心理健康的人，他们不但人际关系和谐，而且还会带来事业的进步和成功。由此可见，从社会关系方面来看，心理健康的意义十分重要。

(三)完善个人事业

心理健康的意义还体现在工作和事业上。一切的成就，一切的财富，都源于一个健康的心理。很多人在问鼎成功之时，由于精神压力过大和心理不健康，最后精神崩溃或自杀，空留世人无尽遗憾。也有很多成年人，由于心理不健康，他们没心思工作，即使工作，效率也极低。

开拓事业，人的非智力因素非常重要，如人格魅力、意志力、情绪控制力、沟通能力等。心理不健康的人，这些非智力因素都会有所削弱。这也就是为什么很多有严重心理问题者大都一辈子一事无成。

(四)提高生命质量

现代人普遍承受着比往日更为沉重的压力，由于没有注意到心理健康的意义，一些有心理问题的人没有选择及时进行心理治疗，而是选择更为极端的方式来减轻压力带来的痛苦，比如自杀。据了解，自杀者绝大多数心理不健康。由此可见，关注心理健康就是关注生命，保持心理健康能够极大地提高生命质量。

了解心理健康的意义与价值，可以帮助人们更好地认识心理健康和心理疾病，有利于人们重视心理疾病，适时寻找解决的办法而不是一味地压抑。所以，平时我们应多关注一些心理健康的相关常识，以便及时发现心理异常，尽早寻求心理医生的帮助。

(http://soul.ecjtu.jx.cn/ShowArticle.php? id=2581&1260744453.html)

第二节　常见心理问题及其调适

一、常见心理问题的类型和特征

(一)环境适应问题

在大一新生中较为常见。

(二)学习问题

大学生常见的学习问题主要表现为学习目的问题、学习动力问题、学习方法问题、学习态度问题，以及学习成绩差等。大学期间，学习往往不再如高中阶段那样得到绝大多数人的重视，目的不明确、动力不足、态度不好构成了学习问题的主要方面。

(三)人际关系问题

如何与周围的同学友好相处，建立和谐的人际关系，是大学生面临的一个重要课题。同高中阶段相比，大学生对人际关系问题的关注程度超过了学习，也成为大学生心理困扰的主要来源之一。人际关系问题常常表现为难以和别人愉快相处，没有知心朋友，缺乏必要的交往技巧，过分委曲求全等，以及由此而引起的孤单、苦闷，缺少支持和关爱等痛苦感受。

(四)恋爱与性心理问题

大学生处于青年中期，性发育成熟是重要特征，恋爱与性问题是不可避免的。一般包括单相思、恋爱受挫、恋爱与学业关系问题、情感破裂的报复心理等，而性心理问题常见的有手淫困扰，以及由婚前性行为、校园同居等问题引起的恐惧、焦虑、担忧等。

(五)性格与情绪问题

性格障碍是大学生中较为严重的心理障碍，其形成与成长经历有关，原因较为复杂，主要表现为自卑、怯懦、依赖、神经质、偏激、敌对、孤僻、抑郁等。

(六)求职与择业问题

是高年级大学生常见问题。在跨入社会时，他们往往感到很多的困惑和担忧。如何选择自己的职业，如何规划自己的职业生涯，求职需要些什么样的技巧等问题，都会或多或少带来困扰和忧虑。

（七）神经症问题

长期的睡眠困难、焦虑、抑郁、强迫、疑病、恐怖等都是神经症的临床表现症状。

第七种问题是偏离正常状态的心理问题，需要进行专业的心理咨询或心理治疗。而对于大部分学生来说，常常遭遇到的是前六种心理困扰，这些困扰主要是由很多现实的社会心理因素所导致，也往往是暂时性的，经过自己的主动调节或寻求咨询老师的帮助，多能恢复心理的平衡和适应。

二、如何面对自身的“心理问题”

随着心理健康教育的普及，人们对心理健康的认识已逐渐加深，但大学生们在对待他人的心理困惑的态度上比对待自己的更为理性，一旦涉及自己则表现得优柔寡断，觉得难以启齿，常常不知所措。要改善这一心态，有如下建议：

（一）坦然面对

心理健康也跟身体健康一样，在人的一生中难免会出现这样那样的问题，出现心理困惑只是成长正常状态，没有问题哪有成长可言，因而不必大惊小怪，怨天尤人。

（二）不要急于“诊断”

心理问题本身多种多样，成因往往也很复杂，切忌盲目从一些书籍上断章取义，或者道听途说，急于“对号入座”，认定自己患了什么病。弄清问题当然是必要的，但大学生的问题还是发展性的居多，很多是“成长中的烦恼”，实在不必自己吓自己。

（三）转移注意

心理问题往往有这么一个特点，就是越注意它，它似乎就越严重。所以，不要老盯着自己所谓的问题不放，不可过分关注自我，而应把注意力转移到学习、生活、工作的方方面面。有自己感兴趣的事情并全力投入是很有利于心理健康的。

（四）调整生活规律

很多时候，只要将自己习惯了的生活规律稍加调整，就会给自己整个的精神面貌带来焕然一新的感受，所谓的心理问题也随之轻松化解了。

（五）不要忌讳心理咨询

对于严重的、难以排解的心理问题，也可寻求专家咨询及心理卫生机构的帮助。

三、常见心理问题的成因和自我调适方法

大学生的心理问题复杂、多变，具有独特性，其引发原因多种多样，在具体处理过程中

应全面细致地分析其诱因，以便对症下药，迅速有效地解决问题。

(一)环境、角度的变化引发心理冲突

大学生的角色地位及生活环境与高中时期有着很大的不同。首先，大学生要自己安排生活，靠自己的能力处理学习、生活、人际等方方面面的问题。但据调查，80%的学生以前在家没有洗过衣服，生活自理能力差，对父母有较强的依赖性。生活问题对这部分学生造成了一定的压力。其次，大学中评判学生优劣的标准已不再是单纯的学习成绩，还包括组织管理能力、人际交往能力及其他一些能力，这种标准的多样化使部分成绩优秀而其他方面平平的学生感到不适应，其自尊心受到强烈的震撼，心理上产生失落和自卑。

自我调适方法：针对这种情况，首先提高独立生活能力，这是入学适应的第一步，也是适应社会生活的重要一步。其次，需学会正确地评价自己，在不同环境下能够客观地评价自己及他人的长处和短处，并认识到优、缺点是每个人都有的，应当发扬优点，克服缺点，而不应因为缺点的存在就自卑或自暴自弃。

(二)学习压力造成的焦虑心理

现在的大学对学生学习要求严格，若几门课程不及格就会面临失去学位甚至退学的危险，这就给学生造成了一定的心理压力。加之大学更注重学生的自学能力，部分学生由于学习方法不当导致成绩不理想，因而产生挫折感，伴之而生的紧张不安的情绪就是焦虑。适度的焦虑水平及必要的觉醒和紧张对人的学习、工作是必要的，但持续而重度的焦虑则会使人丧失自信，干扰正常思维，从而妨碍学习。

自我调适方法：首先应建立正确而适度的学习标准，确立适合的抱负水平，避免由于期望值过高而造成的过度焦虑。另外，应提高自学能力，掌握适合于自己的学习方法，制定良好的学习计划，有效提高学习成绩。如焦虑严重且持续较长，则要通过心理咨询帮助排除。

(三)人际关系不良导致情绪及人格障碍

随着经济发展，社会财富增加，现代化家电的普及，计划生育带来的城市家庭兄弟、姐妹概念淡化，邻里交往缺乏，青少年生活在一个相对封闭的环境中，使他们不善于交际。另外，在大学中，人际关系比高中要复杂得多，要求学生学会与各种类型的人交往，逐步走向社会。但部分学生不能或很难适应，总是以自己的标准去要求他人，因而造成人际障碍。人际关系不良会导致沟通缺乏，心理紧张，情绪压抑，产生孤独感，从而影响正常的学习和生活。

自我调适方法：对于人际关系不良的同学，首先要学会正确对待自己和他人，克服认知偏见。此外，要加强个性修养，战胜自卑、羞怯，纠正虚伪自私等不良个性特征。再次，要掌握一定的交际原则和技巧，以便建立正常的人际关系，确保学习和生活的正常进行。

(四)爱情引起的情绪困扰

大学生正处于青春期，生理机能已经成熟，逐渐产生了恋爱的要求，但是如果在这个

问题上处理不当，就会直接影响心理健康及学习和生活。目前，大学生存在的恋爱困扰主要是对两性交往的不适、性冲动的困扰及缺乏处理恋爱中感情纠葛的能力等。

自我调适方法：应认识到大学生在校期间谈恋爱虽然不宜提倡，但也不可压制，应正确对待异性交往，培养与异性交往的能力。正确对待自己和恋人，在因恋爱而发生情绪困扰时，应及时进行情绪疏通，使消极情绪得以合理宣泄，以保证正常的学习和生活，维护心理健康。

（五）就业压力造成的心理压力

大学毕业生找工作难是个普遍问题，而要找一个理想的工作就更难。择业过程中遇到的各种问题（如工作单位不如意，担心自己能力不足，缺乏经验而不能胜任工作等）都给临近毕业的大学生造成巨大的压力。这种压力又以一些不正当的渠道宣泄出来，如乱砸东西、酗酒打架、消极厌世等。

自我调适方法：大学生尤其是毕业生应进行职业辅导，调整择业心态，选择适合于自己的工作是非常必要的。应了解自我，包括对自我身体素质和心理素质（如智力、兴趣、态度、气质、能力等）的认识，这方面可以借助于一些心理测验工具，如“气质调查量表”来进行。其次，要了解各种职业的基本情况。在这两方面的基础上选择适合于自己特点的职业。同时，还应学习基本的求职技巧，以便在求职过程中能发挥优势，表现出自己的真才实学来推销自我。最后，还应正确面对求职中的挫折，调整心态，不断努力寻找机会。

（六）自身心理素质的不足

自身心理素质的不足，如自我认识片面，情感脆弱、冲动、不稳定，意志薄弱，怯懦、虚荣、冷漠、固执，缺乏正确的人生观和积极的人生态度，耐挫力差，不懂得心理健康，缺乏心理调节的技巧。

自我调适方法：应丰富心理知识，增强心理健康意识，学习心理调节的基本技能并力求训练和提高自身心理素质。

（http://zhidao.baidu.com/question/352959729.html? fr=qrl&cid=196&index=1）

四、心理疲劳、一般性焦虑、一般性抑郁、自我关注、心理固着及应对方式

（一）心理疲劳

1. 心理疲劳定义

心理疲劳（mental fatigue）指人体肌肉工作强度不大，但由于神经系统紧张程度过高或长时间从事单调、厌烦的工作而引起的疲劳。

心理疲劳常常带有主观体验的性质，并不完全是客观生理指标变化的反映。心理疲劳不仅降低学习与工作效率，而且对心理健康也有一定的影响。长期的心理疲劳，使人心境抑郁，百无聊赖，心烦意乱，精疲力竭，进而引起心因性疾病，如神经衰弱，表现为头痛、头晕、记忆力不好、失眠、怕光、怕声音等。因此，脑力工作者防止心理疲劳是一个重要的心理保健问题，不可掉以轻心。

2. 防止心理疲劳的方法

(1)学会自我调适,及时放松自己,保持心理的平衡和宁静

针对精神长期高度紧张,脑力工作者应学会自我调适,及时放松自己。如参加各种体育活动;下班后泡泡热水澡,与家人、朋友聊天;双休日出游;还可以利用各种方式宣泄自己压抑的情绪等。另外,在工作中也可以放松,如边工作边听音乐;与同事聊聊天,讲讲笑话;在办公室里来回走走,伸伸腰;打开窗户,临窗远眺,做做深呼吸等。

同时,在复杂紧张的工作中,应保持心理的平衡与宁静。这就要求脑力工作者应养成开朗、乐观、大度等良好的性格,为人处事应该稳健,要有宽容、接纳、超脱的心胸。

(2)合理安排工作和生活,制定切合实际的追求目标,正确处理人际关系

脑力工作者之所以精神高度紧张,一方面是由于工作量大引起的,另一方面也和脑力工作者自身处理问题的态度和方法有关。如众多脑力工作者以为只有拼命干,才能得到上司的赏识和加薪、晋升;还有的人工作缺乏信心,常常担心自己被炒鱿鱼,或被别人超过,等等。在工作方法上也有问题,如工作不分轻重缓急,事无巨细都亲自干,工作效率低等。对此,脑力工作者应学会应用统筹方法,以提高工作效率。在工作和生活上,应有明确界限,下班后就应充分休息,而不应还惦记着工作,多参加体力劳动,以做到劳逸结合、脑力劳动和体力劳动结合。

如果长期感到力不从心,脑力工作者就要重新为自己进行角色定位,重新评估自己的能力和自己的价值目标,如目标过高,就应调整目标,以使自己的目标切合实际。一些有工作狂倾向的人,应经常问问自己,“是工作为了生活呢,还是生活为了工作”,“是健康和生命重要呢,还是事业重要”,“以健康和生命为成本代价换取事业的发达值不值得”,以使自己意识到问题的严重性,回到正常的生活、工作轨道上来。

复杂的人际关系也是诱发脑力工作者心理疲劳的因素,为此脑力工作者应积极调整与人、与单位的关系,让自己、同事、单位处于一种良好的状态中,以保持平衡的心态。

(3)增强心理品质,提高抗干扰能力,培养多种兴趣,积极转移注意力

由于客观原因,脑力工作者大多不得不处在一种工作压力较大的状态下,这就要求一方面要积极调整放松。另一方面,脑力工作者也应积极增强自己的心理品质。如调整完善自己的人格和性格,控制自己的波动情绪,以积极的心态迎接工作和挑战,对待晋升加薪应有得之不喜、失之不忧的态度,等等,通过这些以提高自己的抗干扰力。生活中脑力工作者应有意识地培养自己多方面兴趣,如爬山、打球、看电影、下棋、游泳等。兴趣多样,一方面可及时的调整放松自己,另一方面可有效地转移注意力,使个人的心态由工作中及时地转移到其他事物上,有利于消除工作的紧张和疲劳。

(4)寻求外部的理解和帮助

脑力工作者如产生心理问题,可经常向家人、知己倾诉,心理问题严重的可去寻求心理医生的治疗。寻找机会,参加有关心理学的培训和学习,如美国和加拿大等国的许多大企业就要求员工参加工作压力管理和减压等心理训练课程的学习,同时这些国家也要求企业提供学习、训练的机会。

(http://baike.baidu.com/view/432031.htm)

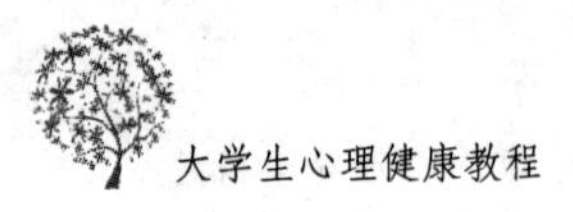

（二）一般性焦虑

1. 什么是一般性焦虑

一般性焦虑是由空旷、黑暗、寂静、医院手术或无确定对象所引起的恐惧和担心，反映出个体人格特质上的一种倾向与差异，因此，又称特质焦虑。

在1926年之后，由于临床经验和研究的丰富，弗洛伊德修正了他的理论。在更多的方面他强调的“焦虑”，与一般日常生活中所说的焦虑或者在焦虑症状中说的焦虑不同。它特定的指以下三个焦虑：现实焦虑、神经焦虑、道德焦虑。

现实焦虑：一个不好的环境或者一个不友好的人和我们在一起时，我们体验到的就是现实焦虑。也就是来自现实环境的威胁所引起的焦虑。

神经焦虑：个体自我无法控制来自本我的冲动感情时，将会做出受到父母和某些特定权威人物惩罚的事件，这一焦虑是神经焦虑。个体未必能有意识地体会这一焦虑的原因，但可能会感受到恐惧或即将来临的事件等。

道德焦虑：当恐惧违反社会标准或父母的标准（超我）时，就会体验到道德焦虑。例如，内疚、羞愧等情绪。

2. 焦虑症的分类

焦虑症有急性焦虑和慢性焦虑两种，临床表现不尽一致。常伴有头晕、胸闷、心悸、呼吸困难、口干、尿频、尿急、出汗、震颤和运动性不安等症。

一般慢性焦虑的典型表现有五大症状，即心慌、疲惫、神经质、气急和胸痛。此外，还有紧张、出冷汗、晕厥、嗳气、恶心、腹胀、便秘、阳痿、尿频急等，有时很难与神经衰弱或其他专科疾病相区分，故需要医师对病情有全面细致的了解，以免误诊。

急性焦虑症主要表现为惊恐样发作，在夜间睡梦中多发生，有濒死的感觉。患者心脏剧烈地跳动，胸口憋闷，喉头有堵塞感和呼吸困难。由惊恐引起的过度呼吸造成呼吸性碱中毒，又会诱发四肢麻木、口周发麻、面色苍白、腹部坠胀，进一步加重患者的恐惧，使患者精神崩溃。这类患者就诊时往往情绪激动，紧张不安。一般急性焦虑发作持续几分钟或数小时，当发作过后或适当治疗后，症状可以缓解或消失。

长期的焦虑情绪会影响大学生的学业和身心健康，大学生根据自身的焦虑所采取的应对方式并不一定能从根本上改变他们的心理现状，因此应该采取一些正确的应对策略，从根本上改变大学生的不健康心理状况。

3. 应对一般性焦虑的策略

（1）正确认识焦虑，提高自己应对的自信心。心理学研究表明，个体之所以产生焦虑有两个原因：一是焦虑应激源的出现，二是个体认为无法面对或无力应对应激源带来的危害。从这个角度讲，个体应对焦虑应激因素进行认知，并对其进行充分分析，从而充分了解；同时，大学生要对自己的应对能力进行分析，自我了解，增强应对焦虑应激因素的自信心，从而减少过度焦虑对自身产生的消极影响。

（2）掌握应对策略，及时寻找解决方法。人的一生中，不可避免会遭遇一些社会性事件，使自己或多或少产生焦虑情绪。当个体处于焦虑状态时，及时寻求应对策略是非常重要的，这样可以避免不必要的身心损伤。因此大学生要做到：改变对事物和自身的认识评价；消除或回避焦虑应激源；做好心理准备以应付；寻求社会支持；参加各种有益的活动；进行心理咨询，寻求帮助；寻求心理辅导，增强自己应对能力以避免焦虑情绪。

(3)寻求心理辅导，增强学生应对能力。研究表明，对外界刺激应对能力强者，一般可较少受心理应激的消极影响，而且，增强应对能力，也是应对应激的根本性措施。因为个体总是生活在一定的社会环境中，必然遇到各种各样的矛盾、冲突和压力，从而产生焦虑。有些应对只是个体自身的反应而不能真正解决根本问题。而提高自己的应对能力后，无论遇到何种情景，自己都可以承受和应付。

(http://tieba.baidu.com/p/906810577)

(http://www.gzsmjy.com/jlz/543.html#jtitle)

(http://www.studa.net/gaodeng/120118/09463678-2.html)

(三)一般性抑郁

1. 什么是一般性抑郁

一般性抑郁即正常的抑郁，是针对某一个或几个具体目标表现出的情绪低落，但个体心理功能正常，社会功能无严重受损，并且其抑郁情绪随着愿望目标的转移或认知的改变而消退。总之，一般性抑郁可以与焦虑、痛苦、沮丧等否定情绪同日而语。

2. 一般性抑郁症的信号

在与情绪相关的精神性疾病中，比较常见的要属抑郁症。许多人由于对普通的情绪反应与病态的情绪反应之间的差别缺乏起码的认识，因而即使自己患上了抑郁症也并未发觉，更谈不上进行治疗了。

以下八种症状是美国精神病研究协会列出的判断抑郁症的信号，任何人只要具备其中的四种症状，且症状表现在连续两周之内天天发作，那就强烈提示他患有抑郁症，应该马上去医院去诊断治疗：(1)食欲差或体重明显下降，或者食欲变得特别好以及体重明显增加；(2)失眠，指睡眠中难以入睡或者比平常醒来的时间提早两个小时以上的失眠；(3)神经过敏，烦躁焦虑，嗜睡；(4)对平常的任何活动都失去兴趣，性欲明显下降；(5)浑身疲乏，感到缺乏体能；(6)有自责、自卑或自罪感，甚至感到自己一文不值；(7)思维和注意力均难以集中；(8)反复想到死，有自杀企图。

如果一个人具有若干上述提及的症状，不必惊慌失措，不足四条不一定就是抑郁症，若达到或超过四条者，可及时求医，由医生来帮助诊断。

3. 一般性抑郁症状者的应对措施

找一件以前一直很喜欢但已经很久未做的事情，制定一个切实可行的计划并完成它，逐渐增加生活中有意义的活动。随着活动的增加，就会发现你可做的、能做的事情很多，对生活的兴趣会逐渐恢复。

(1)制定一个切实可行的目标

假定你的目标是“今年夏天学会游泳”。这个目标可行吗？可行的，因为：①我有好几个朋友都是一个夏天就学会了游泳，他们并不是运动天才；②我知道离家不远有个游泳场，开设有游泳课程；③我有参加游泳课程所需的这笔钱；④这个夏天我有时间。

(2)对目标精确定义

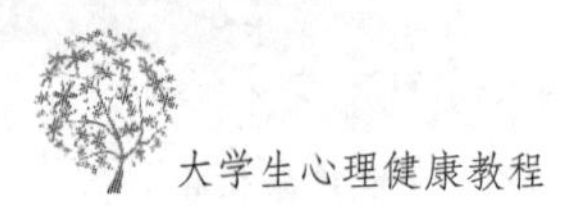

只有目标明确，才能判断是否达到了目标。“今年夏天学会游泳。”“今年夏天”是指什么时候？××××年×月至×月。哪种游泳方式？蛙泳。怎样才算是学会？能不借助于任何辅助工具游100米。×月×日，可以依据这些标准检验目标是否达到了。

(3)将行动计划划分成足够小的步骤，确保计划一定可以完成。

(4)用自己的行为定义是否成功。

换言之，目标中不要牵涉到他人的行为。如果目标是与人交往，注意不要制定这样的目标，如下班后和小李一起喝咖啡。这个目标的不当之处在于：这个目标能否实现取决于小李是否接受你的邀请。你可以控制自己的行为，但不能控制别人的行为。

(5)目标中不要有情感成分。在这个计划中，重要的是做，而不是在做的过程中的感受。你可以控制自己的行为，但不能直接控制情绪。而在抑郁状态下，你很难从任何活动中得到愉快的感觉。情绪会受到行为的影响，但这种影响并不是即刻起作用的，需要一定的时日。因此，如果你一定要感到愉快才算是成功，那么，你很可能会失败。

按照上述主要的原则，你可以开始制定和实施你的计划了。如果你在某一时刻失败了也不必焦急，头一次尝试时，失败是在所难免的。再回头看一看这五条原则，找出你的错误所在，加以改正。相信你一定会战胜抑郁，生活得多姿多彩。

(http://news.xywy.com/news/tbtj/20070625/119488.html)

(http://www.xljkw.com/art/Show.asp? id=3638)

(四)自我关注

1. 自我关注

指的是人们对自己某个时间段的行为、情绪以及心理历程进行反思、观察、体省，将现实自我与理想自我进行对比的心理现象。

我们知道，人的一生要经历童年、青年、中年、老年四个阶段。一般来说，十一二岁到25岁为青年期。青年期又分为初期、中期和晚期。其中，初中阶段属于青年初期，又称为青春期。青春期是自我意识发展的第二个飞跃期。自我意识指人自己对自己的意识，其主要的心理成分有自我认识、自我体验、自我控制等。自我意识是人类意识的最具本质的特征，也正是因为人有自我意识，人才成为一个理性的个体、能动的个体，并同一些高级动物区别开来。自我意识是一个人的人格的核心因素。

人的一生中有两次自我意识的飞跃。一次大约是在1～3岁。此时，儿童可以用代词“我”来标志自己，这说明儿童的自我意识有了质的飞跃，这次飞跃是儿童自我意识的第一次飞跃。自我意识的第二次飞跃是在进入青春期之后。进入青春期后，由于身体的迅速发育，中学生很快出现了成人的相貌特征。这种生理上的变化非常突然，使他们在迷惑不安的同时，也自觉或不自觉地把精力从自己一直关注的客观世界转向了主观世界。由于这时他们的思想意识再一次指向了自我，从而导致自我意识的第二次飞跃。其突出的表现是经常问自己“我到底是个怎样的人？”、“我的道德品质如何？”、“别人喜欢我，还是讨厌我？”等一系列的关于“我”的问题。由于青春期自我意识的高涨，中学生开始以崭新的眼光来重新认识自己，因此，青春期又被称为生命的第二次诞生。

2. 自我关注主要的表现

第一，自我的重新关注。儿童在很长的一段时间里，只关注自己之外的客观世界，对于自己则毫无觉察。而进入青春期后，他们开始以极大的兴趣和热情来了解自己、评价自己。

第二，全新的自我发现。进入青春期后中学生开始以全新的眼光重新认识自己。他们会经常问自己：我哪些地方像个大人，哪些地方还像个小孩？我的脾气如何？我聪明吗？人们怎么评价我呢？我有什么优点和缺点？我将来能干些什么呢？他们会花费大量的时间和精力去想这些问题，并为这些问题迷惑、苦恼或自责。

第三，心事留在日记上。中学生会把自己对自己的各种看法、评价以及自己内心的喜怒哀乐，自己对将来的计划和打算，自己的秘密乃至自己与周围同学之间的关系都悄悄地记在自己的日记本上。他们往往在独自一人的时候悄悄地记，并把它保存在秘密的地方，不让别人看到。等自己独自一人的时候，他们又会拿出来反复地读。总之，他们已经有了一份属于自己的心灵空间。

第四，自我闭锁感的出现。进入青春期的中学生再也不像儿童那样天真、坦率和外露了。他们有时候会以含蓄的方式来表达自己内心的看法和观点。而且，他们在行为上也常常表现出与内心世界完全相反的情况。例如，明明上课时开了小差，但眼睛却好像十分专注地盯着老师；明明不喜欢某人，见了面却显得十分亲热；明明心里有事，却装作若无其事。这种闭锁心理使中学生有了自己的秘密，在与人交往时他们再也不像以前那样毫无顾忌了。这样就增加了他们之间相互交流的难度，但这是中学生自我意识发生质的飞跃的一个重要表现。原因在于，他们已经学会了用内部语言进行自我交流，而他们的思维能力和适应水平也随之提高。

第五，自我矛盾的觉察。随着中学生自我的重新发现，他们会明显地感觉到自我的不协调甚至是自我矛盾与自我冲突，如理想的自我与现实的自我、成人的自我与儿童的自我、独立的自我与依赖的自我、聪明的自我与愚笨的自我、美的自我与丑的自我、清晰的自我与模糊的自我等矛盾与冲突。于是，这些关于自我的种种苦闷与彷徨也随之而生。

总之，处于青春期的中学生正在集中解决着“我是谁，谁是我”的问题。这个问题解决得好坏直接影响到中学生将来的发展。中学时期是一个人的人格形成的关键时期，也是中学生由依附于父母逐渐走向独立的时期。婴幼儿时期，由于孩子年幼，各方面都还稚嫩，需要完全置于成人的关心和体贴之中才能生存和发展。所以，这个发展阶段的孩子在人生的道路上是被成人“抱着走”的。进入童年期，即小学阶段，由于身心的逐渐成长和活动范围的不断扩大，孩子们逐渐可以自己处理一些问题，也可以说开始由成人“领着走”了。一旦进入中学时期，由于身体迅速的发育成熟、心理上的急剧变化及社会化步伐的加速，开始步入“自己的路要自己走”的新阶段。但是，要真正地学会“自己的路自己走”，还是有一定困难的，其中一个重要的影响因素就是自我意识的发展状况。自我意识发展良好的中学生，会懂得怎样把自己的路走好。如果中学生能对自己的优缺点有一个清醒的认识，并以积极的态度来接纳自己、欣赏自己，他们将来就能更好地适应社会，从而获得更好的发展。

（http://read.dangdang.com/content_801071）

(五)心理固着

1. 什么是固着

在早期的弗洛伊德的精神分析理论中,“固着”一般情况下意味着“里比多”(弗洛伊德将性欲本能的能量叫作里比多,里比多根据个体的情况进行贯注、活动或转移),停滞在人生早期四个阶段(口欲期、肛欲期、性器期、生殖期)某一个阶段的某一方面,而没有完全转向后一期的阶段。

即某一个阶段里比多受到某种原因的阻碍而没有得到合理释放而潜伏卷曲于某一方面,这部分没有得到解放的力量在其没有得到满足的情况下,会造成身心的一系列问题和障碍等。

一个阶段满足太多则里比多在这一阶段不愿意离开,而如果满足太少挫折和焦虑就伤害了未来的发展。

早期精神分析的工作是将这一没有得到充分释放的里比多释放出来,使其满足而得到症状等的解脱。

2. 克服心理固着的方法

人的心理问题长期不能解决,往往与消极心理固着有关。如何克服心理固着?有效的方法是进行心理位移,即选择一种新的、高层次的、积极的、利于他人和社会的心理认知固着代替旧有的心理认知固着,从而改变消极的心理状态,这就是心理升华法。“失败乃成功之母”、“化悲痛为力量”就是从失败的消极因素中,熟悉其中蕴涵着的积极因素,使之成为个体奋起图强,取得成功的动力和契机。

(1)转视——换个角度看问题,横看成岭侧成峰。因为并不是任何来自客观现实的外部刺激都可以回避或淡化的。但是,任何事物都有积极和消极的方面。同一客观现实或情境,假如从一个角度来看,可能引起消极的情绪体验,使人陷入心理困境;假如从另一个角度来看,就可以发现积极意义,从而使消极情绪体验转化为积极情绪体验,走出心理困境。

(2)升华——让积极的心理认知固着,把挫折变成财富。

(3)换脑——换一种认知解释事物,更新观念,重新解释外部环境信息,也就是相当于换一个脑袋思考、解释问题。在个体出现心理矛盾和冲突的时候,可以通过换脑法,减少或消除心理认知与心理体验的矛盾冲突。

(4)变通——变恶性刺激为良性刺激。酸葡萄与甜柠檬效应,心理学上又叫合理化,就是通过找一些理由为自己开脱,以减轻痛苦,缓解紧张,使内心获得平衡的办法。弗洛伊德指出,常见的合理化有两种:一是希望达到的目的没有达到,心理便否定该目的的价值或意义,俗称酸葡萄效应。二是未达到预定的期望或目标,便提高现状的价值或意义,俗称甜柠檬效应。如狐狸吃不到葡萄,就说葡萄是酸的,只能得到柠檬,就说柠檬是甜的,于是便不感到苦恼。心理调适可借用某种“合理化”的理由来解释事实,变恶性刺激为良性刺激。

(5)回避——转移注意力,尽可能躲开导致心理困境的外部刺激。在心理困境中,人的大脑里往往形成一个较强的兴奋灶。回避了相关的外部刺激,可以使这个兴奋灶让位给其他刺激引起的新的兴奋灶。兴奋中央转移了,也就摆脱了心理困境。

(6)求实——切合实际调整目标。当实现目标过程中受挫时，就会产生心理紧张或痛苦，避免或缓解这种状况的一个有效措施，就是及时切合实际调整自我，并变换实现目标的途径和方法。

(7)补偿——改弦易辙不变初衷，失之东隅收之桑榆。人们难免会由于一些内在的缺陷或外在的障碍以及其他种种因素的影响，导致最佳目标动机受挫。这时，往往会采取种种方法来进行弥补，以减轻、消除心理上的困扰。这在心理学上称为补偿作用。补偿，就是在目标实现受挫时，通过更替原来的行动目标，求得长远价值目标实现的一种心理调适方式。

通俗地说，假如所面对的无法改变，那就先接受，然后改变自己，只有这样，才能最终改变属于自己的世界。

个体通过对外部信息接收角度和强度的转换，或对原有心理认知在重组、迁移、升华的基础上予以整合，使外部刺激与心理认知互为进退地实现协调一致，以避免心理矛盾冲突激化所造成的心理困境，这就是心理调适的重要方法——合理变通。

(http://baike.baidu.com/view/732664.htm)

(http://gxpsy.com/news/html/?478.html)

(六)应对方式

1. 应对方式

应对方式是个体面对挫折或压力时所采用的认知和行为方式，是青少年儿童社会适应能力的重要体现，是社会化的结果，会随着年龄的变化和社会生活的不同而发展变化。

另有学者认为，应对方式是指典型的习惯性的解决问题的倾向，也可以认为是应对一系列广泛应激源过程中人们通常使用的策略(或方法)。一般将应对方式分为问题关注应对和情绪关注应对，前者是积极的应对方式，后者是消极的应对方式。有的研究显示，一般自我效能感影响人们的应对方式，进而影响到大学生幸福感。

2. 自我效能感

自我效能感是人们对自己行动的控制或主导，在自我调节系统中起主要作用。人们对自身能力的评价会影响活动的选择，并决定着任务执行过程中的努力程度和维持度。一个相信自己能处理好各种事情的人，在生活中会更积极、更主动，对自我评价也会更加正向。

每一年龄阶段的人对幸福的体验都有这个年龄阶段的特点。随着年龄的增长，幸福感越来越多地内化到自我的意识之中，逐步开始审视自我的内心体验。事实上，幸福感除了受到经济条件和自身条件影响之外，更多地依赖一个人对自己的看法，尤其是对自己的积极评价。而自我效能感和应对方式恰恰会影响到一个人对自我的评价。

(http://mall.cnki.net/magazine/Article/JKXL201206059.htm)

五、心理异常的判断和克服

心理障碍的表现是多方面的。在不同的时间，不同的场合，不同的事情上呈现于现实生活中，对学校、集体、个人都有害。我们认识其危害，找到克服的方法，对于加强思想素质和修养极为重要。

(一)心理异常的判断标准

一个人生活在社会中,在一定环境中成长,他的思想、情感和由此支配的各种行为,无不同周围事物发生密切联系,他接受外界的各种信息,同时又发生与之相应的反应,这就是一个人的心理活动过程。人们就是靠这种心理活动来认识和改造世界,也是靠这种心理活动使人与人之间、人与社会、自然环境之间协调地依存下来,这种心理活动就叫作正常心理或常态心理。如果人的机体受到遗传、代谢、感染、脑外伤等致病因素的影响,或周围的不良精神刺激的作用,使大脑功能发生了紊乱,心理活动就不能顺利地进行自我调节,就会使认识、感知、情感、思维、行为和意志活动出现不同程度的障碍,不但使自己的内心活动不协调而且和周围环境不相适应,由此表现出来的各种心理活动,均属心理异常。严重者可能出现精神疾病的各种症状。

(二)如何判断心理异常

判断心理异常这是个比较复杂的问题,因为正常心理和异常心理无一明确的界限,正常人在某个时期也会有异常心理活动,精神病人哪怕是最严重时也有正常心理活动。近年来国内外不少心理学家为正确地区分正常心理和异常心理设计、制定了不少测验工具和量表,并应用现代化的仪器去处理数据,使心理测量有了很大进步。但是,由于人的心理活动极其复杂,简单的量表测得的结果只能是起参考作用,判断一个人心理是否异常及异常的程度,主要还靠认真观察。

1. 观察心理活动与外界环境的协调性

一个人正常的心理及受它支配的情感和行为,应与外界相协调,而不应发生矛盾和冲突。他们的言谈和举止应该受到正常人的理解。比如说,一个同学在班级里唱一支一般化的歌曲,可引起大家的掌声,但如果在一个会议上突然引吭高歌,就会引起人们的惊讶。我们说前者为正常心理,后者为心理异常,因为和外界环境不协调。

2. 观察心理活动与情感和行为的一致性

一个人的心理活动应与受它支配的情感和行为是一致的。“人逢喜事精神爽,闷来肠愁盹睡多”;“酒逢知己千杯少,话不投机半句多”都说明这种一致性。比如,一个同学面带笑容地讲述他的不幸遭遇,我们说他对痛苦的事件缺乏相应的内心体验。知觉、情感、意向不协调,也是一种异常心理。

3. 观察心理活动的相对稳定性

一个人受遗传素质、家庭教育、环境影响,使他们对现实有个比较稳定的态度和习惯的行为模式,就是人的性格特点。它相对稳定,如果一个人几年来一直寡言少语,不明原因突然变得话多而爱交往,给人一种判若两人之感,这就说明心理异常了。

(三)心理异常克服方法

1. 嫉妒心理的危害及克服方法

我们常见这样的现象:某个同学在学习上冒尖了,某人工作中受到表扬了,于是有的人就对进步者议论纷纷,对冒尖者冷嘲热讽,成功者可能会受到一些刁难,有成绩的反而感到孤立了。这些都是嫉妒心理造成的危害。

嫉妒是一种病态心理,对人对己均无好处。它见于有才能但又争胜好强而心胸狭窄的人,愿做工作但又极端自私的人,想干一番事业但又不愿多做工作的人。嫉妒对象多指向与自己不相上下或稍高于自己的熟悉同学、朋友和周围的其他人,对于与自己毫不相干的人则不产生嫉妒。嫉妒心强的人一旦发现别人超过自己就会产生怨恨或愤怒情绪,这种情绪一旦成为行为,就会制造谣言,设置障碍,挑拨离间,寻机报复,以求从另一个角度上去击败对方,达到心理上的心安理得,实际上他们心理也得不到安宁。试想一个人生活在世界上,接触过的同学、朋友及周围的人很多,在自己之上者也不少,如果今天嫉妒同学,明天嫉妒朋友,后天嫉妒周围的人,这样年复一年,日复一日,可使自己的神经处于高度紧张状态,也就经常处于恐惧、愤怒、抑郁、焦虑、消沉、憎恨和敌意等不良情绪中。三国时期东吴大将周瑜因嫉妒而亡,死前一直处于"既生瑜何生亮"的强烈的嫉妒之中。所以嫉妒心理是阻碍别人进步,影响集体团结,最终危害自身健康的消极心理,它不但容易出现心理变态,也可产生生理功能的严重失调。

克服方法:首先要认识嫉妒心理对人对己的危害,加强道德修养,树立远大理想,培养宽大的胸怀和气度,加强意志力的锻炼,提倡在平等的基础上竞争,互相帮助共同进步,提倡你追我赶争上游的拼搏精神,坚决克服阻碍别人前进的坏毛病。同时,也要树立正确的目标,为实现这个目标而努力奋斗。这样就必须把全部精力注入学习和工作之中,因而不就无空余时间嫉妒别人。当经过努力取得成绩时,进行一个换位思考,体会一下被嫉妒的感受,享受一个取得成绩的乐趣,对克服过去嫉妒心理非常有效。即使自己暂时取得不了突出成绩,也应认识到一个人不可能在任何方面都胜过别人,承认自己的不足,也看到别人的长处,学习别人的经验,发展自己,就有可能超过别人。同时,可体会到经过努力取得成绩的愉快心理要比嫉妒别人的恐惧、焦虑、憎恨心理舒服得多。

2. 逆反心理的危害及克服方法

假如一本书的前言中写道:请你切勿首先翻看本书第 10 页。可以肯定地说,大多数学生会首先翻开此页,这就是逆反心理在作怪。这种心理在我们学生中屡见不鲜,因为逆反心理是青年人常见的。青年人有强烈的好奇心,当某事物被制止而又无法讲清道理时,最容易引起他们的求知欲,想方设法探个究竟。猜疑、推测的好奇心使其不顾禁令的约束去做尝试。另外,青年人总想利用自己的知识去表现自己,用标新立异引起别人的注意,想在否定权威的情况下寻找自己的自我价值,进而得到满足感,因而有意采取与众不同的思维方式和表现行为,这是青年人容易产生逆反心理的基础。殊不知逆反心理无益于工作,且还危害身体健康,长此下去会使自己的思维方式走向单一的对抗思维,经常从对立的方面寻找依据,容易脱离常理,使自己形成孤陋寡闻、头脑简单的偏执性格,有时还会走极端,犯校规。

克服方法:通过学习提高文化素质和科学知识,认识到逆反心理的荒谬之处,从理论上找出其危害。当逆反心理出现时,首先通过比较,否定自己不正确的结论。回忆过去逆反心理产生的失误,通过挫折的教训帮助自己慎重行事。行动前不妨听听朋友的意见,养成三思而行的习惯。

3. 自卑心理的危害及克服方法

由于青年人的情感不稳定，他们在一帆风顺时自信心比较强，甚至骄傲自满，但是一旦遇到挫折就会出现自卑心理，表现出悲观失望，对自己的智力、能力作出过低的评价，总觉得自己不如别人。这种心理不但对身心健康有害，而且在学习上也不易成功。1951 年英国弗兰林在他的研究有一个新的发现，但由于自卑心理使他对自己的发现产生了怀疑，踌躇不前，结果两年后美国科学家沃森有了同样的发现，获得了诺贝尔奖。这样的事例在日常生活中屡见不鲜。所以说，自卑心理是实现自己远大理想的巨大心理障碍，它可以使人丧失自信，失去荣誉感。在遇到挫折，受到批评，受到旁人的讽刺或嘲笑时自卑心理会大大强化，进一步产生抑郁心理，逐渐丧失生活信心。自卑心理是可以克服的。（参见附录二中的案例四）

克服方法：正确认识自己，恰当地评价自己。凡是有自卑感的人都过低估计了自己的能力和智力，所以要想消除自卑，首先要看到自己的长处。把别人看得十全十美，把自己看得一无是处，是自卑心理的根源。

面对现实，期望值不应太高。低指标可争取多努力，这样工作在不断取得进展，心理上不断得到满足，知足常乐，在满足中增强自信心，自卑感也就随之而去。

正确对待挫折。挫折和失败几乎每个人都会遇到，关键是不心灰意冷，应奋发努力。功夫不负有心人，这个心就指的就是自信心，多一分自信心就会少一分自卑感。

扬长避短，变短为长。寸有所长，尺有所短。一个人也有长短，长者不会样样都长，短者也不可能处处都短，长短是相对而言的。经过发挥可变短为长，处理不好也可能变长为短。如一个能说会道，对任何事物都充满自信的人可能为长，但如果说得多做得少，或者说到做不到，这将成为人人不喜欢的短处。相反一个人少言寡语，有自卑感可能为短，但他做得多，说得少，脚踏实地工作，就可能成为大家敬佩的人。每个人都应寻找自己的长处，在实际工作中寻找奉献的位置，当作出一点成绩时，自卑心则会望风而逃，自信心可随之而来。首次成功是治疗自卑感的良药。

4. 抑郁心理的危害及克服方法

抑郁心理应该说是一种情绪障碍，是在原有性格基础上，遇到挫折后产生的一种较为长久的悲观心境。挫折大多来自学习和生活中。如遇到问题多次找老师得不到解决时，自己或亲人病重而久治不愈时，遭到批评感到委屈而又无处诉说时，遇到困难经努力仍不能克服时，人际关系不好感到孤独时，都会出现一时的抑郁情绪。如果问题长期得不到解决，或者一波未平一波又起，被压抑的情绪长期得不到消除，就可能出现心理障碍。表现出饮食无味，食欲不振，辗转反侧，夜不成眠，少言寡语，有气无力，近虑远忧，事事发愁，忧心忡忡，夸大困难，低估自己，缺乏信心，消极悲观。这种心理虽不会危及他人和社会，但对学习不利，对身体有害。

克服方法：提高认识，用积极进取代替消极情绪，用拼搏精神努力争取。想让别人尊重自己，自己首先要看得起自己，要想取得一定成绩就必须付出一番代价。当然，要多寻找自己的长处，增强战胜困难的勇气。当你感到心情不好时不妨向你的朋友诉说，如果他告诉你他过去也有同样的感受，你可以从中得到一种自我安慰，从而消除精神压力。如果朋友再向你介绍他如何摆脱抑郁心情的体会，你会得到一些处理的经验，同时也可分享他战神困难后的愉快心情。当然,也可以通过书信的方式把自己的心情写出来,写的过程实际上是一个书面宣泄情绪的过程。我们经常会有这样的经历:我们写完信,有时信还没有发出心情就顿感好多了。当然也可以参加一些活动,听听音乐等也可改善一下情绪。

5. 从众心理的危害及克服方法

从众心理也称顺从心理,有人也称为遵从心理。是指一个人的行动、信仰和情绪会受到别人的影响。一个小群体的错误意见,往往可以迫使一个人做出与自己感知和判断不相符合的回答。20 世纪 50 年代一位心理学家做过这样的实验:他让被试者坐成一排,看两张卡片,一张卡片上画三条长度不等的直线 A、B、C,另一张卡片上画一条直线 X,它的长度明显与 A、B、C 三条线之一等长,要求被试者判断 X 线与哪一条线等长。被试者按座号顺序回答,第五个被试者明知他们答案不对,但也不敢肯定自己正确的答案,只能顺从地得出与前四人相同的错误答案。这是一次从众心理测验,把这种测验重复多次,结果类似。

从众心理的表现和危害在日常生活中屡见不鲜。如跟着感觉走路会使你步入歧途,跟着广告购物会使你上当受骗。科学研究中,从众心理可使人放弃自己正确的研究结果,当然最为严重的是从众心理可使部分人形成小群体、小集团,发生数人一起违纪现象,甚至多人聚众闹事的违法现象。

克服方法:主要从思想教育、纪律教育、心理教育、法制教育入手,增强约束力。学习科学知识,独立思考,敢于坚持正确意见。如果人云亦云,感情用事,往往会使你后悔莫及。当你的思维、感情、行动处于一个非正式群体中,就要考虑是否是从众心理起了作用。

6. 报复心理的危害及克服方法

报复心理是一种属于情感范畴的狭隘心理。有这种心理的人会寻找各种机会对同学、朋友等采取不正常的手段,甚至利用暴力进行攻击。

在学校中,报复是一种极为有害的狭隘心理。它瓦解斗志,松懈纪律,破坏团结,是社会主义精神文明的腐蚀剂。第一,报复心理有害于集体和同学之间的团结。一般来说,有报复心理的人都对对方怀有“敌意”,因而,报复绝不是解决同学间矛盾的手段。从一些报复行为来看,报复往往会使“冤怨”越结越深,而且还会使集体团结涣散,关系紧张,工作难开展。第二,报复心理有害于学校的精神文明建设,青年学生应当站在社会主义精神文明的前列,带头说文明话,干文明事,树文明风,做文明人,而报复心理则会腐蚀人的灵魂,降低人的文明程度,使人变得虚伪、狭隘,甚至堕落犯罪,严重影响学校的精神文明建设。第三,报复心理有害于同学们的身心健康。同学们应该朝着成为“四有”青年的目标去努力,为建设“四化”贡献青春。而有报复心理的人,往往身心受损,心思分散,既增长不了才干,又损害了自己的威信,更得不到人们的同情和舆论的支持,甚至会“一失足而成千古恨”。

克服方法:同学们要消除和克服报复心理。从集体上来说,要选择适应青年学生气质、性格、脾气和心理特点的教育内容和形式,调动各方面的积极因素,扬其所长,补其所短,纠其所偏。从个人来讲,要切实加强道德品质修养,而且这是关键性的,从根本上起作用的。

一是要学会自我克制,在现实生活中,当碰到不顺心的人和事,特别是自己的人格和

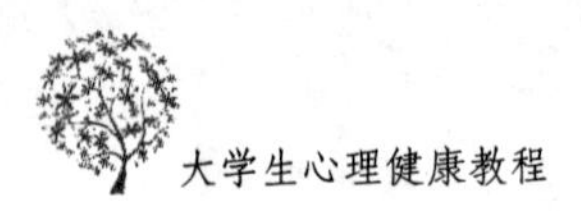

利益受到侵害，感到痛苦而产生报复心理时，要认真考虑后果，三思而后行。青年人在气头上时，往往不顾后果，有"豁出去"的想法。如果这时候冷静地考虑一下，这样做会有什么结果，对人对己对学校有无害处，头脑清醒后就会放弃原来的做法。

二是要加强自我修养。青年同学一定要珍惜宝贵的青春，抓紧时间，努力学习，加强思想、道德、品质等方面的修养，努力使自己既有宽广的胸怀、崇高的理想、无私的情操，又有辨别真善美与假恶丑的能力。思想道德水平的层次提高了，即使遇到了不顺心的事也能泰然处之。在和同学们的交往中，不要以小心眼对小气量，要理解尊重别人，宽宏大量，以诚相待，能让人处且让人；不要以凉对冷"雪上加霜"，要满腔热情，讲友谊和信任；对于同学们的批评，不要以其人之道还治其人之身，要理智地进行处理；不要袒护自己的缺点，该认错时就认错，诚意地接受别人的批评，这样才能从根本上解"冤仇"，化"干戈"。

三是要加强对性格的陶冶和改造。每一个青年学生要好好认真分析一下个人性格的利与弊，看看哪些对自己的成长进步有益，哪些对个人的成长有碍，有益的加以巩固和发展，有碍的加以陶冶和改造。性格一旦形成，虽然具有相对的稳定性，但也是可以改造的，可以在实践中磨炼和培养健康的性格。古人说性情陶冶，其出发点也就在于改造性格，"卒然临之而不惊，无故加之而不怒"，也是古人对一种理想性格的追求。心理学家认为，性格的形成虽然与先天的遗传有关，但更重要的是后天环境的影响。由于环境是性格形成的重要原因，因而也就决定了性格的可变性和性格讨厌改造的可能性。如孤僻、狭隘的性格，可以通过广泛的社会接触，加强同学间的友好往来，有意识地将心比心，细心体会他人的感情，就有可能逐步变成合群、宽厚的性格。再如，纤弱、怯懦的性格，一般与能力较低有关，培养自信心，努力发展自己的能力，就有可能变得强健和勇敢。总而言之，个人可根据自己性格的剖析，根据社会道德生活和学校的环境的需要，以及自己在生活工作中的教训，有针对性地选择性格中薄弱环节，采取适当方法，下一番陶冶情操和改造的工夫。

异常心理过于持久，对身心健康是非常不利的，可造成如下表现：

(1)意识处于高度觉醒状态。对外界事物特别警觉与敏感，有时普通的声响也会引起惊跳，甚至出现一些错听、错视和心因性幻听、幻视，"草木皆兵"、"杯弓蛇影"都是处于这种紧张状态的表现。

(2)注意力不集中。在这种心理状态下，如坚持学习，记忆力显著下降；如坚持工作，差错率明显增加；如从事危险性工作，发生事故的可能性极大。

(3)分析判断能力降低。此时参与决策，失误率极高，因为此时不愿多加思考，不去反复论证，容易轻率地处理问题，草率地作出决定。

(4)情绪易激怒，自控能力差。无故训斥人，顶撞上级，因小事引起争吵的机会增多，盲目的行为、重复的动作增多，烟酒量加大。

如遇上述表现，应果断地停止工作，适当休息、运动，改变环境，防止挫折连续发生给工作造成更大的损失，同时也避免心理受挫和精神崩溃引起不良后果。

(http://zhidao.baidu.com/question/422623816.html? fr=fd)

第三节　常见精神疾病及其处理

一、神经症的特征及处置

(一)神经症的特征

神经症是一组精神障碍的总称。其共同特征为:起病常与心理社会因素有关;病前多有一定的素质和人格基础;症状主要表现功能失调症状、情绪症状、强迫症状、疑病症状、分离或转换症状、多种躯体不适感等,这些症状在不同类型的神经症患者身上常常混合存在,没有发现器质性病变。患者无精神病性症状,对疾病有相当的自知力,疾病痛苦感明显,有求治要求;社会功能相对完好,行为一般保持在社会规范允许的范围之内;病程大多持续迁延。然而,作为一组人为合并起来的精神障碍,它们仍有着各自复杂的病因与发病机制,也有不一致的临床表现、病程预后、治疗反应,提示神经症具有异质性的可能。世界不同国家的学者们对神经症看法不尽一致,各国的诊断分类系统把它时分时合,表现出彷徨不定、难于取舍的特点。这是神经症与其他有着相对稳定名称的精神疾病的不同之处。然而,可以肯定的是,与神经症这一总的概念有过千丝万缕关系的几种神经症亚型,实质上在各个分类系统中基本上保留了下来,只是所属类别与名称有所改变而已。

创立认知心理治疗的美国心理学家 A. Beck 认为一些神经症患者有许多不恰当的认知方式,如:

(1)抑郁症:对自己、对世界、对前途的负性认识。

(2)焦虑症:感到自己的躯体或心理将会受到威胁。

(3)惊恐发作:灾难化地解释自己的躯体或心理体验。

(4)恐怖症:认为某些实际无危险的环境有危险。

(5)强迫症:总是不放心,怀疑,唯恐不恰当,穷思竭虑。

(6)疑病症:认为患有不治之症,到处求医。Beck 认为,抑郁症的患者认为自己无能、有缺陷,常常把不愉快的体验归咎于躯体、心理或伦理道德上的缺陷;认为自己不受人欢迎,给人带来麻烦、累赘,自己不应享受人的待遇;认为“世道太艰难,人间不公平”;对前途也是一种负性的评价,认为目前的处境会持续下去,前途无望,一筹莫展,将来的生活充满艰难、失败。他们的认知方式常为:

(1)非此即彼:认为不成功则成仁,看不到有“柳暗花明又一村”的时候。

(2)灾难化:出了一点问题就认为到了“世界末日”,自己哪怕有一点点不适,便认为是患了不治之症。

(3)以偏概全:把一时出现的事情当成会持续发生的事情,或以小见大,把枝节、部分当作全部。例如,患者有一次烧饭时忘了放水,就认为自己失去了记忆,变傻了,永远无法恢复了。

(4)选择性:病人往往只看到对自己不利的一面,而忽视其他相反的证据;只看到事物的阴暗面,只看到缺点与挫折,只回忆自己失败的经历,而忽视事物的正面和成功的经历。

(5)先入为主:在毫无根据或仅仅有似是而非的证据下突然冒出一个结论,作为一个先入为主的观念来分析事物。

(6)情绪推理:没有事实根据,仅凭情绪或感觉下结论,即所谓"跟着不良的感觉走"。

(7)个人化:把一切错误、责任归咎于自己,即使是与自己无关的事也是如此。抑郁症患者的这些认知方式更多见于有抑郁个性素质的人,即神经症性抑郁患者,也见于其他神经症如焦虑症患者。所以,认知心理治疗重在分析与改变病人这些错误的认知方式。

(二)神经症的临床表现

神经症的症状繁多,这些症状虽然在不同的亚型中主次与严重程度不一,但常常混合存在。

1. 脑功能失调症状

(1)精神易兴奋

①在日常生活中,事无巨细均可使患者浮想联翩或回忆增多,尤其多发生在睡眠阶段。引起兴奋的事件本身不一定是令人不快的,但久久不平、无法自制的兴奋体验却造成了一种痛苦。如与别人一个小小的争执,或电视中一场足球赛的胜负,常使患者联想不断,兴奋不已,以致辗转反侧,久卧不安。②不随意注意增强。患者极易被周围细微的变化所吸引,以致注意很难随意集中。③患者感受阈值降低,表现为别人轻言细语在他听来嘈杂难耐,别人关门移椅感觉如同山崩地裂;对身体内部信息的感觉阈值下降则表现为躯体不适感觉增加。正常人不能时时感觉到的胃肠运动、心跳、呼吸运动、肌肉运动等,患者却可以不同程度地感受到,以致出现胃肠不适、心慌、气促、肌肉跳动或不适等。易兴奋不同于精神运动性兴奋,不伴言语和动作的增多,常见于神经衰弱、焦虑症等。

(2)精神易疲劳

精神易疲劳主要表现为能量不足,精力下降,工作稍久就觉得疲惫不堪,严重者一动脑筋就感到疲劳,注意力很难集中且不能持久,故思考问题十分困难。由于思维不清晰,精力不旺盛,故感到记忆力差,工作效率低。做事常丢三落四,茫然无绪。这种能量的不足并不伴有动机的削弱,因而患者苦于"力不从心"。易疲劳常与易兴奋症状同时存在,因为持续易兴奋导致能量的耗竭,易疲劳就成了它的必然结果。易疲劳常见于神经衰弱及其他神经症。

2. 情绪症状

(1)焦虑(anxiety)

焦虑是正常人在对未来事件无法预测结局时产生的一种情绪,如面临重大的抉择或考试。作为一个症状,则是指在缺乏充足的客观原因时,患者产生紧张、不安或恐惧的内心体验并表现相应的自主神经功能失调。此时患者警醒水平增高,严重者有大祸临头、惶惶不可终日之感;有运动性不安、坐卧不宁,好比热锅上的蚂蚁;伴心悸、出汗、尿频、震颤、眩晕、恶心等自主神经功能紊乱的症状。焦虑在临床上常表现为两种形式,一是持续性的,二是发作性的。后者又称为惊恐发作(panic attack),表现为一种极端的焦虑状态,伴窒息感、濒死感和自我失控感。它可在慢性焦虑的背景上发作,有不少患者在发作间隙并无情绪异常,而有些患者则在间歇期因担心下次发作而持续存在期待性焦虑。焦虑情绪是焦虑症(anxiety disorders)的主要症状,也常见于其他神经症。

(2)恐惧(fear)

恐惧是一种正常的保护性情绪反应。当面临危险时,恐惧可以提醒个体尽快做出逃跑/战斗的决定。恐惧症状则特指病人对某种客观刺激产生的一种不合理的恐惧,而且患者明知这种情绪的出现是荒唐的、不必要的,却不能摆脱,是恐惧症(phobia)的主要临床表现。像惊恐发作一样,患者同时伴有一系列自主神经症状,如面红或苍白、呼吸心率加快、恶心、出汗、血压波动等。恐惧症状与惊恐发作不同的是,恐惧必定产生于某一客观刺激(尽管这种客观刺激在通常情况下不应引起恐惧),因而有明确的恐惧对象和相应的回避行为,天长日久便导致了社会功能的受损。而惊恐发作却往往是一种突发的、不明原因的焦虑恐惧发作。

(3)易激惹(irritability)

易激惹是一类负性情绪。它不仅仅指易发怒,还包括易伤感、易烦恼、易委屈、易愤慨等。这种情绪易启动状态是情绪启动阈值和情绪自控能力双重降低的结果。极小的刺激便可触动情绪的扳机,一触即发、大发雷霆最为常见。神经症的易激惹皆事出有因,有其方向性和目的性,只是情绪反应过度,因而患者常常后悔,有些患者在发作时仍在极力自控,只是力不从心。

(4)抑郁(depression)

抑郁是一种不愉快的情绪体验,可以表现为轻度的缺少愉快,感到严重的绝望自杀,核心症状是丧失感,如兴趣、动机、生活的期望、自我价值、自信心、欲望(如食欲、性欲)等均可不同程度地下降或丧失。患者常常这样描述自己的体验:“高兴不起来”,“对什么都不感兴趣”,“展望未来,前途渺茫;回首往事,一无是处”,“事事不如别人,活着还有什么意思”,常伴有厌食、体重减轻、睡眠障碍、性欲减退、疲倦无力及慢性疼痛等症状。有时躯体方面的症状是患者就诊的唯一主诉,而无自觉的抑郁情绪体验,应特别注意鉴别。神经症患者中,抑郁程度多不严重,但持久难消,药物治疗不理想。多见于恶劣心境障碍、焦虑症、强迫症等。

3. 强迫症状

强迫症状(obsession and compulsion)是指一种观念、冲动或行为反复出现,自知不必要,但欲罢不能,为此十分痛苦。一般把强迫症状分为三大类。

(1)强迫观念(obsessive idea):多表现为同一意念的反复联想,患者明知多余,但欲罢不能。这些观念可以是毫无意义的,如“人为何要有空气才能活?”,“先有蛋还是先有鸡?”。对常识或自然现象强迫性穷思竭虑,但更多的则是日常生活中遭遇某种事情后出现,如患者每日睡前必“三省吾身”,事无巨细皆依次反复回忆,摆脱不了,十分痛苦。强迫怀疑是强迫观念中常见的表现,怀疑门没关紧、窗子没关好、信封上地址写错了。有位患者每当与异性擦肩而过,即怀疑自己是否碰了对方的隐私部位,自知没有接触,但“可能碰了自己没感觉到”这一观念反复出现,使他不得安宁,以致回避社会交往。强迫性对立思维,即感知到某一概念时便同时产生一个与之对立的概念。如看见“和平”二字,马上想起“战争”二字;一见“安全”,便想到“危险”,造成内心紧张。

(2)强迫意向(obsessive intention):即一种尚未付诸行动的强迫性冲动,使病人感到一种强有力的内在驱使。如患者见到墙壁上的电插座，就产生“触摸”的冲动；站在高楼上，就有“跳下去”的冲动；抱起儿子，便出现“掐死他”的冲动；在公共汽车上接近异性，便有“抚摸拥抱”的冲动。患者意识到这种冲动的不合理，事实上也不曾出现过这一动作，但冲动的反复出现却使患者焦虑不安，忧心忡忡，以致患者回避这些场合，损害社会功能。

(3)强迫行为(compulsive behavior)：较为常见的表现有强迫性洗涤、强迫性检查、强迫性计数及强迫性仪式动作等。

①一个强迫性洗涤的患者可每日反复洗手十余次，每次数十分钟，自知不必要，自知过分，但不如此则于心不安，以致疲劳不堪，痛苦不堪。

②强迫性检查常常表现为核对数字是否有误，检查门、窗、煤气炉是否关好。如一位患者将门锁上后，担心未锁紧，用钥匙打开验证，每开一次都证明确实已锁牢，但仍不放心，因为最终一次未被打开验证，一旦被打开验证，又得再锁上，因为不是最终一次。如此反反复复数十次，患者甚感痛苦。

③强迫性计数主要表现为无目的地清点街道两旁的门窗、楼层及楼梯的阶梯等，稍有误差便重新点数。

④强迫性仪式动作，是指某种并无实际意义的程序固定的动作或行为，但患者欲罢不能。如某学生每次进教室时，在门前总要做一个立正的动作；一次因上课铃响了，与同学们跑步入室，没来得及在门前立正，在教室里便如坐针毡，心神不定，最后谎称上厕所请假出来，在教室门口立正后再进教室，才心平气和。

4. 疑病症状

疑病症状(hypochondriacal symptom)：是指对自身的健康状况或身体的某些功能过分关注，以致怀疑患了某种躯体疾病或精神疾病，而与实际健康状况并不相符，且医生的解释或客观医疗检查的正常结果不足以消除患者疑病观念，因而到处反复求医。患者往往感觉增敏，对一般强度的外来刺激感到不堪忍受，对体腔内脏的正常活动，也能“清晰”地感知并过分关注，如感到体内膨胀、跳动、堵塞、牵扯、扭转、缠绕、流窜、热气上冲等。这些内感性不适便成为疑病观念的始因和基础，加上多疑固执的个性素质，便发展成为疑病观念。如果个别医务人员不注意患者的疑病个性特征，随意议论判断，则可能引起或加固患者的疑病观念，这种“医源性”疑病症的患者往往有较高的暗示性。典型疑病观念常见于疑病症(hypochondriasis)。严格说，各种神经症都有不同程度的疑病色彩。应该注意的是，如果疑病是一种妄想，则不属于神经症的范围，多见于精神病性状态，如精神分裂症。此时，疑病性焦虑不明显，疑病的内容有时显得荒谬，且有精神病性的其他症状。

5. 躯体不适症状

神经症患者可有多个系统的躯体不适症状，为此就医于各科，均查不到器质性证据，其中最常见的为慢性疼痛、头昏、自主神经紊乱引起的各系统症状等。

(1)慢性疼痛(chronic pain)：是临床常见症状，在神经症患者中更为普遍。慢性疼痛与急性疼痛的临床意义和处理方法不尽相同，它可能表示某种潜在的器质性损害，也可以表示一种紧张的精神状态，甚至可能仅仅是一种争取他人注意的习得行为或联络感情、维持人际关系的应付方式。神经症性的疼痛以头颈部为最多见，其次是腰背、四肢，呈持续性或波动性。疼痛发生的频率与患者的心理压力及其他神经症症状有关。

(2)头昏(dizziness):是神经症常见的主诉之一,是一个较为模糊的概念,至今尚无统一的定义。患者将体验描述为"头昏脑涨"、"头昏眼花"、"脑子不清晰"。头昏常与头痛、头胀相伴出现,患者自觉感知不甚清晰,注意集中困难,记忆模糊,分析、综合能力降低,烦恼、焦躁,并可伴有一些自主神经症状。头昏实际上是多种症状的综合性描述。它是神经症的常见症状,但并不是神经症的特征症状,如高血压、贫血等躯体疾病也常有头昏。

(3)自主神经症状群:自主神经的功能主要是调节内脏器官活动,使其能够适应机体及环境变化的需要。当罹患神经症时,大脑皮层、自主神经系统及内分泌均可能出现功能障碍,表现出许多躯体症状。一般来说,不同的神经症自主神经紊乱的表现可能不一样。神经衰弱的自主神经症状是泛化的,不具有明显特点;焦虑性障碍患者的自主神经症状以交感神经功能亢进为主要特点,且主要表现在心血管方面,如心悸、气促,也可同时出现副交感神经功能亢进的一些症状,如尿频、多汗等。自主神经症状是焦虑症的必备症状之一。癔症的自主神经症状多表现为自主神经的功能紊乱,如可表现为心动过速或心动过缓、食欲亢进或食欲低下等,还经常表现出一些癔症特有的症状,如癔症性呃逆、癔症性肠胀气、尿潴留、癔症性内脏球、过度换气等。

6. 睡眠障碍

睡眠障碍在神经症患者中极为普遍。其中失眠是睡眠障碍中最常见的形式,主要表现为睡眠时间短或睡眠质量差,或者是对睡眠缺乏自我满足的体验。失眠一般分为三种形式,即入睡困难、易惊醒、早醒。神经症患者以入睡困难为主诉最为多见,其次是易惊醒和早醒。入睡困难的患者往往在就寝前就开始担心自己能否入睡,因此很难放松而进入自然的睡眠状态,或"努力使自己入睡",如心中数数、排除杂念等,不但不能帮助入睡,相反还提高了皮层的兴奋性,加剧了本来就紧张的精神状态。有些服用地西泮等药物的患者,由于对久服安眠药后果的恐惧以及耐药性的缘故,时间一长也往往事倍功半。由于患者入睡前思绪繁杂,情绪焦虑,肌肉紧张,因而入睡的潜伏期延长,即使勉强入睡,睡眠也不深,极易为轻微刺激所惊醒,因而主诉"易醒"或"未睡着",周围环境的声音、活动一概知晓,早晨醒来觉得不解乏,没有睡好,于是不想起床。早醒是由于患者的警醒水平过高,一旦醒后便难以重新入睡,辗转反侧或起床走动,嗟叹夜长。

(http://www.51esou.com/jbjs.php? ZB_id=3956&keyword=%C9%F1%BE%AD%D6%A2)

7. 神经衰弱

神经衰弱是一种以脑和躯体功能衰弱为主的神经症,以易于兴奋又易于疲劳为特征,常伴有紧张、烦恼、易激惹等情绪症状及肌肉紧张性疼痛、睡眠障碍等生理功能紊乱症状。

神经衰弱的主要表现:神经衰弱病人临床表现复杂,同时有多种精神症状和躯体症状,归纳起来可分为六大类症状:

(1)脑力不足,精神倦怠:患者经常感到精力不足,萎靡不振,不能用脑,或脑力迟钝,不能集中注意力,记忆力减退,工作效率减退。

(2)对内外刺激的敏感:①没有器质性病变存在;②病人对某个部位、某个症状越注意,痛苦就越明显,倘若转移其注意力,则明显减轻甚至消除;③病痛部位的分布不一定符合解剖部位,而且位置也不固定,或会变动;④病人叙述的症状多而杂,使人不得要领,讲了大半天，最后还搞不懂他哪里不舒服。

(3)情绪波动，易烦易怒，缺乏忍耐性：①易烦多忧；②易喜善怒。

(4)紧张性疼痛：通常由紧张情绪引起，以紧张性头痛最常见。患者感到头重、头胀、头部紧压感，或颈项僵硬，有的还表现为腰背、四肢肌肉痛。这种疼痛的程度与劳累无明显关系，即使休息也无法缓解。疼痛的表现也往往很复杂，可以表现为持续性疼痛或间歇性疼痛，有的病人还表现为钝痛或刺痛。总的来说，神经衰弱病人紧张性疼痛表现繁多，但与情绪紧张密切相关。

(5)失眠、多梦：神经衰弱病人，由于大脑皮质的内抑制下降，神经易兴奋，睡眠时不易引起广泛的抑制扩散，难以入睡或不够深沉，容易惊醒或睡眠时间太短，或醒后又难以再睡。长期如此，势必形成顽固性失眠。失眠后白天头昏脑涨，精神萎靡，使学习、工作效率低下，病人深感痛苦，到了晚上又担心失眠。从而，因焦虑而失眠，由失眠而焦虑，互为因果，反复影响，终为神经衰弱的失眠症。

神经衰弱的病人常诉"睡不着"，典型经过是：上床以前似乎头昏欲睡，上床以后脑子静不下来，思维活跃，浮想联翩，因此心里很焦急，愈急就愈睡不着。病人可能会试用各种方法使自己静下来，或做其他放松试验，但往往无效。此时，病人对周围的各类声、光刺激特别敏感，时钟的嘀嗒声、汽车的喇叭声、脚步声、别人的鼾声、室外的灯光、音乐声等，都会成为其失眠的理由，病人恨不得周围不得有任何光线和声音。但即使在十分安静的环境里，病人也会有"理由"失眠，如因自己的心跳也会烦得无法入睡，这样折腾数小时才能入睡，不久，鸡鸣天亮又该起床了。

(6)心理生理障碍：有些神经衰弱的病人，求治的主诉(病人最痛苦、最主要的症状)可能不是上述的五种，而是一组心理障碍的症状，如头昏、眼花、心慌、胸闷、气短、尿频、多汗、阳痿、早泄、月经不调等，很容易把本病的基本症状掩盖起来。焦虑是许多病人的基本症状之一。焦虑可能是易于疲劳、记忆障碍、失眠的继发症状。病人经常对现实生活中的某些问题过分担心或烦恼，也会对未来可能发生的、难以预料的某些危险而担心烦恼。

总的来说，神经衰弱病人的临床表现是复杂的，通常认为最主要的表现是易兴奋、易激惹；脑力易疲乏，如看书学习稍久，则感头胀、头昏；注意力不集中；头痛，部位不固定；睡眠障碍，多为入睡困难、早醒，或醒后不易再入睡，多噩梦；植物神经功能紊乱，如心动过速、出汗、厌食、便秘、腹泻、月经失调、早泄；继发性疑病观念。

神经衰弱容易与下列疾病混淆：

(1)脑器质性和躯体疾病，通过辅助检查可与之鉴别。

(2)精神分裂症：精神分裂症早期和缓解期，可出现神经衰弱症状。但患者对其疾病抱无所谓态度，无迫切求治要求，并有相应的精神病性症状，可资鉴别。

(3)其他神经症：神经衰弱症状也常见于焦虑症、疑病症、抑郁性神经症等。若患者有这类疾病的典型症状，按等级鉴别诊断原则，应首先诊断为其他类别的神经症。

(4)抑郁症：鉴别诊断常很困难，特别是轻度抑郁症患者常被误诊为神经衰弱。这是因为抑郁症患者常有失眠、疲乏、注意力不集中、精神缺乏和各种躯体不适感，两类症状类似，躯体检查均无相应阳性体征，如忽视检查患者抑郁情绪往往导致误诊。因此，临床上诊断神经衰弱时，必须排除抑郁症。抑郁症患者表现为情绪低落，愉快感丧失，对日常生活兴趣丧失，自责自罪，常萌生消极自杀的意念。患者的症状可呈现晨重夜轻的节律性波动，早醒是抑郁症睡眠障碍的特点。抑郁症病程可周期性缓解。

(5)慢性疲劳综合征：这是一组新近提出的以疲劳为主要表现的，不能以休息解决的，病程持续半年以上的综合征，且未发现引起疲劳的内科或精神科疾病，常伴低热、咽喉痛、淋巴结疼痛、肌无力、肌肉痛、关节痛、头胀痛、活动持久性疲劳、神经心理症状(如易激惹、健忘、注意力不集中、思维困难、抑郁等)、睡眠障碍(表现为睡眠过多或失眠)。体格检查发现有低热(37.6～38.6℃)、非渗出性咽炎，及颈前、后部或咽峡部淋巴结肿大、触痛。由于有低热、咽喉痛、淋巴结增大及触痛等客观体征，因而有助于与神经衰弱鉴别。

引起神经衰弱的原因：

目前大多数学者认为精神因素是造成神经衰弱的主因。凡是能引起持续紧张心情和长期内心矛盾的一些因素，均使神经活动过程强烈而持久地处于紧张状态，超过神经系统张力的耐受限度，即可发生神经衰弱。如过度疲劳而又得不到休息是兴奋过程过度紧张，对现在状况不满意是抑制过程过度紧张，经常改变生活环境而又不适应是灵活性的过度紧张。

人类中枢神经系统的活动在机体各项活动中起主导作用，而大脑皮质的神经细胞具有相当高的耐受性，一般情况下并不容易引起神经衰弱或衰竭。在紧张的脑力劳动之后，虽然产生了疲劳，但稍事休憩或睡眠后就可以恢复。但是，强烈紧张状态的神经活动一旦超越耐受极限，就可能产生神经衰弱。

神经衰弱的预防：

引起神经衰弱的原因有环境因素和内在因素，因此，应该从这两方面来进行预防。

(1)正确认识自己：对自己的身体素质、知识才能、社会适应力等要有自知之明，尽量避免做一些力所不及的事情，或避免从事不适合自己的体力和精神的活动，好高骛远，想入非非，杞人忧天，为了名利和地位而费尽心机都是不好的。

(2)培养豁达开朗的性格：自己的脾气、性格一旦形成，一朝一夕是很难改变的。天下无难事，只怕有心人。只要对培养良好的性格有心有意，良好的性格自然会对你有情有义。

(3)提倡顾全大局：遇事要从大事着想，明辨是非。如处理人际关系时，提倡严于律己，宽以待人，互相理解、体谅，是防止人际关系紧张的有效方法之一。在处理家庭关系、同事关系、邻里关系或上下级关系时，尤应如此。

(4)善于自我调节，有张有弛：对于工作过于紧张，过于繁忙，或学生学习负担过重以及生活压力很大的人，都有必要自我调节，合理安排好工作、学习和生活的关系，做到有张有弛，劳逸结合，这样做还能提高工作效率。

(5)求助于医务人员：如果自我调节不好，出现一些不能解决的心理问题或疾病先兆时，应立即求医，进行心理咨询、心理治疗或药物治疗，切莫讳疾忌医，但也不能有病乱投医。

神经衰弱的治疗：

一般以心理治疗为主，辅以药物、物理或其他疗法。

心理治疗是治疗本病的基本方法。心理治疗由医生向病人系统讲解该病的医学知识，使病人对该病有充分了解，从而能分析自己起病的原因，并寻求对策，消除疑病心理，减轻焦虑和烦恼，打破恶性循环，并予讲解治疗方法，使患者主动配合，充分发挥治疗作用。个别心理治疗是在集体或小组治疗的基础上针对个别患者的具体情况进行心理辅导。森田疗法主张顺应自然，是治疗神经衰弱的有效方法之一，有条件的医院也可以选用。

(http://www.xywy.com/xl/xljb/sjsr/201104/18-701679.html)

(http://www.healthlonglife.com/disease-shenjingshuairuo.html)

（三）神经症产生的病因

神经症产生的病因是多源性的，至今仍无定论。有关生物学的研究目前无肯定的发现，一些遗传学研究虽然发现某些神经症有家族聚集倾向，但较多的学者认为，遗传的仍是一种个性特征或易感素质。目前，比较一致的看法是，外在的精神应激因素与内在的素质因素是神经症发生的必不可少的原因，两者缺一不可。

1. 精神应激因素

长期以来，神经症被认为是一类主要与社会心理应激因素有关的精神障碍。许多研究表明，神经症患者较他人遭受更多的生活事件，主要以人际关系、婚姻与性关系、经济、家庭、工作等方面的问题多见。一方面可能是遭受精神事件多的个体易患神经症；而另一方面则可能是神经症患者的个性特点更易于对生活感到“不满”，对生活事件更易感，或者是其个性特征易于损害人际交往过程，而导致生活中产生更多的冲突与应激。一般而言，引起神经症的精神应激事件有以下几个特点：

(1)应激事件的强度往往不十分强烈，而且往往是多个事件反复发生，持续时间很长，即虽然灾难性的强烈应激事件也可引起神经症，但更多的是那些使人牵肠挂肚的日常琐事。这点有别于反应性精神障碍的特点。

(2)应激事件往往对神经症患者具有某种独特的意义。这些事件在健康人看来也许微不足道，但对于某些神经症患者来说可能是特别敏感的。即更重要的不是事件本身的正负性、强弱，而是是否造成个体的内心冲突。

(3)患者对应激事件引起的心理困境或冲突往往有一定的认识，也知道应该怎样去适应以消除这些事件对心理的影响，但往往不能将理念化解为行动，将自己从困境和矛盾的冲突中解脱出来，以致应激持续存在，最终超过个体的应付能力或社会支持能提供的保护水平而导致发病。

(4)神经症患者的精神应激事件不但来源于外界，更多地源于患者内在的心理欲求。因为神经症患者往往是理性的、道德的、传统的，常常忽略和压抑自己的需求以适应环境，但又总是对他人和自己的作为不满，总是生活在遗憾和内心冲突之中。因此，许多痛苦实质上来源于患者的个性，即所谓“天下本无事，庸人自扰之”。

2. 素质因素

大多数研究者倾向认为，与精神应激事件相比，神经症患者个性特征或个体易感素质对于神经症的病因学意义可能更为重要，即使一些生物学病因如遗传学的研究，也认为亲代的遗传影响主要表现为易感个性。一般认为，患者的个性特征首先决定着患神经症的难易程度。如巴甫洛夫认为，神经类型为弱型或强而不均衡型者易患神经症；Eysenck 等认为,个性古板、严肃、多愁善感、焦虑、悲观、保守、敏感、孤僻的人易患神经症。其次,不同的个性特征决定着患某种特定的神经症亚型的倾向。如巴甫洛夫认为,在神经类型弱型者中间,属于艺术型(第一信号系统较第二信号系统占优势)者易患癔症,属于思维型(第二信号系统较第一信号系统占优势)者易患强迫症,而中间型(两信号系统比较均衡)者易患神经衰弱。甚至某些特殊的人格类型与某些神经症亚型的命名都一样,如表演型人格——癔症神经症、强迫人格——强迫性神经症。

(四)神经症的处置

1. 心理治疗与药物治疗结合

一般来说,药物治疗对于控制神经症的症状是有效的,但神经症的发生主要与心理社会应激因素、个性特征有密切关系,因此病程有迁延倾向,即使是发作性的神经症如癔症、惊恐发作,也易随生活事件的出现而反复发生。因此,成功的心理治疗可能更重要,不但可以缓解症状,对于一定比例的患者,还可以达到根治的目的。

(1)心理治疗:不同的心理学流派因其对神经症发病机制的解释不同,心理治疗的方法也不一致。不同类型的神经症患者都可以从心理治疗中获得有益帮助。治疗不但可以缓解症状,加快治愈过程,而且能帮助患者学会新的应付应激的策略和对付未来问题的方法。这种结局显然对消除病因、巩固疗效是至关重要的,也是药物治疗所无法达到的。同时,一些与治疗流派的治疗理论无关的非技术性因素,如人际性、社会性、情感性因素,包括治疗者对患者的关心、患者对治疗者的信任、治疗者注意培养患者的希望、患者求治的动机与期待等,在促进疗效方面都有巨大作用。心理治疗方法的选择取决于患者的人格特征、疾病类型以及治疗者对某种心理治疗方法掌握的熟练程度与经验。

(2)药物治疗:治疗神经症的药物种类较多,如抗焦虑药、抗抑郁药以及促大脑代谢药等,针对不同的亚型可以选用不同药物。药物治疗的优点是控制靶症状起效较快,尤其是早期与心理治疗合用,有助于缓解症状,提高患者对治疗的信心,促进心理治疗的效果与患者的遵医行为。应该注意的是,许多药物都有不同程度的副作用,处方时一定要预先向患者说明,使其有充分的心理准备,以坚持治疗。否则,许多神经症患者因有过于敏感、焦虑、疑病的个性特点,容易使治疗中断。

2. 中西医结合

由于神经症之病因、病理病机、症状、分型较为复杂,每个患者生活经历、性格特征、发病基础各有不同,所以,病种、疗法虽然相同,而疗效反应却不尽相同。因此,必须在中西医结合的原则下,采用心理和药物等治疗相配合,医护人员与患者及其家属等有关人员相联合的方法,采取有针对性、计划性和系统性的综合治疗,以争取较好而巩固的疗效。根据病程阶段、症状特点,中药西药应酌情并用。初发而症轻者可在心理治疗的同时,根据辨证施治的原则单独予以中药、针灸或西药治疗。症状顽固或慢性病程者可中西药并用,但应注意尽量发挥中西医各自特色,扬长避短。治标治本、配方和药物剂量应适当掌握,灵活运用。神经症患者多数病例,病程较长或某些症状顽固存在,因而长期服药,尤其是安定类之抗焦虑药,应严防药物成瘾、依赖或出现戒断反应,以免给患者增加新的痛苦。

(http://www.51esou.com/jbjs.php? ZB_id=3956&keyword=)

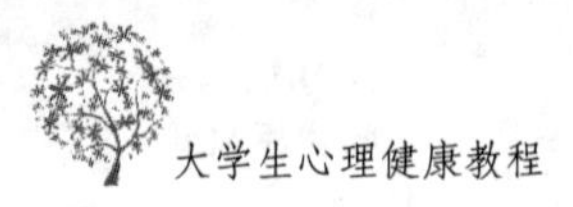

二、精神分裂症的特征及处置

(一)精神分裂症特征性症状

1. 思维联想障碍

思维联想过程缺乏连贯性和逻辑性,是精神分裂症最具有特征性的障碍。其特点是病人在意识清楚的情况下,思维联想散漫或分裂,缺乏具体性和现实性。最典型的表现为破裂性思维,即病人的言语或书写中,语句在文法结构虽然无异常,但语句之间、概念之间,或上下文之间缺乏内在意义上的联系,因而失去中心思想和现实意义。

思维障碍在疾病的早期阶段可仅表现为思维联想过程在内容意义上的关联不紧密、松弛。此时病人对问题的回答叙述不中肯、不切题,使人感到与病人接触困难,称联想松弛。

思维障碍的另一种形式,是病人用一些很普通的词句、名词,甚至以动作来表达某些特殊的,除病人自己外旁人无法理解的意义,称象征性思维。有时病人创造新词,把两个或几个无关的概念词或不完整的字或词拼凑起来,赋以特殊的意义,即所谓词语新作。

2. 情感障碍

情感迟钝淡漠,情感反应与思维内容以及外界刺激不配合,是精神分裂症的重要特征。最早涉及的是较细致的情感,如对同事、朋友的关怀、同情,对亲人的体贴。病人对周围事物的情感反应变得迟钝或平淡,对生活、学习的要求减退,兴趣爱好减少。随着疾病的发展,病人的情感体验日益贫乏,对一切无动于衷,甚至对那些使一般人产生莫大悲哀和痛苦的事件,病人表现冷漠无情,无动于衷,丧失了对周围环境的情感联系(情感淡漠)。如亲人不远千里来探视,病人视若路人。

此外,可见到情感反应在本质上的倒错,病人流着眼泪唱愉快的歌曲,笑着叙述自己的痛苦和不幸(情感倒错),或对某一事物产生对立的矛盾情感。

3. 意志行为障碍

在情感淡漠的同时,病人的活动减少,缺乏主动性,行为被动、退缩,即意志活动低下。病人对社交、工作和学习缺乏应有的要求,不主动与人来往,对学习、生活和劳动缺乏积极性和主动性,行为懒散,无故不上课,不上班。严重时病人行为极为被动,终日卧床或呆坐,无所事事。长年累月不理发,不梳头,口水流在口内也不吐出。随着意志活动愈来愈低,病人日益孤僻,脱离现实。

有些病人吃一些不能吃的东西,如吃肥皂、昆虫、草木,喝痰盂水,或伤害自己的身体(意向倒错)。病人可对一事物产生对立的意向(矛盾意向)。病人顽固拒绝一切,如让病人睁眼,病人却用劲闭眼(违拗),或相反。有时病人机械地执行外界任何要求(被动服从),任人摆布自己的姿势,如让病人将一只腿抬高,病人可在一段时间内保持所给予的姿势不动(蜡样屈曲),或机械地重复周围人的言语或行为(模仿语言、模仿动作)。有时可出现一些突然的、无目的性的冲动动作,如一连几天卧床不动的病人,突然从床上跳起,打碎窗上的玻璃,以后又卧床不动。行为动作不受自己意愿的支配,是具有特征性的症状。

上述思维、情感、意志活动三方面的障碍使病人精神活动与环境脱离,行为离奇,孤僻离群，加之大多不暴露自己的病态想法，沉醉在自己的病态体验中，自乐自笑，周围人无法了解其内心的喜怒哀乐，称之为内向性。

(http://www.ah39.cn/jsflzcs/3518.html)

(二)精神分裂症的类型

精神分裂症主要表现为狂躁不安、偏执、抑郁、恐惧焦虑、幻听幻觉、敏感多疑、强迫急躁、思维紊乱、胡言乱语、乱摔东西、冲动伤人、不能控制自己等。病时患者可能出现一种毫无根据的错误想法，怀疑有人要加害于他，坚信配偶有外遇，听到有人议论他，指责他，威胁他，看见奇怪的影像，闻到不愉快的气味，尝到食物中有特殊气味等一些虚幻的知觉，以至最终悲观绝望而自杀，给家庭、社会带来极大的伤害。

1. 张扬型精神分裂症

此型患者极度社会功能退缩，孤僻，阴性症状严重，有严重的精神运动性障碍。

2. 瓦解型精神分裂症

此型患者言语不连贯，情绪和情感体验与现实不适切，通常没有幻觉。

3. 偏执型精神分裂症

此型患者对他人非常猜疑，行为受被害妄想的支配，幻觉和妄想明显。

4. 残留型精神分裂症

此型患者当前没有妄想、幻觉或破裂性言语和行为，但日常生活缺乏动力和兴趣。

5. 分裂情感性障碍

此型患者同时具有精神分裂症和情感障碍，如抑郁症、双相情感障碍或混合型躁狂症的症状。

(三)精神分裂症产生的病因

据目前所知，精神分裂症没有单一的病因，而研究重点集中在几个可能的致病因素上。这些因素包括基因(遗传)、化学平衡失调、怀孕和分娩期间的并发症。精神分裂症在同一家族中多发，近亲中有精神分裂症患者的比没有近亲患者的更容易发病。精神分裂症的三类症状需要治疗：精神病性症状、焦虑和抑郁。

(四)精神分裂症的处置

1. 精神分裂症的治疗要点

对于患者家属而言，应该注意以下三点：一是要信医不信巫。在偏僻落后地区还有人对精神病现象装神弄鬼，结果加重了病情，耽误了治病。世界上无神无鬼，只不过是病人失去了理智，只有用药才能治病。二是谨慎选择治疗方法和就医单位，很多患者家属治病心切，到处求医问药，结果倾家荡产也没治好病。作为家属应该冷静地分析，比较一下治疗情况，甚至适当地掌握一点医学知识，这有利于患者得到更合理的治疗。三是对待患者要有耐心，想方设法为他们创造一个宽松的环境，尤其是在患者犯病的时候一定不要急躁，不能以正常人的思维去判断是非曲直，更不能对患者丧失信心，放弃治疗。事实上许多患者正是由于家属的关爱和不懈努力，使他们获得了新生。因此，所有生活在痛苦与绝

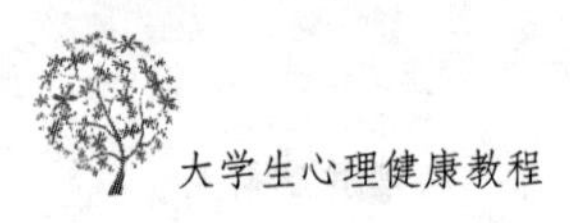

望之中的患者家属应该记住一句话:你们的耐心、恒心和信心最关键!

2. 精神分裂症的预防

健康快乐是预防精神病的良方。至于精神病的预防,说起来也简单,一是要有健康快乐的生活环境。俗话说"病由心生",尤其精神病更是与个人的情绪、性格、处境等息息相关。要想预防精神病,对于家长来说,应该尽量创造一个宽松的家庭环境,不要对子女要求过严,期望过高,使孩子们过早地背上沉重的思想负担从而精神崩溃,这就叫"欲速则不达"。现在不少独生子女得这种病与此有极大关系。二是做人要有宽广的心胸和积极向上的生活方式。凡事不要过分计较个人得失,不要将自己的生活目标定得过高,要有一颗平常心,能将功名利禄全抛下,踏踏实实做人,安安静静生活,做到知足常乐。三是如果发现自己有了不健康的心理,就要及早找心理医生或自己想办法调整一下,不要等严重到了精神病这一步才去医院。

(http://www.xd2005.net/Article/ShowArticle.asp? ArticleID=235)

第四节　心理咨询

一、心理咨询的概念

心理咨询是由专业人员即心理咨询师运用心理学以及相关知识,遵循心理学原则,通过各种技术和方法,帮助求助者解决心理问题。心理咨询所提供的全新环境可以帮助人们认识自己与社会,处理各种关系,逐渐改变与外界不合理的思维、情感和反应方式,并学会与外界相适应的方法,提高工作效率,改善生活品质,以便更好地发挥人的内在潜力,实现自我价值。

二、心理咨询的类型

(一)按性质分类

1. 发展心理咨询

在个人成长的各个阶段上,都可能产生困惑和障碍。为适应新的生存环境,为选择合适的职业,为个人事业的成功,为突破个人弱点等,这时,所要进行的就是发展性心理咨询。

2. 健康心理咨询

当一个精神正常的人,因各类刺激引起焦虑、紧张、恐惧、抑郁等情绪问题,或者因各种挫折引起行为问题时,也就是说,发现自己的心理健康遭到破坏时,这时进行的心理咨询就是健康心理咨询。

(二)按咨询的规模分类

有个体咨询和团体咨询。

1. 个体咨询

个体咨询的形式,是咨询师与求助者建立一对一的咨询关系。咨询活动与求助者所处的那个社会、集体及家庭无直接关系。在内容上，着重帮助求助者解决个人的心理问题。

2. 团体咨询

团体咨询是在团体情境中，向求助者们提供心理帮助和指导。它是通过团体内人际交互作用，促使个体在交往中观察、学习、体验，认识自我，探讨自我，接纳自我，调整和改善与他人的交往，学习新的态度与行为模式，以促进个人发展良好的生活适应。

(三)按咨询时程分类

1. 短程咨询

在相对短的时间内(1～3 周以内)完成咨询。资料收集和分析集中在心理问题的关键点上，就事论事地解决求助者的一般心理问题。追求近期疗效，对中、远期疗效不做严格规定。做好这类咨询，要求咨询师的思维要敏捷、果断，语言要准确、明快，有较长期的临床经验。

2. 中程心理咨询

在 1～3 个月内完成咨询。可涉及较严重的心理问题，要求有完整的咨询计划，咨询预后良好，追求中期以上疗效。

3. 长期心理咨询

在遇到严重心理问题或神经症性的心理问题时，可采用长期心理咨询，一般用时在 3 个月以上，应使用标准化咨询方法——心理治疗。要求制定详细咨询计划，追求中期以上疗效，并要求疗效巩固措施。对资历较浅的心理咨询师，除要求有详细咨询计划外，还要求写出案例分析报告。

(四)按咨询形式分类

1. 门诊心理咨询

门诊心理咨询现在已经不限定在医院门诊进行，也可在专业心理咨询中心进行。门诊心理咨询是进行面对面咨询，这类咨询的特点是能及时对求助者进行各类检查、诊断，及时发现问题，及时做出妥善处理(如转诊、会诊等)。因此，它是心理咨询中最主要而且最有效的方法。

2. 电话心理咨询

电话心理咨询是利用电话给求助者进行支持性咨询。早期多用于心理危机干预，防止心理危机所导致的恶性事件，如自杀、暴力行为等。咨询中心有专用的电话，心理咨询工作人员 24 小时轮流值班，并设有流动的应急小组。现在的电话咨询涵盖面很广，是一种较为方便而又迅速的心理咨询方式。但它也有某些局限性。

3. 互联网心理咨询

互联网心理咨询是心理咨询师通过互联网来帮助求助者。互联网咨询除了可以突破地域限制之外，通过互联网进行心理咨询，可以凭借行之有效的软件程序，进行心理问题的评估与测量；可以将咨询过程全程记录，便于深入分析求助者的问题及进行案例讨论；在一个付费咨询体系中，咨询协议的具体化和程序化将使得人们更容易接受。

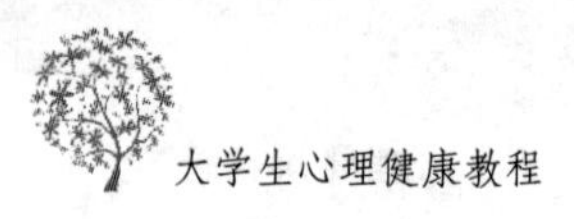

三、心理咨询的功能

心理咨询可分为支持性心理咨询、解释性心理咨询和指导性心理咨询。

支持性心理咨询也称非指导性心理咨询，以求助者为中心，运用倾听技术，给予求助者以无条件的积极关注、共情、真诚、尊重和温暖，让求助者在安全、宽松的氛围中自己成长。人本主义就是如此。

解释性心理咨询也称分析性心理咨询，就是通过分析和解释，让求助者对自己的问题产生领悟。认知疗法和精神分析就是如此。

指导性心理咨询则是通过直接的指导，或提建议、布置家庭作业，促使求助者改变行为模式。行为治疗就是如此。

心理咨询和心理治疗的区别在于，心理咨询是纯语言的，通过说话或写信，包括面对面的交谈或打电话，以及电子邮件、QQ 聊天或留言来进行，而心理治疗是全身心的、体验式的、互动性的、手把手的。当解释和指导不起作用的时候，治疗师就要披挂上阵，对求助者实施实际的影响。如果说，心理咨询是告诉你怎么游泳，那么，心理治疗就是带你游泳。

所以，支持、解释(包括分析)、指导和心理治疗是一个连续体。一个求助者来了，首先采用支持性心理咨询。相当一部分求助者在“支持”之下，把心中的苦水倒出来，心情就舒畅了，咨询就结束了。有些求助者觉得这样不够，就采用解释性心理咨询，帮他分析他的问题，给他一个解释，然后，他满意地走了。有的求助者还会索要方法，就采用指导性心理咨询，给他一些方法。有的求助者得到了方法，但自己不会用，才对他实施心理治疗。

许多咨询师以为，使用了标准化的心理治疗技术，如精神分析、行为疗法和认知疗法，就是心理治疗了。其实不然。用精神分析和认知行为主义的理论进行解释和指导，仍然属于心理咨询。只有出现了移情和反移情、当场示范和演练，才是心理治疗。

移情，就是求助者把生活中的行为模式带到治疗室里来。这时候，治疗师就不用跟他讨论他的模式了，直接看他的“表演”，当场纠正就好了。

从某种意义上讲，支持性心理咨询是治疗性的，因为治疗师用了情，而不只是语言。另外，催眠和暗示是纯粹的心理治疗。同样，NLP、意象对话、心理剧、家庭系统排列、沙盘游戏和雅罗姆式的团体治疗也是治疗性的。

除此之外，评估也是心理咨询的一项内容。咨询师必须把求助者的问题“概念化”，做出“诊断”。然后，在此基础上确定咨询目标、制定咨询方案。

综上所述，心理咨询的功能有如下几种：(1)评估；(2)指导(包括心理健康教育、“权威性解释”和野蛮分析)；(3)治疗：示范，演练，参与，互动；(4)分析：共同讨论，平等对话，真正的心理“咨询”；(5)支持。

四、心理咨询基本原则

(一)保密性原则

咨询人员保守来访者的内心秘密，妥善保管来往信件、测试资料、咨询档案等材料，不在任何场合谈论来访者的隐私，除非征得来访者的同意，不向来访者的单位领导、同事、同学、父母、配偶等谈及来访者的隐私。

（二）理解性原则

咨询人员对来访者的语言、行动和情绪等要充分理解，不得以道德的眼光批判对错，要帮助来访者分析原因并寻找出路。

（三）支持性原则

此原则要求咨询老师对学生的自我反省与转变的努力予以及时的肯定与支持。因为经验表明，人的思想和行为的变化会由于外界的支持而加快速度。鼓励—支持是促成学生转变的有力手段。专家普遍认为，鼓励比惩罚更能使人转变。

（四）时限性原则

心理咨询必须遵守一定的时间限制。咨询时间一般规定为每次50分钟左右（初次受理时咨询可以适当延长），原则上不能随意延长咨询时间或间隔。

（五）助人自助的原则

问题就是一次学习的机会，咨询师帮助来访者理清思绪，学习理性处理问题，并在这个过程中，让来访者的心理素质得到了成长。因此，咨询本身就是一个来访者学习并成长的过程，同时也是咨询师"助人自助"的过程。

（六）成长性原则

学校心理咨询的目的在于帮助学生走出困境，增强适应和促进人格成长。学生中的心理问题多属于成长阶段的发展性问题，换言之，即属于青少年时期心理特质尚未定型时遇到的问题。因此，它是一种发展性的心理辅导。

（七）"来者不拒，去者不追"的原则

原则上讲，到心理咨询室求询的来访者必须出于完全自愿，这是确立咨访关系的先决条件。没有咨询愿望和要求的人，咨询者不会去主动找他并为其心理咨询，只有自己感到心理不适，为此而烦恼并愿意找咨询人员诉说烦恼以寻求咨询者的心理援助，才能够获得问题的解决。心理咨询室的大门向任何人都是永远敞开的。

（八）客观中立和无条件积极关注原则

存在即合理，每个人做任何事必有他自己的苦衷。心理咨询站在一个客观的立场上，不以道德的标准，对来访问者进行无条件的积极关注，帮助来访者走出心灵的"雨季"。

（九）重大决定延期的原则

心理咨询期间，由于来访者情绪不稳定，原则上应规劝其不要轻易做出诸如退休、调换工作、退学、转学、离婚等重大决定。在咨询结束后，来访者的情绪得以安定、心境得以

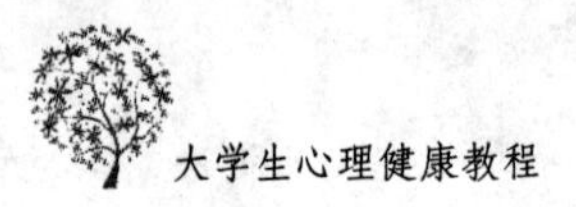

整理之后做出的决定，往往不容易后悔或反悔的概率较小。就此应在咨询开始时予以告知。

五、心理咨询的主要理论与方法

从20世纪20年代至今，各种理论此起彼伏，发展迅速。其中，对心理咨询过程的性质、目标、方法等方面影响最大的有四个流派的理论，即精神分析理论、行为主义理论、人本主义理论和认知理论。精神分析理论的创始人为弗洛伊德。该理论强调无意识冲突对行为的主导作用和重要影响，认为非理性的意欲与外界现实在内心引起的冲突是精神异常的原因。行为主义的主要代表人物是斯金纳等人。该理论强调环境和情况决定人的行为，行为的产生受当时行为条件的制约，即行为会因情境而改变。人本主义的主要代表人物有马斯洛、罗杰斯等人。该理论强调研究对个人和社会有意义的问题，关心的是个人的创造性和自我实现。认知理论强调认知的决定性作用，认为心理障碍源于不正确的认知，主张改变认知以纠正心理障碍。

在众多理论的影响下，心理咨询的方法也众说纷纭，多达四百多种。这里只能简要地介绍几种国内大学生心理咨询中常用的方法。

(一)支持疗法

支持疗法通过支持与鼓励，细听倾诉和解释指导，使面临困难产生心理问题的人得到依靠，恢复自信，从而减轻心理负担，培养合理的适应方式。

(二)心理分析法

即精神分析法。其理论依据是精神分析理论。心理分析法力图破除来访者的心理阻抗，把压抑在潜意识中的冲突诱发出来，使来访者明了症状的实质，从而使症状失去存在的意义而消失。

(三)行为疗法

来源于行为主义理论。由于行为主义认为所有的行为(包括正常、健康的行为与异常、变态的行为)都是学习获得的，并由于强化而得到巩固。所以，行为治疗家就可通过对个体再训练的方法(再教育和重建条件反射，即教授个体对周围环境中的刺激做新的适应反应)，以及在某些方面改变个体环境的方法把不正常的行为变为正常。

(四)人本主义疗法

基于人本主义理论而创立。人本主义疗法强调创造一种良好的环境，形成真诚相待、互相理解、彼此尊重的气氛，帮助来访者进行自我探索，认识自身的价值和潜能，发现真正的自我，对自己的成长负责，并朝着自我实现的目标前进。

(五)认知疗法

认知心理学认为人的心理行为受人的认知所支配，某些人的心理问题主要是由于在错误前提下对现实曲解的结果。咨询的关键就在于指导来访者改变原来的认知结构，解除歪曲的想法，纠正不合理的信念，从而改变行为。

（六）森田疗法

由日本学者森田正马创立。主张“顺应自然”，即指导来访者接受自己的症状而不企图排斥它，带着症状生活，像正常人一样，这样症状就会慢慢淡化而消失。还主张“为所当为”，即控制那些可以控制之事，如人的行为。

（七）团体咨询

团体咨询的对象可由背景、问题相似的人组成，其好处在于每个人都能在人际交往过程中，了解自己与他人的联系及行为方式，增进理解与沟通。

(http://baike.baidu.com/view/18314.htm)

(http://www.bamaol.com/html/XLWZ/XLZ/XLZ/48805201241417 2716283.shtm)

课后练习

举例说明自己敬仰的某个杰出人物的心理特质，并谈谈其对自己的影响。

教学方法与手段

采用多媒体课件教学，及课堂讨论、小组讨论方法。

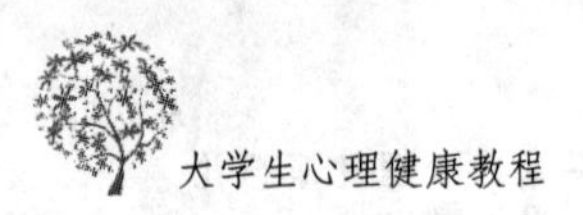

第二章　人格与心理健康

【目的与要求】

1. 了解大学生人格特征及大学生人格健全的标准；
2. 掌握人格自我健全及人格障碍自我矫正的方法。

第一节　大学生的人格特征

一、什么是人格

人格，英文 personality，源于拉丁语 persona，是指演员在舞台上戴的面具，好比我们今天戏剧舞台上不同角色的脸谱。心理学借用了这个词，使之成为一个专门的术语，用来说明每个人在人生舞台上各自扮演的角色及其不同于他人的精神面貌。把人格比喻为面具，好像是一种亵渎，但又不得不承认这个比喻的贴切。

那么什么是人格？不同的流派有不同的定义，莫衷一是，至今还没有一个大家公认的说法。人格心理学家阿尔波特说："人格乃是个人适应环境的独特的身心体系。"艾森克说："人格乃是决定个人适应环境的个人性格、气质、能力和生理特征。"卡特尔说："人格乃是可以用来预测个人在一定情况下所做行为反应的特质。"

马克思认为："人的本质并不是单个人所固有的抽象物，实际上，它是一切社会关系的总和。"从这种意义上说，人格的本质就是人的社会性。人若脱离了社会，不与人们交往，也就谈不上人格，至少不是健全的人格。就像初生的婴儿只能算是个体，还没有人格。人格乃是个体社会化的结果、人际关系的结晶。所以，人格乃是具有不同素质基础的人，在不尽相同的社会环境中所形成的意识倾向性和比较稳定的个性心理特征的总和。人格是社会学、人类学、教育学等诸多学科研究的对象，心理学只是从意识倾向和个性心理特殊方面去研究它。

（http://www.medicchina.com/xinlingjiayuan/xinlijiangtang/xljt.asp? id=333）

二、大学生的人格特征

人格是人的特点的一种组织。人格也是一种心理现象。人有表现于外的、给人印象的特点，也有外部未显露的、可以间接测得和验证的特点。这些稳定而异于他人的特质模式，给人行为以一定的倾向性，表现了一个由表及里真实的个人，即人格。对于人格发展的研究有许多学说，其中最著名的是艾里克森(Erikson)的八阶段说。

大学生处于人生的青年期，青年期人格发展的特点是：希望了解自己、把握自己和发展自己，产生普遍的程度不一的“自我角色认同”心理。进入青年期，他们已能够进行较稳定的独立思考，对自己未来的社会角色进行设想。他们往往会向自己提出这类问题：我究竟是什么人，过去是怎么样的，将来要成为怎么样的人。青年人几乎都喜欢从伟人传记和书刊报纸中摘取跟自己的社会角色期待对得上号的警语、格言来鞭策自己、勉励自己。小说、戏剧等文艺作品中主人公的喜怒哀乐和胜利、挫折也最能在青年当中引起反响。影星、球星、歌星等由于社会宣传媒介树立起来的各类“明星”人物也最容易在青年、少年当中形成崇拜热。这些常见的社会现象都表明，青年人不但迫切地希望了解身外之物，也迫切地希望了解自己，企图借助外物的折光来对照自己、认识自己、表现自己和设计自己，产生自我实现的强烈愿望。

中国大学生与外国大学生相比，由于社会文化因素的重大区别，因而也呈现出不同的人格特征。中国大学生在谦让、克己、忍耐、谨慎等人格特征方面突出，在支配与冲动特点方面表现不突出，在社交方面倾向于积极进取；他们具有稳健、从众的人格特点，具有良好的社会化程度。虽然他们在智慧、敏感等与智力有关的人格特征方面较好，但是他们的“独立成就”和灵活性的得分均较低。

心理学家用爱德华个人倾向量表(EPPS)调查了2876名中国台湾地区的大学生的人格心理情况，并与美国大学生和印度大学生调查情况进行比较。与美国大学生相比，中国大学生在成就、顺从、秩序、求助、谦逊、慈善和坚毅等方面的得分高于美国大学生，而在表现、省察、支配、变异、异性爱和攻击等方面得分较低，在自主和交往等方面几乎和美国大学生一样。

与印度大学生相比，中国大学生在秩序、交往和求助方面得分较高，在表现、谦逊、异性爱和攻击性方面较低，而在成就、顺从、自主、省察、支配、慈善和坚毅方面几乎一致。中国大学生跟印度大学生的人格特征比跟美国大学生的人格特征有更多一致的地方，这可能是因为中国和印度都是亚洲东方国家并有许多社会与文化的相似性的缘故。

(http://web.scau.edu.cn/xlzx/xljk/ShowArticle.asp? ArticleID=126)

三、人格发展的影响因素

人格的形成与发展离不开先天遗传和后天环境的关系与作用。心理学家们认为，人格是在遗传与环境的交互作用下逐渐形成并发展的。

(一)生物遗传因素

由于人格具有较强的稳定性特征，因此人格研究者更注重遗传因素的作用。综合现有的研究结果，归纳遗传对人格的作用如下：

(1)遗传是人格不可缺少的影响因素。

(2)遗传因素对人格的作用程度随人格特质的不同而异。通常在智力、气质这些与生物因素相关较大的特质上，遗传因素的作用较重要；而在价值观、信念、性格等与社会因素关系密切的特质上，后天环境的作用可能更重要。

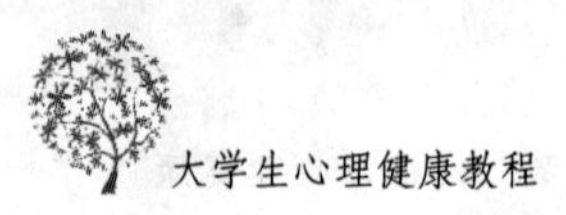

(3)人格的发展是遗传与环境两种因素交互作用的结果。人既具有生物属性,又具有社会属性。人在胚胎状态时,环境因素的影响就开始了,这种影响会在人的一生中持续下去。后天环境的因素是多种多样的,小到家庭因素,大到社会文化因素。这些因素对人格的形成与发展都有重要的影响。

(二)社会文化因素

每个人都处在特定的社会文化环境中,文化对人格的影响极为重要。社会文化塑造了社会成员的人格特征,使其成员的人格结构朝着相似性的方向发展,这种相似性具有维系社会稳定的功能,又使得每个人能稳固地"嵌入"在整个文化形态里。

社会文化对人格具有塑造功能,还表现在不同文化的民族有其固有的民族性格。例如,中华民族是一个勤劳勇敢的民族,这里的"勤劳勇敢"的品质便是中华民族共有的人格特征。

(三)家庭环境因素

研究人格的家庭成因,重点在于探讨家庭的差异(包括家庭结构、经济条件、居住环境、家庭氛围等)和不同的教养方式对人格发展和人格差异具有不同的影响。研究发现,权威型教养方式的父母在子女教育中表现得过于支配,孩子的一切都由父母来控制。在这种环境下成长的孩子容易消极、被动、依赖、服从、懦弱,做事缺乏主动性,甚至会形成不诚实的人格特征。放纵型教养方式的父母对孩子过于溺爱,让孩子随心所欲,父母对孩子的教育有时出现失控的状态。在这种家庭环境中成长的孩子多表现为任性、幼稚、自私、野蛮、无礼、独立性差、唯我独尊、蛮横胡闹等。民主型教养方式的父母与孩子在家庭中处于一种平等和谐的氛围当中,父母尊重孩子,给孩子一定的自主权,积极正确地指导。父母的这种教育方式能使孩子形成一些积极的人格品质,如活泼、快乐、直爽、自立、彬彬有礼、善于交往、富于合作、思想活跃等。由此可见,家庭确实是"人类性格的工厂",它塑造了人们不同的人格特质。

(四)早期童年经验

"早期的亲子关系定出了行为模式,塑造出一切日后的行为。"这是麦肯依(Mackinnon,1950)有关早期童年经验对人格影响力的一个总结。中国也有句俗话:"三岁看大,七岁看老。"人生早期所发生的事情对人格的影响历来为人格心理学家所重视。需要强调的是,人格发展尽管受到童年经验的影响,幸福的童年有利于儿童发展健康的人格,不幸的童年也会使儿童形成不良的人格,但二者不存在一一对应的关系,比如溺爱也可能使孩子形成不良的人格特点,逆境也可能磨炼出孩子坚强的性格。另外,早期经验不能单独对人格起作用,它与其他因素共同决定着人格的形成与发展。

(五)自然物理因素

生态环境、气候条件、空间拥挤程度等这些物理因素都会影响到人格的形成与发展。比如气温会提高某些人格特征的出现频率,如热天会使人烦躁不安等。但自然环境对人格不起决定性的作用。在不同物理环境中,人可以表现不同的行为特点。

四、认知风格与认知能力的差别

认知风格是指个人所偏爱使用的信息加工方式。认知的方式主要有场独立性和场依存性、冲动和沉思、同时性和继时性。认知风格与认知能力是截然不同的概念,其差别是:

(1)能力指成就水平,而风格指认知方式。

(2)能力指人们能够达到的最高行为,而风格是指人们的典型行为。

(3)能力是一种单极变量,有高低或好坏之分;而风格是指一种双极或多极变量,无高低与好坏之分。

五、人格测验

人格测验的方法很多,典型的有自陈量表、投射测验、情景测验、自我概念测验。

(1)自陈量表法。让被试按自己的意见,对自己的人格特质进行评价的一种方法。有明尼苏达多相人格测验和爱德华个人兴趣量表。

(2)投射测验。有罗夏克墨渍测验和主题统觉测验。

(3)情景测验。如性格教育测验和情景压力测验。

(4)自我概念测验。如形容词列表法、Q 分类法。

(参见附录三常用心理测量量表一、二、四)

(http://www.93576.com/read/1e3b734a0dbaf75eeccb8bfd.html)

(http://www.qsiedu.com/putongxinlixue/1951.html)

(http://www.59981.com/modules/article/reader.php? aid=872&cid=148461)

第二节 大学生的人格健全

一、人格健全的标准

不同的心理学家对心理健康或人格健全的标准都有不同的看法。尽管各家表述不同,但观点还是基本一致的。

(一)阿尔波特(G. M. Allport)"成熟、健全人"的标准

(1)自我广延的能力;

(2)与他人热情交往的能力;

(3)情绪上有安全感和自我认可(自我承认);

(4)表现具有现实性知觉;

(5)具有自我客体化的表现;

(6)有一致的人生哲学。

(二)罗杰斯(C. R. Rogers)"机能健全人"的标准

(1)能接受一切经验;

(2)自我与经验和谐一致；
(3)个性因素都发挥作用；
(4)有自由感；
(5)具有高创造性；
(6)与他人和谐相处。

(三)马斯洛(A. H. Maslow)“自我实现人”的标准

(1)良好的现实知觉；
(2)对人、对己、对大自然表现出最大的认可；
(3)自发、单纯和自然；
(4)以问题为中心，不以我为中心；
(5)有独处和自立的需要；
(6)不受环境和文化的支配；
(7)对生活经验有永不衰退的欣赏力；
(8)神秘和高峰体验；
(9)关心社会；
(10)深刻的人际关系；
(11)深厚的民主性格；
(12)明确的伦理道德标准；
(13)富有哲理的幽默感；
(14)富有创造性；
(15)不受现存文化规范的束缚。

(四)我国学者的观点

我国的学者认为，健全人格就是个体人格结构中各种成分和特质都得到健康、全面、和谐、均衡的发展，也即个体的身体、心理、文化等各方面素质都得到协调发展，人格内部各方面不发生对抗、冲突和分裂。具有健全人格的人应具备以下基本特征：

(1)良好的社会适应能力。社会适应能力反映了人与社会的协调程度。人的社会适应能力是在社会化过程中不断发展的。人格健全的人能和社会保持良好的、密切的接触，以一种开放的态度，主动关心社会，了解社会，观察所接触到的各种事物和现象，看到社会发展的积极面和主流，在认识社会的同时，使自己的思想、行为跟上时代的发展，与社会的要求相符合，表现出能很快适应新的环境。

(2)和谐的人际关系。人际关系是人们在社会实践中形成的人与人之间的相互作用的关系，是社会关系的直接表现，是构成人类社会最普遍、最直接的关系。人际关系是在社会交往中建立的。社会交往可以促进人与人之间相互沟通理解，调节身心状态，增强人的责任感。人际关系最能体现一个人人格健全的程度。人格健全的人乐于与他人交往，能与别人建立良好的关系，与人相处时，尊敬、信任等正面态度多于嫉妒、怀疑等消极态度；常常以诚恳、公平、谦虚、宽容的态度尊重他人，同时也受到他人的尊重和接纳。和谐的人际关系既是人格健全水平的反映，同时又影响和制约着健全人格的形成发展。

(3)正确的自我意识。自我意识是个体对自己和自己与他人、与周围世界关系的认识。具有健全人格的人，对自己的认识应是全面、丰富、客观的，能够做出恰如其分的评价，认识到自己的长处和短处，总体上认可自己、接纳自己，充满自信，扬长避短，在日常生活中能有效地调节自己的行为与环境保持平衡。

(4)乐观向上的生活态度。积极的人生态度是人类在社会生活获得的本质力量的表现。乐观的人常常能看到生活的光明面，对前途充满希望和信心，对自己所从事的工作或学习抱着浓厚的兴趣，在工作和学习中发挥自身的智慧和能力，并获得成功。即使生活中遇到困难和挫折，也能耐心地去应付，不畏艰险，勇于拼搏。相反，悲观的人常常看到生活的阴暗面，对任何事情都没兴趣、没心情，遇到一点挫折就情绪低落，怨天尤人，甚至自暴自弃。

(5)良好的情绪调控能力。情绪对人的活动及对人的健康有重要影响。积极的情绪体验能使人振奋精神，增强人的信心，提高人的活动效率；消极的情绪体验会降低人的活动效率，长期积累甚至使人生病。情绪标志着人格的成熟程度。人格健全的人情绪反应适度，具有调节和控制情绪的能力，经常保持愉快、满意、开朗的心境，并富有幽默感。当消极情绪出现时能合情合理的宣泄、排解、转移、升华。

(6)能有效运用智慧与能力。人格健全的人，能把自己的智慧与能力有效地运用到工作和事业上。他们在学习、工作中被强烈的创造动机和热情所推动，并能将能力有效地运用于工作和生活之中，从而使他们勇于创造，善于创造，经常有所发现，有所发明，有所革新，有所建树。他们的成功往往又为他们带来满足和愉悦，并形成新的兴趣和动机，使他们的生活内容更加充实。

(7)个体心理的和谐发展。人格健全的人的性格和气质、兴趣和爱好、需要和动机、智慧和才能、理想和信念、人生观和价值观都能和谐发展。他们的内心协调一致，言行统一，能正确认识和评价自己的所作所为是否符合客观需求，是否符合社会道德准则，能及时调整个体与外部世界的关系。一个人如果失去他人格的内在统一性，就会出现认识扭曲、情绪变态、行为失控等问题。

(http://psyhealth. med. stu. edu. cn/showknow. asp? id＝50)

(http://star. sgst. cn/questionDetail. do? id＝34665)

二、健全人格的评价标准

(1)自信心是否有所增强。一个人格健全的人，对生活充满希望，对学习有强烈的求知欲望。受到表扬，信心倍增，受到批评，也不丧失信心。如果因受到批评而"破罐子破摔"，不求上进，那就是人格上的一种扭曲。

(2)是否具有面对现实的态度。通过相对评价，可以确定个人在团体中的地位；通过绝对评价，可以确定个人达到目标的程度。一个人格健康的人，能够正确地面对这个现实，反之，就可能采取逃避现实的做法。

(3)协作意识是否有所增强。评价必然要进行比较，通过比较，可以激发竞争意识。讲竞争是否还讲协作，这对人格力量是一种考验，没有协作意识的人，不能算作具有健康

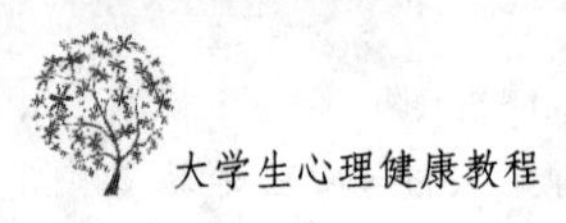

人格的人。

(4)是否有激发智慧的力量。不断地学习,增长学识,并能广泛地培养情趣,是一个人格健康的人的重要特点。通过评价,要有激发智慧的力量,具有求知创新的心态,积极性得到提高。

(5)意志力是否有所增强。一个人格健康的人,必定意志坚强,勇于克服困难,努力去实现自己的理想目标。一个人如果人格不健康,碰到困难就会自暴自弃,甘心落后,不求上进。

(6)是否具有同情心。一个感情丰富的人,不仅体验着自己的成功与失败,而且能为别人的成功而高兴,也能对别人的失败表示同情。如果别人碰到了困难或失败,不但不伸出友谊之手,反而幸灾乐祸,那就不是一个人格健康的人了。

(7)适应性是否有所增强。适应性是评价人格的一个重要指标。一个人,如果具有健全的人格,适应能力是很强的,不仅能适应客观环境特别是人际环境,而且能对环境条件做出判断,并发挥积极的作用。

(8)独立性是否有所增强。一个成熟的人,其独立性是比较强的,办事凭理智,能控制自己的心理状态,不感情用事,能独立地解决遇到的问题,并能适当地听取别人的合理建议。

(9)价值取向是否正确。一个具有健全人格的人,其价值取向是个人价值和社会价值两者的和谐统一,而不是对立。有的人,只顾个人价值,忽视社会价值,甚至为了既得利益而损害社会价值,那就是人格不完善。

(10)自我评价能力是否有所增强。一个成熟的人,能够主动地进行自我反省,对自己的言行做出客观的评价,并能根据评价结果,对自己的心理状态和行为进行有效的控制和调节,从而促进个体社会化。

(http://www.tjbd.cn/Article/jyjx/200605/1478.html)

三、大学生人格自我健全的方法

前文已论述了人格健康的标准。以人格健康为基础,当代大学生应努力寻找塑造健全人格之路,不断提升自己的人格素质。没有健全的人格,"有理想、有道德、有文化、有纪律"也难以做到。鉴于当代大学生在自我认识、自我控制方面的能力不断增强,这里着重介绍塑造健全人格的几个基本途径,供大家在进行人格自我塑造时参考:

(一)认识自我,优化人格整合

生活中的许多事例告诉我们,人格系统中存在着一种基本的动机,它是个体的一个中心能源。为了有效地进行人格塑造,就应该充分了解自己的人格状况,深刻理解这种要求实现的动机,明确人格塑造的目标、内容、途径、方法。认识自我是改变自我的开始。

人格塑造也就是为了实现优化人格整合,以达到人格的健全。人格整合的基本含义是:随着个体心理的成熟,人格的各个方面逐渐由最初的互不相关,发展到和谐一致状态的过程。优化人格整合,一要择优,二要汰劣。

择优即选择某些优良的人格特征作为自己努力的目标,如自信、勇敢、勤奋、坚毅、善良、正直等可作为人格塑造的依据。汰劣即针对自己人格上的缺点、弱点予以纠正，比如自卑、胆怯、抑郁、冷漠、懒惰、任性、自我中心等。当然，择优与汰劣往往是同步进行的。

（二）努力学习科学文化知识

荣格有句名言：“文化的最后成果是人格。”培根也有名言：“知识就是力量。”学习科学文化知识，增长智慧的过程也是优化人格整合的过程。事实上，有不少人格发展缺陷源于无知，无知容易使人自卑、粗鲁，而丰富的知识则使人自信、坚强、理智等。

各学科的全面发展是人格健全发展的智力基础，因为各学科的知识同处于一个庞大的系统中，其间既相互联系，又能在各自的发展中相互迁移，相互促进，可以说，有了智力基础，人格发展的速度与质量才有保证。对此，培根的论述很深刻：“读史使人明智，读诗使人灵秀，数学使人周密，科学使人深刻，伦理学使人庄重，逻辑修辞之学使人善辩，凡有所学，皆成性格。”受应试教育影响，许多理工科大学生缺乏人文知识，文科大学生缺乏科学精神，这对于人格的健全发展是不利的，当代大学生应做到科学与人文并重。

（三）积极参加实践活动，从小事做起

实践是人格发展的必由之路。无论是知识的获取、能力的形成，还是意志的磨炼都离不开实践。诸如一个人的勤奋、坚韧、乐观、细致等人格特征都是长期实践锻炼的结果。大学生应积极参加各种有益身心健康的实践活动，如近年来校园内兴起的青年志愿者活动对于大学生人格的发展与塑造就很有意义。

一个人的一言一行往往是其人格的外化，反过来一个人日常言行的积淀成为习惯就是人格。例如，个人有刷牙、梳头、洗手、勤换衣服、常剪指甲等习惯，就反映了他具有“清洁”这一人格特质。因此，优化人格整合要从眼前的小事做起，无数良好的小事可“积沙成塔”，最终构建成优良的人格大厦。

（四）发展良好的人际关系，融入集体

人格发展、塑造的过程是个体实现社会化的过程，是个体与他人、集体、社会相互作用的过程。人格是在行为中表现的，健全的人格也只有在与人交往中才能体现出来。塑造健全人格，必须发展良好的人际关系：尊重社会习俗，关心他人的需要，真诚地赞美，不做无建设性的批评，多与他人沟通意见，保持自尊和独立等。

集体是人格塑造的土壤，通过与集体交往，自己的某些人格品质或受到赞扬、鼓励，或受到压制、排斥，从而有助于做出有针对性的调整，而且集体能够伸出手来帮助集体中的个体择优汰劣。

（五）锻炼身体，强健体魄

人格发展的过程是体质、心理因素与智力因素协同作用、相互促进的过程，健康的体质是人格健全发展的物质基础。一个体弱多病的人是难以发展健全人格的，拖拉、懒惰、急躁、怯懦等人格发展缺陷与不坚持体育锻炼明显有关。

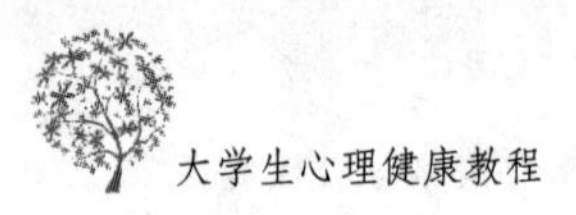

(六)防止“过犹不及”

凡事都有“度”,人格发展和表现的“度”是十分重要的。人格塑造过程中应把握辩证法,掌握好度,否则就会“过犹不及”,适得其反。

具体说来,应该是:自信而不自负,自谦而不自卑,勇敢而不鲁莽,果断而不冒失,稳重而不犹豫,谨慎而不怯懦,豪放而不粗俗,好强而不逞强,活泼而不轻浮,机敏而不多疑,忠厚而不愚昧,干练而不世故等。

人格“度”的把握还表现在不同的人格特质要协调发展,做到“刚柔兼济”,对于“刚”者应多发展些“柔”,对于“柔”者应多发展些“刚”,这样才能形成合理、和谐的人格结构。此外,还要因人因时因地地表现人格特征,有时表现“刚”比表现“柔”好,有时表现“柔”比表现“刚”好;有时应多表现自信,有时应多谦恭,即所塑造出的人格应有韧性,有较强的应变、适应能力。

马斯洛认为自我实现是人生追求的最高境界,他列举历史上 38 位最成功的名人,包括富兰克林、林肯、罗斯福、贝多芬、爱因斯坦等,从他们的人生历程中,马斯洛归纳出如下 16 条:

(1)了解并认识现实,持有较为实际的人生观。

(2)悦纳自己、别人以及周围的世界。

(3)在情绪与思想表达上较为自然。

(4)有较广阔的视野,就事论事,较少考虑个人利害。

(5)能享受自己的私人生活。

(6)有独立自主的性格。

(7)对平凡事物不觉厌烦,对日常生活永感新鲜。

(8)在生命中曾有过引起心灵震撼的高峰体验。

(9)爱人类并认同自己为全人类之一员。

(10)有至深的知交,有亲密的家人。

(11)有民主风范,尊重别人的意见。

(12)有伦理观念,能区别手段与目的,绝不为达到目的而不择手段。

(13)带有哲学气质,有幽默感。

(14)有创见,不墨守成规。

(15)对世俗,和而不同。

(16)对生活环境有改造的意愿和能力。

马斯洛认为,以上述人格特征为参照,是塑造健全人格、达到自我实现的主观条件。心理学家还进一步提出了以下更具有操作性的形成健全人格的途径:

(1)对自己和生活的世界有积极的看法。把自己看作是被喜欢的、被需要的、被热情接待的、有能力的,并生活在自己能应付的世界上的人。

(2)和别人有着热情亲密的人际关系,和别人有基本信任的关系。

(3)有时间完全冷静地独处反省,使自己有机会揣摩、体验各种人的情感,而这有助于更好地理解自己的人格。

(4)在发展社会性的、智力的以及职业的各种技能方面取得成功,即在学习上、工作上和与人交往上有成功的体验。

(5)接受新思想、新哲学,和有独特见解的人交往。新的思想可以从读书中、从对戏曲和音乐的感染中取得,也可从旅行、和陌生人相识中获得。

(6)找出充分表达出自己情绪的方法、嗜好,和朋友间的亲密关系或"一群青年人聚在一起",有助于基本情绪的释放。

(7)经常提高独立性的程度。逐步减少对他人的依赖而更多地依靠自己的能力和价值体系,如对工作和家庭、邻里以及人类社会承担更多的责任,在该做该说时,无拘束地表达自己的意见,自尊和自爱。

(8)灵活性和创造性。并非在任何情境中都按一个标准行事,学会知道不总是"非此即彼",而是"这个、那个和更无限量的各种组合"。

(9)在关心他人方面达到高水平。

(10)在每一生活阶段学会和别人一起时变得更人性些。

人格健全的过程就是心理健康和心理成熟的过程。塑造健全人格是一项系统的自我改造、自我实现的工程,要从小做起,贵在坚持。当代大学生应从塑造健全人格做起,努力将自己塑造成为符合时代要求的具有良好综合素质的现代型人才。

(http://read.psybook.com/files/article/html/0/595/24153.html)

(http://tieba.baidu.com/f?kz=68488087)

第三节　人格障碍及其矫正

一、人格障碍的特征和类型

(一)概述

人格障碍(Personality Disorder),又称变态人格、人格疾患、人格异常、人格违常、人格异常疾患,是指青春期或少年儿童期发展起来的人格缺陷或人格极不协调的一类精神异常。具体是指人格特征显著偏离正常,使患者形成了特有的行为模式,对环境适应不良,常影响其社会功能,甚至与社会发生冲突,给自己或社会造成恶果。它是精神疾病中,对于一群特定拥有长期而僵化思想及行为病患的分类。这类疾患常可因其人格和行为问题而导致社会功能的障碍。

人格障碍泛指一切心理障碍。这样应用时人格障碍就成了精神症状或精神疾病的代用词。严格意义的人格障碍,是变态心理学范围中一种介乎精神疾病及正常人格之间的行为特征。

人格障碍由美国精神科医学会所定,这类疾患的表现是跨文化和国界的。它们被定义成发病期至少要能追溯到成长期早期或更早。能符合人格违常诊断的最低标准是疾患本身必须已干扰到个人、社会或职业功能。

人格障碍不是功能性精神病,人格障碍者没有认知障碍,智力正常,但他们往往不能对特定情景做出适当的情绪反应和行为。一般认为，人格障碍是在生物、心理和社会文化诸因素共同作用下形成的，有相对的稳定性，较难改变。人格障碍患者往往缺乏自知力，不能吸取教训，认识不到自己的缺陷。

（二）表现特征

（1）患者有特殊的行为模式，这种行为模式通常表现在多方面，如情感、警觉性、感知和思维方式等，有明显与众不同的态度和行为。

（2）患者具有特殊行为模式是长期的、持续的，不限于精神疾病发作期。

（3）患者的特殊行为模式具有普遍性，使得患者社交适应不良或职业功能明显受损。

（4）患者智能正常，主观上感到痛苦，但不能吸取教训。

（5）患者的特殊行为模式始于童年、青少年或成年早期，现年 18 岁以上。

（三）分类

主要的人格障碍类型有以下 13 种：

1. 偏执型人格障碍

又称妄想型人格。以猜疑和偏执为主要特点。表现出普遍性猜疑，不信任或者怀疑他人忠诚，过分警惕与防卫；强烈地意识到自己的重要性，有将周围发生的事件解释为“阴谋”，不符合现实的先占观念；过分自负，认为自己正确，将挫折和失败归咎于他人；容易产生病理性嫉妒；对挫折和拒绝特别敏感，不能谅解别人，长期耿耿于怀，常与人发生争执或沉湎于诉讼，人际关系不良。

2. 分裂型人格障碍

以观念、外貌和行为奇特，人际关系有明显缺陷和情感冷淡为主要特点。对喜事缺乏愉快感，对人冷淡，对生活缺乏热情和兴趣，孤独怪僻，缺少知音，我行我素，很少与人来往，因此也较少与人发生冲突。

3. 分裂样人格障碍

主要表现出缺乏温情，难以与别人建立深切的情感联系。因此，他们的人际关系一般很差。他们似乎超脱凡尘，不能享受人间的种种乐趣，如夫妻间的交融、家人团聚的天伦之乐等，同时也缺乏表达人类细腻情感的能力。故大多数分裂样人格障碍患者独身。即使结了婚，也多以离婚告终。一般说来，这类人对别人的意见也漠不关心，无论是赞扬还是批评，均无动于衷. 过着一种孤独寂寞的生活。其中有些人，可以有些业余爱好，但多是阅读、欣赏音乐、思考之类安静、被动的活动，部分人还可能一生沉醉于某种专业，做出较高的成就。但从总体来说，这类人生活平淡、呆板，缺乏创造性和独立性，难以适应多变的现代社会生活。

4. 边缘型人格障碍

又称暴发型或攻击型的人格障碍。以行为和情绪具有明显的冲动性为主要特点。发作没有先兆，不考虑后果，不能自控，易与他人发生冲突。发作之后能认识不对，间歇期一般表现正常。

5. 强迫型人格障碍

以要求严格和完美为主要特点。希望遵循一种他所熟悉的常规，认为万无一失，无法适应新的变更。缺乏想象，不会利用时机，做事过分谨慎与刻板，事先反复计划，事后反复检查，不厌其烦。犹豫不决、优柔寡断也是其特点之一。

6. 表演型人格障碍

以高度的自我中心、过分情感化及用夸张的言语和行为吸引注意为主要特点。行为目的是吸引他人同情和注意。

7. 戏剧性人格障碍

也叫歇斯底里人格，K. Schneider 则称之为引人注意的人格。这种人需要别人经常的注意，人们注意他使他感到满足和愉快，而没有人理睬容易感到空虚与无聊。言语动作和表情是夸张的，像演戏一样，力图当场吸引观众而不顾其他。为了引人注意，不惜伤害身体（自伤或玩弄自杀）和不顾个人尊严。热衷于参与激动人心的场面，喜欢凑热闹，爱出风头。缺乏足够现实刺激时便诉诸想象以激发强烈的体验。此谓自我戏剧化。缺乏固有的心情，情感几乎都是反应性的，且反应过分，但给人一种肤浅、没有真情实感和装腔作势的印象。这种人过分注重身体和服饰的吸引力，言行往往显示出性的诱惑，但可以是生物学的性冷淡，幻想性谎言不少见。把书报上的奇闻说成是自己的亲身经历，编造动人的身世，目的只是为了引起轰动效应。对于这种人，幻想世界比现实世界似乎更加真实。所谓边缘型人格和自恋性人格都可视为戏剧性人格的变种。

8. 悖德型人格障碍

又称反社会型人格障碍，以漠视他人权利和侵犯他人权利（即行为不符合社会规范）为主要特点。这种人感情冷淡，对人缺乏同情，漠不关心，缺乏正常的人间爱；易激惹，常发生冲动性行为；即使给别人造成痛苦，也很少感到内疚，缺乏罪恶感。因此，常发生不负责任的行为，甚至是违法乱纪的行为，虽屡受惩罚，也不易接受教训，屡教不改。临床表现的核心是缺乏自我控制能力。

9. 自恋型人格障碍

这种人自以为了不起，平时好出风头，喜欢别人的注意和称赞。好“拔尖”，只注意自己的权利而不愿尽自己的义务。他们从不考虑别人的利益，要求旁人都得按照他们的意志去做，不择手段地占人家的便宜，而不考虑对自己的名声有何影响。这种人缺乏同情心，理解不了别人的感情。

10. 回避型人格障碍

以社交抑制、情感不适当和对负面评价过分敏感为主要表现的一种人格障碍，显著特征是社会退缩。

11. 精神分裂型人格障碍

以脱离社会和在与人交往中表情明显受限为主要表现的人格障碍。患者通常很少报以微笑、点头和肢体动作。

12. 依赖型人格障碍

这是一类以过分需要照顾有关的服从和依附行为为主要表现的人格障碍。其主要特征就是过度依赖他人，而构成这种自我淡化的原因是对遭遗弃的害怕。

13. 被动攻击型人格障碍

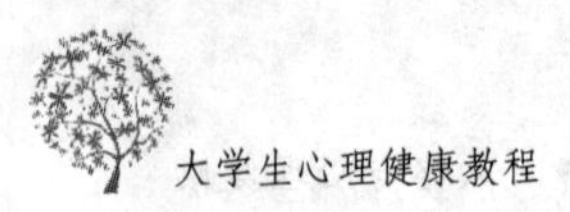

英文为 passive-aggressive personality disorder，人格障碍类型之一，是一种以被动方式表现其强烈攻击倾向的人格障碍。患者性格固执，内心充满愤怒和不满，但又不直接将负面情绪表现出来，而是表面服从，暗地敷衍拖延，不予以合作，常私下抱怨，却又相当依赖权威。在强烈的依从和敌意冲突中，难以取得平衡。

主要特征：(1)用被动的挑衅态度对待他人的要求和期望，如不愿发挥自己才能，消极怠工，强词夺理，丢三落四，不守诺言等，对他人忠告感到愤恨；(2)做事不合作，故意作对，闷闷不乐，易怒，好争辩；(3)对自己持抱怨态度，表现出苦恼行为，觉得自己时时处于一意孤行和绝对依赖这对矛盾中，缺乏自信，对前途悲观。

儿童有对抗性格、逆反心理者，容易发展为此类障碍。

(http://www.hudong.com/wiki/%E4%BA%BA%E6%A0%BC%E9%9A%9C%E7%A2%8D)

(http://baike.baidu.com/view/703437.htm)

二、人格障碍的自我矫正方法

人格障碍的矫正虽有一定难度，但也不是什么“不治之症”。在临床实践中发现，有相当一部分人格障碍者，在精神科医生和心理学家的指导下，通过自身的努力，在可能的限度内，在人格障碍的矫正方面取得了令人满意的效果。下面简要介绍几种人格障碍自我矫正的方法。

(一)反向观念法

人格障碍者大多伴随有认识歪曲现象，反向观念法是改造认识歪曲的一种有效方法。反向观念是指自己主动与自己原有的不良自我观念唱反调。原来以自我为中心，现在则应逐渐放弃自我中心，学习设身处地为他人着想；原来爱走极端，现在则学习多方位考察问题，来点中庸；原来喜欢超规则化，现在则应偶尔放松一下，学习无规则地自由行事。

采用反向观念法克服缺点的要点是：先对自己的错误观念进行分析，然后提出相反的改进意见，在生活中努力按新观念办事。这种自我分析可以定期进行，几天或一星期一次，也可以在心情不好或遭挫折之时进行。认识上的错误往往被内化成无意识的，通过上述自我分析，就可把无意识的东西上升到意识的自觉层次，这有助于发现和改进自己的不良人格状态。

(二)习惯纠正法

人格障碍者的许多行为已成为一种习惯，破除这些不良的习惯有利于人格障碍的矫正。以依赖型人格为例，实施这种方法有三个要点：一是清查一下自己的行为中有哪些事是习惯性地依赖别人去做，有哪些事是自作决定的。可以每天作记录，记足一个星期。二是将自主意识很强的事归纳在一起，如果做了，则当作一件值得庆贺的事，以后遇到同类情况应坚持做；如果没做，以后遇到同类情况则应要求自己去做。而对自我意识差、没有按自己意愿做的事，自己提出改进的想法，并在以后的行动中逐步实施。例如，在制定某项计划时，听从了朋友的意见，但对这些意见并不欣赏，便应把自己不欣赏的理由说出来，这样，在计划中便渗透了自己的意见，随着自己意见的增多，便能从依赖别人意见逐步转为完全自主决定。三是找一个信赖的人作监督者，并订立一个监督协议，当有良好表现时，予以奖励，当违约时，予以惩罚。

（三）行为禁止法

对于人格障碍者的许多不良行为，可以采取该法。例如，一个偏执型人格障碍的人当对一件事忍无可忍而将要发作时，对自己默念如下指令："我必须克制住自己的反击行为，让我当即分析一下有什么非理性观念在作怪。"采取这种方法后，用理性观念加以分析，怒气便会随之消减，不少你认定极具威胁的事，在忍耐了几分钟后，你会发现灾难并未降临，不过是自己的一种无谓担忧罢了。

（四）情绪调整法

人格障碍者多半有情绪障碍。例如，戏剧型人格的情绪表达太过分，旁人无法接受。采用此法首先要做到的便是向亲朋好友作一番调查，听听他们对自己的看法。对他人提出的看法，应持全盘接受的态度，千万不要反驳，然后扪心自问一下：上述情绪表现哪些是有意识的，哪些是无意识的；哪些是别人喜欢的，哪些是别人讨厌的。对别人讨厌的坚决予以改进，对别人喜欢的则在表现强度上力求适中。对无意识的表现，将其写下来，放在醒目处，不时地自我提醒。此外，可请好友在关键时刻提醒一下，或在事后对自己的表现作一评价，然后从中体会自己情绪表达的过火之处。这样坚持下去，情绪表达就会越来越得体和自然了。

(http://blog.sina.com.cn/s/blog_48d280850100enz0.html)

课后练习

围绕"人格决定命运吗"的话题进行小组讨论。

教学方法与手段

采用多媒体课件教学，及课堂讨论、小组讨论方法。

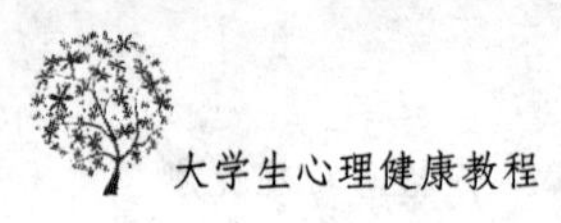

第三章　情绪与心理健康

【目的与要求】

1. 了解情绪的特征；
2. 了解大学生常见的情绪障碍类型及处理方法；
3. 掌握情绪控制与调节的方法

第一节　人类情绪与大学生情绪特征

一、人类情绪的产生与分类

(一)人类情绪的产生

从内涵上看，情绪是指个体受到某种刺激所产生的一种身心状态，是个体对客观现实的一种特殊反应形式。

情绪的定义：情绪是人们对客观事物是否符合自己的需要所产生的主观态度、内心体验及外在表现。在日常生活中，我们随时随地都会对个体自身、他人及周围环境是否符合自身的期望与需要作出评价，产生内心态度体验，出现肯定或者否定的情绪反应。

(1)情绪为刺激所引起。情绪不是自发的，而是由刺激所引发的。引起情绪的刺激可以是外在环境因素，也可以是内在因素；可以是具体可见的，也可以是隐而不显的。

(2)情绪内容是主观意识经验。由刺激诱发的情绪状态，个人可以在内心深处感觉体验，所感觉体验的内容是个人的、内在的、主观的。

(http://www.pkuboss.com/CN/xinlizixun_4248.html)

(二)情绪的分类

情绪本身是非常复杂的，因此要对情绪进行准确的分类就显得尤为困难。许多研究者对此进行了长期的探索，其中有两种分类方法颇具代表性。

1. 依据情绪的性质分类

(1)快乐。快乐是盼望的目的达到后，继之而来的紧张解除时的情绪体验。快乐的程度取决于愿望满足的意外程度。快乐的程度从满意、愉快到大喜、狂喜。快乐是一种追求并达到目的时所产生的满足体验。它是具有正性享乐色调的情绪，使人产生超越感、自由感和接纳感。

(2)愤怒。愤怒是由于受到干扰而使人不能达到目标时所产生的体验。目的和愿望不能达到,一再受到阻碍,从而积累了紧张,最终产生愤怒。特别是所遇到的挫折是不合理的或是因别人的恶意所造成的时候,愤怒最容易发生。当人们意识到某些不合理的或充满恶意的因素存在时,愤怒也会骤然发生。愤怒的程度依次是:不满,生气,愠怒,愤,激愤,大怒,暴怒。

(3)恐惧。恐惧是企图摆脱、逃避某种危险情景时所产生的情绪体验。恐惧往往是由于缺乏处理、摆脱可怕情景的力量和能力而造成的。引起恐惧的重要原因是缺乏处理可怕情景的能力与手段。

(4)悲哀。悲哀与失去所盼望、所追求的东西和目的有关,是在失去心爱的对象或愿望破灭、理想不能实现时所产生的体验。悲哀情绪体验的程度取决于对象、愿望、理想的重要性与价值。悲哀的程度依次是:遗憾,失望,难过,悲伤,哀痛。悲哀所带来紧张的释放会产生哭泣。

在以上四种基本情绪之上,可以派生出众多的复杂情绪,如厌恶、羞耻、悔恨、嫉妒、喜欢、同情等。

2. 依据情绪状态分类

(1)心境。心境是一种使人的一切其他体验和活动都染上情绪色彩的情绪状态。它是持续的、微弱的、平静的。心境的特点是弥漫性。人逢喜事精神爽,生活中的事件,例如事业的成败,工作的顺利与否,与周围人的关系好坏,机体状态如健康程度、疲劳、睡眠情况等都影响心境。有些影响心境的原因人们不一定认识到。心境是一种具有感染性的、比较平稳而持久的情绪状态。当人处于某种心境时,会以同样的情绪体验看待周围事物。例如,人伤感时,会见花落泪,对月伤怀。心境体现了“忧者见之则忧,喜者见之则喜”的弥散性特点。平稳的心境可持续几个小时、几周或几个月,甚至一年以上。

(2)激情。激情是一种爆发快、强烈而短暂的情绪体验。例如,在突如其来的外在刺激作用下,人会产生勃然大怒、暴跳如雷、欣喜若狂等情绪反应。在这样的激情状态下,人的外部行为表现比较明显,生理的唤醒程度也较高,因而很容易失去理智,甚至做出不顾一切的鲁莽行为。因此,在激情状态下,要注意调控自己的情绪,以避免冲动行为。处在激情状态下,人的认识活动范围往往会缩小,仅仅指向与体验有关的事物;理智分析能力减弱,往往不能约束自己的行为,不能正确地评价自己行为的意义和后果。激情持续的时间较短。激情通常由一个人生活中的重大事件、对立意向(要求)的冲突、过度抑制和兴奋等因素引起。激情也有积极和消极之分。积极的激情可以成为人们积极行动的巨大力量。

(3)应激。应激是出乎意料的紧张状态所引起的情绪状态。在突如其来的或十分危险的条件下,必须迅速地、几乎没有选择余地地作出决定的时刻,容易出现应激状态。当人面临危险或突发事件时,人的身心会处于高度紧张状态,引发一系列生理反应,如肌肉紧张、心率加快、呼吸变快、血压升高、血糖增高等。例如,当遭遇歹徒抢劫时,人就可能会产生上述的生理反应,从而积聚力量以进行反抗。当驾车出现危险情景的时刻,在遇到巨大自然灾害的时刻,就需要人们根据自己的知识经验,集中意志力,迅速地判明情况,果断地作出决定。在应激状态下,人可能有两种表现:一种是目瞪口呆,手足无措,陷入一片混乱之中;一种是头脑清醒,急中生智,动作准确,行动有力,及时摆脱困境。对付应激状态是可以训练的。但应激的状态不能维持过久,因为这样很消耗人的体力和心理能量。若长时间处于应激状态,可能导致适应性疾病的发生。

人的情绪总的说来可以分成两种类型:一种是建设友好型的,它们的特点是积极、乐观、向上、友善,比如热爱、喜欢、自豪、感激、向往、感恩、自信、乐观、信任。另一种是攻击破坏型的,它们的特点是消极、悲观、向下,比如仇恨、厌恶、自卑、嫉妒、悲观、怀疑等,其中仇恨和厌恶的情绪其破坏性是对外的,而自卑情绪的破坏和攻击对象直接指向自身。

当然那些友善的情绪在现实中也完全有可能产生消极作用,那些攻击性的情绪也完全会产生积极意义,好比说自卑的人完全有可能自我奋斗,改变自我,这个时候,自卑的情绪就产生了积极意义。

(三)情感的分类

情感是与人的社会性需要相联系的态度体验。人的社会性情感主要有道德感、理智感和美感。

1. 道德感

道德感是用一定的道德标准去评价自己或他人的思想和言行时产生的情感体验。不同的时代有不同的道德标准,我们社会主义国家崇尚爱国主义、集体主义、见义勇为和互帮互助等。在青年期,随着世界观的初步形成和人生理想的确立,人的情感也更为独立和稳定,并对人的行为有一种持久而强大的推动力。当一个人的行为符合自己的理想和价值追求时,就会感到自尊、自重,有一种自豪感;当一个人的所作所为与自己坚持的理想和价值标准相违背时,就会感到痛苦、懊悔,甚至丧失自尊心。显然,这种情感体验具有明显的自觉性,能对自己的行为产生调控和监督作用。

2. 理智感

理智感是在智力活动中,认识和评价事物时所产生的情感体验。例如,人们在探索未知事物时表现出的兴趣、好奇心和求知欲,在科学研究中面临新问题时的惊讶、怀疑、困惑和对真理的确信,问题得以解决并有新的发现时的喜悦感和幸福感,这些都是人们在探索活动和求知过程中产生的理智感。人们越积极地参与智力活动,就越能体验到更强烈的理智感。理智感是人们从事学习活动和探索活动的动力。当一个人认识到知识的价值和意义,感到获得知识的乐趣以及追求真理过程中的幸福感时,他就会不计名利得失,以一种忘我的奉献精神投入到学习和工作中。居里夫妇在提炼镭的艰辛历程中以及发现镭的那一刻,所体验到的理智感不是一般人所能有的。

3. 美感

美感是用一定的审美标准来评价事物时所产生的情感体验。在客观世界中,凡是符合我们的审美标准的事物都能引起美的体验。一方面,美感可以由客观景物引起,例如,桂林山水的秀丽、内蒙古草原的苍茫、故宫的绚丽辉煌、长城的蜿蜒壮美,可以使人体验到大自然的美和人的创造之美;另一方面,人的容貌举止和道德修养也常能引发美感,甚至一个人身上善良、纯朴的性格,率直、坚强的品性,比身材和外貌更能体现人性之美。人在感受美的时候通常会产生一种愉快的体验,而且表现出对美的客体的强烈的倾向性。所以，美感体验有时也能成为人的行为的推动力。在生活中，由于人的价值追求和审美情趣的多样化，对美的见解也多有不同。例如，有的人喜欢花好月圆的美，有的人却以丑木、怪石为美；有的人喜欢绚丽和精致的美，有的人却喜欢悲壮和苍凉之美。

美感受社会生活条件的限制。不同民族、不同阶层的人们对美的评价标准不尽相同，对美的体验也自然不同。随着社会的进步和观念的开放，人们接触到越来越多的异域风俗和文化。我们应该教育学生在坚持本民族文化传统中正确的审美观念的同时，去鉴别和吸收别国文化中积极、健康的审美情趣。

(四)情绪和情感的差异

情绪和情感同属于不同认知和意志活动的感情性心理活动，是对同一过程、同一活动的两个不同层面的描述。情绪是指感性活动的过程和感受体验本身。而情感是较高级的感情现象，着重体现感情的内容方面，具有较稳定持久、内隐含蓄的特点，与人的基本社会性需要相联系。所谓基本社会性需要指如依恋需要、交往需要、尊重需要等，它是个体在后天环境中形成和发展起来的。与这些社会性需要相联系的情感有依恋感(爱与恨)、归属感(如友谊与孤独感)、自尊感(自尊与自卑)、美感等。这些情感虽然在一般情况下并不外露，但在具体情境中，会因客观事物刺激而以情绪形式外显，表现为一定的喜怒哀乐等。

(http://www.pep.com.cn/xgjy/xlyj/xlshuku/xlsk1/jcxlx/201008/t20100818_663131.htm)

二、大学生情绪特征

(一)影响大学生情绪活动的因素

大学生心理活动特点，受制于快速发育的身体和心理活动本身。身体的发育、成长成熟自然地促进心理成熟，包括情绪的发展与成熟，另一方面也带给心理活动以新的课题和问题。这种生理对心理的影响、促进及制约必然在情绪方面体现出来。在心理方面，大学生时期面临着角色转换、社会适应、自我意识确立等心理压力，是心理成熟、社会成熟的关键时期，问题多、挑战多，在情绪方面表现出有别于少年儿童和成人的情绪特点。

(二)大学生情绪活动的特点

人们的情绪和情感有着从简单到丰富、从不成熟到成熟的发展进程。每个发展阶段都有各自的特点：像婴儿(1～3岁)在出生后不久基本上只有愉快和不愉快两种情绪，然后才渐渐会形成快乐、害怕、发怒、害羞等情绪，并和母亲产生感情依恋；在童年期(3～14岁)时各种情绪会继续丰富发展，并同时产生形成理智型、道德感、美感等社会产物；青年期(14～25岁)情感丰富复杂且体验深刻，情绪的波动起伏大，易冲动；到了壮年期(25～45岁)时，情绪和情感会渐趋稳定成熟，能够自我控制和调节情绪，此时社会责任感强烈；中老年期(45岁以后)情绪基本是平静、恬淡，顺乎自然，但因为会受更年期、疾病衰老、家庭生活变故等影响，易出现忧郁悲观、孤独寂寞、多疑易怒等消极情绪。

大学生的情绪活动特点：

(1)情绪体验丰富多彩;

(2)情绪波动较大;

(3)延迟性并趋向心境化;

(4)内隐与掩饰性。

大学生情绪活动趋向丰富,高级社会情感逐渐成熟。大学生时期的重要心理变化是自我意识的不断发展,各种社会的高层次需要不断出现且强度逐渐加强,这一发展在情绪上表现为情绪活动的对象、内容增多,大学生出现较多的自我体验,自我尊重需要强烈,自卑、自负情绪活动明显。

大学生情绪活动具有冲动性、爆发性特点。"热血青年"、"血气方刚"、"初生牛犊不怕虎"等形容青年人活动特点的成语,所描述的正是大学生冲动性情绪活动的特点。大学生对某种具体的体验特别强烈,富于激情,"喜怒形于色"。由于大学生对新事物比较敏感,加上精力旺盛,虽然具有一定的理智和自我控制能力,但做事情往往不计后果,其冲动爆发的情绪活动一旦失控,往往造成可怕的结果。例如集体斗殴、离家出走、因感情挫折而自杀等都与大学生情绪的冲动性相关。

大学生情绪活动易于心境化。少年儿童的情绪受制于外部刺激,情绪活动随外部刺激消失或转移而变化。大学生情绪活动一旦被刺激激发,即使刺激消失,虽然情绪状态会有所缓和,其持续影响时间延长,会转化为心境,对大学生其后的其他活动产生持续的影响。大学生人的许多不良情绪,如焦虑、抑郁、自卑等都具有这种心境化的特点。

情绪心境化,使大学生情绪活动的隐蔽性提高,不易为外人所察觉。情绪心境化是大学生自我调控能力不断增强的结果,使大学生的行为表现出复杂性一面。明明对某件事很在意,却表现出无所谓的态度;明明对某个异性很爱慕,却偏偏表现出庄重、回避的姿态;明明讨厌某人,却可以强装笑脸等。不过大学生情绪的隐蔽性还未达到成人的水平。

(http://www.pkuboss.com/CN/xinlizixun_4248.html)

第二节 大学生常见的情绪障碍

劣性情绪是大学生的敌人,它不仅会引起生理疾病,而且易导致各种心理疾病和障碍,危害极大。

一、紧张状态及其调适

紧张是人体在精神及肉体两方面对外界事物反应的加强。好的变化,如结婚、生子,坏的变化如离婚、待业,日久都会使人紧张。紧张的程度常与生活变化的大小成比例。紧张使人睡眠不安,思考力及注意力不能集中,头痛,心悸,腹背疼痛,疲累。普通的紧张都是暂时性的。突发性的紧张是一种恐惧感。当一个人已经出现了紧张的情绪反应时,该怎么调适呢?对于这种情况,人们习惯上常常会劝慰当事人:"别紧张!""有什么大不了的!"而当事人自己也通常会这样告诫自己:"别紧张!""有什么了不起的!"然而,十分不幸的是,这种办法几乎是行不通的,实际上这会使人感到更加不安。因为这是在和自己过不去,会制造更大的紧张。正所谓"情绪如潮,越堵越高"。

大学生紧张的情绪反应已经出现时，有效的调适方法应该是：

第一，坦然面对和接受自己的紧张。你应该想到自己的紧张是正常的，很多人在某种情境下可能比你更紧张。不要与这种不安的情绪对抗，而是体验它、接受它。要训练自己像局外人一样观察自己害怕的心理，注意不要陷到里边去，不要让这种情绪完全控制住："如果我感到紧张，那我确实就是紧张，但是我不能因为紧张而无所作为。"此刻甚至可以选择和自己的紧张心理对话，问自己为什么这样紧张，自己所担心的可能最坏的结果可能是怎样的。这样就做到了正视并接受这种紧张的情绪，坦然从容地应对，有条不紊地做自己的该做的事情。

第二，做一些放松身心的活动。具体做法是：(1)选择一个空气清新，四周安静，光线柔和，不受打扰，可活动自如的地方，取一个自我感觉比较舒适的姿势，站、坐或躺下。(2)活动一下身体的一些大关节和肌肉，做的时候速度要均匀缓慢，动作不需要有一定的格式，只要感到关节放开，肌肉松弛就行了。(3)做深呼吸，慢慢吸气然后慢慢呼出，每当呼出的时候在心中默念"放松"。(4)将注意力集中到一些日常物品上。比如，看着一朵花、一点烛光或任何一件柔和美好的东西，细心观察它的细微之处。点燃一些香料，微微吸它散发的芳香。(5)闭上眼睛，着意去想象一些恬静美好的景物，如蓝色的海水、金黄色的沙滩、朵朵白云、高山流水等。(6)做一些与当前具体事项无关的自己比较喜爱的活动，比如游泳、洗热水澡、逛街购物、听音乐、看电视等。

(http://campus.koucai.cn/kc/campus/kcdl/20090614/17973.html)

二、焦虑及其调适

焦虑是一种紧张、害怕、担忧、焦急混合交织的情绪体验，当人们在面临威胁或预料到某种不良后果时，便会产生这种体验。焦虑是人处于应激状态时的正常反应，适度的焦虑可以唤起人的警觉，集中注意力，激发斗志，是有利的。例如，考试对大学生而言，是一种紧张刺激，因而引起焦虑反应是正常的。教育心理学的研究表明，中等程度的焦虑最有利于考生水平和能力的发挥，而过高的焦虑或无焦虑则不利于考生能力的正常发挥。所以说，只有不适当的高焦虑才会影响大学生的学习和生活，对身心健康造成不利影响。

被焦虑感困扰的大学生内心感到紧张、着急、惶恐害怕、心烦意乱，注意力难以集中，思维迟钝，记忆力减弱，同时常常伴有头痛、心律不齐、失眠、食欲不振及胃肠不适等身体反应。

引发大学生产生焦虑情绪并深受其困扰的原因主要来自社会、学校和个人三方面。

首先是社会因素。现代社会正处在变革期，生活节奏不断加快，竞争日趋激烈，信息量急剧膨胀，人们的思想观念、心理和行为受到巨大冲击，大学生也不例外，加之人生观尚未稳固形成，心理发展尚未完全成熟，前途未定，因而更容易产生困惑、迷惘、紧张、焦虑和无所适从。此外，社会上的不正之风也对大学生产生一定的消极影响，一些大学生担心"毕业即失业"，十分焦虑。

其次是来自学校的因素。教育体制的改革使"60分万岁"成为历史，现在的考试成绩往往与大学生的升华、就业等紧紧联系。面对激烈的竞争、繁重的学习任务、门类众多的考试，许多大学生感到紧张、担忧、焦急。一些大学生还因害怕考试失败影响自尊或前途，

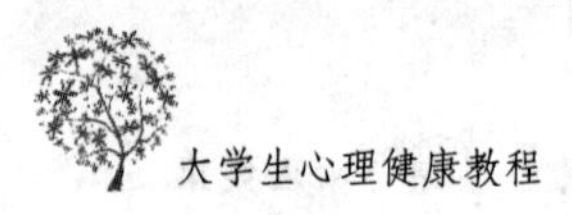

担心准备不足，对成绩过分看重，形成考试焦虑。在考试前忧虑紧张，在考试中怯场，甚至平时也陷入焦虑感中无法自拔。

另外，在人际交往和性心理、生理方面的错误认识，也是大学生陷入焦虑困扰的重要原因。

第三是个性因素。研究表明，具有谨小慎微、优柔寡断、依赖性强、对困难过分估计、常自怨自责等个性特征的大学生更易产生焦虑感。

要减轻或避免焦虑困扰，大学生可从以下三方面进行自我调节：

(1)放下包袱，轻松上路。易为焦虑感困扰的大学生，常常在头脑中固守着许多不恰当的观念和想法，而且深信不疑，结果使自己像负重行路一样，疲惫不堪。比如认为自己决不能失败或认为一旦发生了某件事(退学、失恋)就全完了等。类似的观念和想法使得他们过分注重事件的成败结果，对可能产生的后果无限夸大，心理压力太大。因此，要先丢开或改变这些观念，放下包袱，才能放松心情，轻松上路。

(2)当机立断，积极行动。对于正面临选择的大学生来说，解除焦虑感的最好办法是衡量利弊得失后当断则断，不再犹疑。尤其是一些个性优柔寡断的大学生，在作出决定或选择时，往往瞻前顾后，举棋不定，甚至一拖再拖，以求暂时逃避，但实际上问题并没有解决，而且随时间推移，内心愈加焦急、忧虑，对身心的影响也越大。因此，大学生在面临选择和困难时，应勇敢正视，积极行动，并认识到每一种选择都有得有失，在行动中体会战胜自我、克服困难的快乐和自信。

(3)动静结合，身心放松。身心放松可以使人心境安宁、平静，排除各种不良情绪如烦恼、紧张、忧虑等的干扰，有助于减轻和消除焦虑感。身心放松有多种方式，大学生可以采用动静结合、一张一弛的办法，即把进行适量的体育锻炼和想象法、音乐法等静态调节方式结合起来，既在运动中释放出紧张的情绪，使人身心舒畅，精神焕发，又通过想象放松、音乐调节平静心情，排除杂念，从而达到解除焦虑、有益身心的目的。

三、激动易怒及其调适

愤怒是由于客观事物与主观愿望相违背，或愿望一再受阻、无法实现时产生的激烈的情绪反应。程度可以从不满、生气、愠怒、激愤到暴怒，特别是当人们认为他所遭受的挫折是不公正、不合理的，或是被恶意造成时，最易产生愤怒情绪。愤怒对人的身心有极为不利的影响，会导致心律失常、心悸、失眠、高血压、胃溃疡等躯体疾病，愤怒还会使人的自制力减弱或丧失，不能正确评价自己行为的意义和后果，做出不理智的冲动行为，如打架斗殴、毁损物品等。

大学生正处在身心急剧发展、情感丰富强烈、情绪波动起伏大的青年期，他们精力充沛，血气方刚，与其他同龄人相比较，显得更为自尊、敏感和好强、好胜，因而容易在外界刺激下激起愤怒情绪，或出口伤人，或挥拳相向，待怒气发作过后，看着造成的恶果，又懊悔不已。有些大学生容易动怒是因为存在一些错误的认识，如认为发怒可以威慑别人，使人尊重自己；发怒是男子汉气概的体现；发怒可以维护自己的利益或尊严，等等。此外，不良的家庭环境和教育、个性修养方面的缺陷以及先天气质类型也是一些大学生激动易怒的重要原因。如胆汁质的大学生就更具有冲动、易怒的情绪特征；自我评价偏高、鲁莽、冲动、强壮的大学生也容易发怒。

要克服激动易怒的不良情绪，大学生应该：

(1)加强修养，开阔心胸。大学生应认识到发怒并不能解决任何问题，只会激化矛盾和招来别人的敌意和厌恶，只有加强自身修养，以开阔的胸襟宽容体谅他人，不为小事斤斤计较，才能得到别人的信任、尊重和理解，并建立真诚的友谊。

(2)冷静克制。在与人发生矛盾冲突，即将动怒时，要用理智和意志控制冲动的情绪，尽量缓解或避免怒气发作。这时可以暂时离开使自己动怒的环境，待回来后往往是时过境迁，风平浪静了，对问题可以冷静地商量解决。还可进行自我暗示，如在情绪激动时心中默念："要冷静，别发火"，或在床头壁上贴上"制怒"、"三思而行"等条幅，以时刻提醒自己。

(3)合理宣泄。心理卫生学认为，对不良情绪如愤怒等，如果一味克制、压抑，不加以宣泄，同样会不利于身心健康，因此大学生学会通过适宜途径合理疏导不良情绪十分重要。可以采用与人交谈、写书信、记日记等方式缓解愤怒情绪，还可以在情绪激动时进行剧烈的体育活动或喊叫以宣泄愤怒。但是，无论是哪种方式，都要适时适度，既不能影响他人，也不能损害自身，更不可危害社会。

四、压抑苦闷及其调适

压抑是当情绪和情感被过分克制约束，不能适度表达和宣泄时所产生的内心体验。它混合着不满、苦闷、烦恼、空虚、困惑、寂寞等诸种情绪。有的时候，人们知道自己在压抑什么，但更多的人常常感到一种压抑感，却不知压抑来自何方，更不知如何消除压抑。

处在压抑、苦闷状态中的大学生常常精神萎靡不振，缺少青年人应有的朝气和活力，对生活失去广泛兴趣，不愿主动与人交往，感觉迟钝，容易疲劳，不满和牢骚多。长期严重的压抑会诱发高血压、冠心病、消化道溃疡等疾病，极易导致心理障碍。

青年大学生思想活跃，兴趣广泛，精力充沛，无不渴望体验丰富多彩的大学生活，但现实中的生活却是繁重的课程、激烈的竞争、沉重的考试压力和单调枯燥的业余生活，大学生丰富的文化生活需要得不到满足，感到乏味、压抑。大学生在自身心理、生理和社会性发展中的矛盾性特点，也是他们易产生苦闷、压抑情绪的重要原因，例如，一方面他们强烈地希望与人交往，得到理解和友谊，体验爱情的甜蜜，另一方面由于自我评价不当、认识错误、缺乏交往能力等原因，他们在交往中畏缩不前甚至自闭自锁，感情无处寄托，体验到郁闷、痛苦、压抑，又如因性欲望、性冲动被社会规范约束而产生的压抑感，等等。此外，大学生受不良社会风气和现象的冲击而产生的困惑、迷惘，以及个性上的缺陷，如固执、刻板、退缩、过分敏感等，都易使其产生情绪困扰，若不及时调适、宣泄，长期累积便会形成压抑。

时时感到苦闷压抑的大学生可从以下方面入手，进行自我调适：

首先，要尽量做到客观理智地分析自己的现状及情绪，找出造成压抑的根本原因，也可以在知心朋友的帮助下一起分析，然后才能针对问题，找出相应的解决办法。如有的大学生感到压抑是因为在交往中过于注重对方的感觉和需要，以对方为中心，不敢大胆说出自己的不同意见和真实想法，以为这样才能维护友谊，结果自己感到十分压抑。这种情况就要先纠正错误认识，认知到人际交往是一个相互满足内心需要的过程，既要注意相互谦

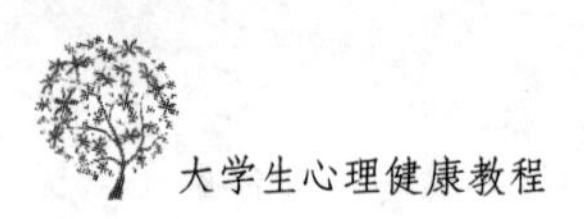

让，又要注意保持自己的个性，达到互相补充，共同发展，友谊才能历久弥坚，然后在交往实践中逐步学习表达自己的不同意见和看法，增强自信，体验到交往的乐趣。再如有的大学生因生活单调乏味，缺少变化而感到无聊、压抑，针对这种状况就要注意培养广泛的兴趣和爱好，积极参加各种活动，如参加文学社、集邮协会、青年志愿者协会等。这样可以充实生活，丰富思想，陶冶情操，从而消除压抑感。

其次，适当宣泄是减少或消除压抑感的有效途径。培根曾说过，如果你把快乐告诉一个朋友，你将得到两份快乐；而如果你把忧愁向一个朋友倾诉，你将分掉一半忧愁。所以，当感到内心压抑苦闷时，不妨向亲朋好友倾吐心中的忧愁和不愉快。也可以日记、书信的方式来疏散郁闷情绪。坚持进行体育锻炼也是一种行之有效的方法，它可令大学生身体强健，精神饱满，心情愉快，充满朝气和活力，一扫萎靡不振的精神状态。此外，在不影响他人的情况下，适度表达自己的喜怒哀乐之情，对于消除压抑感也很必要。

五、抑郁消沉及其调适

抑郁是一种持续时间较长的低落消沉的情绪体验，处于抑郁状态中的大学生，看到的一切仿佛都笼罩着一层暗淡的灰色，对什么事都提不起兴趣，常常感到精力不足，注意力难集中，思维迟钝，同时伴有痛苦、羞愧、自怨自责、悲伤忧郁的情绪体验，自我评价偏低，对前途悲观失望。

长期处在抑郁情绪状态，会使大学生的学习、工作和生活受到极大影响。情绪抑郁消沉的大学生往往对学习、交往和活动失去热情和动力，体验不到生活的乐趣，学习效率大大降低。由于自我评价偏低，常常自怨、自责，认为自己无能无用，愧对父母师友，对生活失去信心，甚至产生自杀的念头和行为。持久的严重抑郁情绪还可能导致抑郁性神经症、肿瘤、胃溃疡、结肠炎等多种身心疾病。

由于大学生心理和社会性发展的不成熟，因而在遇到挫折时，往往认为对不该发生偏又落到自己头上的事难以接受，在对社会、他人和自我进行评价时，容易片面化、极端化，如把生活看成非黑即白、非好即坏，且多看其消极、黑暗面，因而极易陷入悲观沮丧、情绪低落的抑郁状态中。遭受重大不幸事件和灾难，如亲人亡故、罹患重病、家境贫困、负担过重，以及长期努力却不能得到相应回报，也是导致抑郁情绪的原因。此外，性格内向、敏感多疑、依赖性强、易悲观的大学生较其他同学更易陷入抑郁情绪。

被抑郁情绪困扰的大学生可从以下方面入手，进行自我调适：

(1)纠正偏误，端正认识。大学生要找出并纠正自身持有的一些偏见和误识，如挫折和不幸是不该发生的，我决不能失败等，要做好承受挫折的心理准备，并把困难和不幸视为生活的磨砺、成长的契机，认识到世上没有绝对化的事物，光明之处必有阴影，要多看光明面，相信自己有能力闯出困境，到达成功的彼岸。

(2)重新评价，悦纳自我。自我评价过低是大学生自卑、消沉的主要原因之一，因此，心境抑郁的大学生需要对自己重新进行评价，不要以己之短比人之长，要尽可能客观地把自身优缺点一一列出，尤其多发掘自己的优点和长处，然后经常在心中默想或大声念诵，利用自我暗示的神奇力量增强自信心和自尊心。对于自身的缺点和不足，可以改进和完善的，则进一步努力；而属于不可改变的，如家庭、相貌等，就须坦然接受，然后尽量在其他方面加以补偿，失之东隅，收之桑榆。只有正确地进行自我评价，大学生才能实现自我接受和自我悦纳，只有肯定和喜爱自己的人，才会充满热情地拥抱生活。

(3)积极交往，参加活动。良好的人际交往、和谐的人际关系是大学生消除抑郁感的重要途径。大学生要增强交往的主动性，改变孤僻、退缩的行为方式，主动与同学微笑、致意并简短交谈，多关心帮助他人，积极参加各种文体娱乐活动，融入到集体的愉快气氛中，同时选择几位知心朋友深交下去，在互帮互助、友爱关心中感受友谊的珍贵和生活的美好。

六、冷漠及其调适

冷漠是一种对外界刺激漠不关心、冷淡、退让的消极情绪体验。处在青年期的大学生正是感情丰富、兴趣广泛、情感体验深刻强烈的时期，但有些大学生的表现却与这一特点明显不符合。他们对学习应付了事，缺乏兴趣，对成绩高低也不甚在意，对集体和同学态度冷淡，大多独来独往，十分孤僻，整天昏昏欲睡，对一切都仿佛无动于衷。

冷漠状态对大学生的身心危害极大。它往往是个体压抑内心愤懑情绪的一种表现。他们表面冷漠，内心却备受痛苦、孤独、寂寞和不满、愤恨的煎熬，有强烈的压抑感。由于没有宣泄途径，巨大的心理能量无法释放，便会破坏心理平衡，导致各种疾病和心理障碍。

冷漠是个体受到挫折后的一种消极的情绪反应。它通常在个体不堪承受挫折压力，攻击行为无效或无法实施，又看不到改变境遇的可能时产生。长期反复遭受同一挫折却又无力改变，即长期的努力得不到相应回报时，也会用退让、逃避、冷淡的方式进行自我保护，产生冷漠反应。家庭环境也是影响大学生情绪与情感发展的重要因素，如从小缺乏父母的关心爱护、与家人关系冷淡疏远、家庭矛盾尖锐、气氛紧张等因素也易阻碍大学生情绪与情感的良好发展，产生冷漠情绪。另外，性格内向、固执，心胸狭隘，思维方式片面的大学生更易在挫折打击下产生冷漠反应。

产生冷漠情绪的大学生可从以下方面入手，进行自我调适：

首先，要充分认识到冷漠情绪状态对身心健康和个人发展的危害，因而不能听之任之，而是要积极行动起来，分析自己产生冷漠反应的原因，找出症结所在并勇敢地面对它。其次，要认识到生活中总会有挫折和不幸，但不能就此失去热情和希望，现在的生活和将来的生活都是属于自己的，要认真负责地对待。最后，对现在正在做的每一件事，都要聚精会神、全神贯注地去做、去体验、去感受，克服原先被动、逃避的不良习惯，积极地投身于各种活动之中，打开闭锁的心灵，在友谊的暖流中融化冷漠的坚冰，发展广泛的兴趣，从中体验到生活的丰富多彩。只要有改变现状的愿望和行动，就一定能摆脱冷漠感的困扰，重新扬起充满朝气和热情的笑脸。

七、虚荣嫉妒及其调适

嫉妒是因为自己的社会尊重需要未得到满足而产生的不良情绪，是一种企图缩小和消除与他人的差距，恢复原有平衡关系的消极手段。它包含着焦虑、忧惧、悲哀、失望、愤怒、敌意、憎恨、羡慕、羞耻等不愉快情绪，是一种错综复杂的情绪体验。

嫉妒是大学生中普遍存在的不良情绪，表现为看到他人的才华、能力、品行、荣誉甚至相貌、衣着等超过自己时，感到恼怒、痛苦、愤愤不平，当别人遭到不幸和灾难时则幸灾乐祸，言语上讥讽嘲笑，行动上冷淡疏远，甚至在人后恶语诋毁、中伤，蓄意打击报复。严重的嫉妒感是一种极不健康的心态，它使人的心灵扭曲变形，使美好的情感被抹杀，是一种情绪障碍。嫉妒还是影响大学生人际交往的重要因素之一。嫉妒心重的大学生，唯恐别人在学习和其他方面超过自己，反而会用别人的失败作为自己心灵的安慰，因此是不会也不愿真正关心帮助他人、真诚地与人交往的。由于嫉妒情绪有明显的指向性和发泄性，嫉妒者往往会在背后打击嫉妒对象，必然造成隔阂与敌对，严重危害良好交往。如历史上孙膑致残、韩非被杀，就是同门师兄弟嫉贤妒能、暗中陷害所致。

不良的个性因素是产生嫉妒心理的重要原因。主要有以下几种：

(1)虚荣心过强。大学生大都争强好胜，有较强的自尊心，希望在学习、社会实践、文体活动等各个方面得到赞赏和尊重，这是正常的需要。但如果过分注重外在的荣誉、名望和赞美，不考虑自身的现实情况和能力局限，甚至以不适当的手段去满足自尊心，就成为虚荣了。虚荣心过强的大学生，看到他人超过自己时，认为是对自己的威胁，是自己的失败，因而会产生强烈的嫉妒感。

(2)自私狭隘。好嫉妒的大学生多具有心胸狭隘、自私自利、斤斤计较的不良个性，他们把自己同别人对立起来，以自我为中心，容不得他人的成功和幸福，担心这会有损于自身的名利，尤其是看到原先与自己起点相同、年龄相当的同学超过自己时，便会受到强烈的刺激，心理失去平衡，嫉妒感便油然而生。

(3)认知偏差。自我认识上的偏差也是一些大学生产生嫉妒情绪的原因。如认为自己一定要在各方面都比别人强，否则就是失败者；认为别人的成功是对自己的挑战和威胁，不能容忍；认为现代社会提倡竞争，竞争就是要不择手段，达到目的就行，等等。

虚荣心强、好嫉妒的大学生可从以下方面进行自我调适：

(1)贵在自知。俗话说：人贵有自知之明。的确，能够清醒、准确地了解自己的人是难能可贵的。大学生对自己也应有一个正确的评价，既要看到自己的优势、长处，也要知道自己的不足和缺点，然后找出自身与竞争对手之间的差距。要明白“尺有所短，寸有所长”的道理，即各人都既有长处又有弱点，想事事不落人后、样样不逊于人是不可能的，只有善于吸收别人的长处，克服自己的缺点，扬长避短，充分发挥潜力，才能赢得属于自己的辉煌和成功。

(2)合理转化。大学生要正确对待竞争，将消极的嫉妒情绪转化为发奋进取、积极向上的动力。嫉妒别人是一种不服输、不甘落后的好胜心的体现，但如果一味羡慕嫉恨他人的成就，甚至打击报复，只会害人害己。因此，好嫉妒的大学生在羡慕他人的成功、荣誉时，应该对自己说：他行我也行，然后发奋努力，逐步缩小差距，化消极情绪为积极动力。

(3)充实生活。培根曾经说：“嫉妒是一种四处游荡的情欲，能享受它的只能是闲人，每一个埋头于自己事业的人是没有功夫去嫉妒别人的。”因此，大学生应把精力集中在专业知识、技能学习上，同时积极参加各类有益身心的活动，如体育比赛、文艺演出、集邮、摄影、旅游、社会实践等；要培养广泛的兴趣，使生活充实愉快，在学习、工作和生活中不断丰富知识，发展能力，完善个性，陶冶情操，就一定能告别嫉妒心理，与同学朋友携手并进，共同发展。

八、挫折感及其调适

挫折感是指个体在实现某种目标过程中，由于受到妨碍和干扰致使目标不能实现所引导的一种情绪状况。

生活中挫折无处不在，逆境无时不有，但挫折感会让人丧失信心和勇气，所以面对挫折，我们要学会积极应对。

产生挫折感的大学生可从以下方面进行自我调适：

(1)遇到挫折时要冷静分析，从客观、主观、目标、环境、条件等方面找出受挫的原因，采取有效的补救措施。

(2)确立合适的目标，在实现目标的过程中及时调整自己的目标。要考虑自己的优势，确立适合于自己的奋斗目标，全身心投入工作之中。如果在实施过程中，发现目标不切实际，前进受阻，则须及时调整目标，以便继续前进。著名剧作家曹禺年轻时一心想当医生，三次投考北京医学院都名落孙山，随后他转向搞戏剧，终于取得了巨大成功。

(3)要善于化压力为动力。适当的压力能够有效地调动机体的积极因素。要有一个辩证的挫折观，经常保持自信和乐观的态度。挫折和教训使我们变得聪明和成熟，正是失败本身才最终造就了成功。

(http://www.xgb.zju.edu.cn/redir.php? catalog_id＝64&object_id＝4300)

(http://define.cnki.net/WebForms/WebDefines.aspx? searchword＝%E6%8C%AB%E6%8A%98%E6%84%9F)

第三节　大学生情绪的控制与调节

一、情绪控制与调节的原则

良好的心情使人经常保持愉快、开朗、自信、乐观、满足的心情，对生活充满希望。大学生情绪控制与调节有以下原则：

(一)疏导性原则

对情绪的调节与控制不能把它等同于对情绪的压抑或抑制。一旦正常的情绪反应和体验如果受到过多的压抑，将会对身心健康带来威胁甚至伤害。

例如被激怒时，血压升高是正常的生理应激反应，如果愤怒情绪长期受到压抑，就会积怒于心，紧张情绪体验不能随愤怒的暴发而平息，其血压升高的生理反应将长期保持下去，长此以往将转变为病理状态。情绪的外部表现虽然可以人为控制，但是其内在的情绪体验及伴随的生理变化则不为主观意志所左右，对情绪的压抑并不能真正消除情绪体验和相关的生理变化。研究表明，过度压抑情绪表现，可以增加多种疾病的发生率。如经常压抑不良情绪、生闷气、抑郁的人容易患癌症，因为不良情绪可以影响正常的免疫功能，降低免疫力，免疫系统识别、监视、杀灭体内变异细胞的能力下降，增加癌症发生的可能性。所以，情绪控制与调节的原则之一是合理的宣泄情绪，防止压抑情绪所致的种种不良反

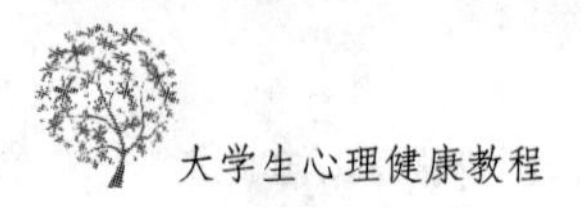

应。情绪的合理宣泄不仅是必要，而且有益于身心健康。

（二）建设性原则

建设性原则是指以积极主动的态度而不是消极被动的态度去对待和处理情绪与情感问题。对于当事人而言，情绪困扰时不应采取逃避、压抑、否认、沉默的消极方式，而是应积极寻找解决问题、走出困境的办法；对于帮助当事人的其他人而言，这一原则是指应以建设性的态度去了解、辅导他们克服情绪障碍，而不是讽刺、挖苦、消极地劝告、惩罚、指责或过度保护。例如对于失恋者，如果帮助者说“不要想了”，或者“你根本就不应该陷入这次感情”，“你这是自作自受”，这类话不仅于事无补，而且会再次刺伤痛苦的心。

建设性态度的必要源于大学生情绪活动的敏感性。大学生对自己的心灵之痛大多秘而不宣，因为痛楚往往与个人的尊严相关联，被他人发现，向外人暴露需要极大的勇气。如果旁人采取非建设性的态度，直接触发大学生的心理自卫机制，心窗将会关死。另一方面，由于情绪体验具有私人性质，其他人看来无足轻重的小事，当事人可能视为关乎生死存亡的大事，旁人对当事人内心体验的强度和时间无法从事件和当事人的外在反应推测出来，因此，要引导大学生合理地情绪宣泄，旁人以建设性的态度关心理解其困境。

（http://www.studa.net/xinlixue/110906/08371457-2.html）

二、情绪控制与调节的方法

有必要指出，凡是有利于身心健康的生活方法，都对调控人类情绪有利，因此，调控情绪的具体方法种类非常多。下面所列的方法主要用于情绪障碍调控，也适用于其他心理问题。

（一）情绪宣泄法

情绪宣泄方法是指在青年人处于较激烈的情绪状态时，允许青年人直接或者间接表达其情绪体验与反应。简单而言，即高兴就笑，伤心就哭，“男儿有泪不轻弹”不符合情绪调控的宣泄方法，不值得提倡。坦率地表达内心强烈的情绪，如愤怒、苦闷、抑郁情绪，心情会舒畅些，压力会小些，与情绪体验同步产生的生理改变将较快地恢复正常。所以，为了心理健康，该哭就哭吧。

情绪宣泄方法可以分为直接宣泄法与间接宣泄法。直接宣泄法是在刺激引发情绪反应之后，即时表达自己的内心感受，如遭遇到不公平对待，可以马上提出来；被人伤害后，直接告诉对方自己很生气，要求赔礼道歉。间接宣泄法是在脱离引发强烈情绪的情境之后，向与情境无关的人表达当时的内心感受，发泄自己的愤怒、悲痛等体验。例如，在受到欺侮后，向家人或能够主持公道的人倾诉，以平息激烈的情绪活动。

情绪宣泄方法也有“度”的问题，不能把合理的情绪宣泄理解为激烈的情绪发泄。情绪发泄是指在激情状态下，由于自我控制能力不强，以暴力或其他不恰当的方式发泄情绪，其后果往往很严重，不利于问题的解决，反而会引发新的问题。如青年人之间发生矛盾，可能会出手打架伤人，即时的痛快招来即时的痛悔。所以情绪宣泄原则和方法都强调其合理性，而不是一味地发泄情绪。

(二)活动转移方法

活动转移方法是指在处于情绪困境时，暂时将问题放下，从事所喜爱的活动以转变情绪体验的性质，达到调控情绪的目的。事实证明，音乐是调控情绪的最佳方式之一。欢快有力的节奏使情绪消沉者振奋，轻松优美的旋律让紧张不安者松弛，青年人可以学习乐器和音乐创作，把内心的体验转化成心灵的曲调，并从中体验成功。

体育活动也是转移调控情绪的良好方法。当情绪状态不佳时，游山玩水、打球下棋都是极好的情绪调控手段。体育活动既可以松弛紧张情绪，又可以消耗体力，使消沉者活跃、激愤者平静，实现平衡情绪的目的。

活动转移方法按其转移的方向可分为两类：一是消极地转移，二是积极地转移。消极地转移是指情绪不佳时，转而去吸烟、酗酒，自暴自弃。这是青年人应该努力避免的转移方向。积极转移方法是指把时间、精力从消极情绪体验中转向有利于个人和人类幸福及未来发展的方向上，如勤奋学习，从事研究。积极转移方法是青年人调控情绪努力的方向。

活动转移方法之所以有效，其原因有三：一是新的活动是青年人所喜爱的，从事该类活动，青年人马上可以感受愉悦；二是新的活动成功有利于帮助青年寻找自我价值所在，重获自尊；三是每个人的时间、精力有一个限度，用于一件事多些，那么用于第二件事自然就少些，无暇再深刻体验负性情绪。

(三)认知调控方法

前面已指出，情绪反应产生于主体认识到刺激的意义和价值之后，对同一刺激，不同的评价将会引起不同的情绪反应。所以可以用调整、改变认知的方法调控情绪反应和行为。例如，之所以出现考试紧张，是因为我们认识到考试很重要，考不好会被人看不起，担心不及格、补考等可怕的后果。这时我们可以自我言语暗示放松紧张情绪，如果认识到考差一点关系不大，紧张情绪就会缓解。

可见，认知调控方法是指当个人出现不适度、不恰当的情绪反应时，理智地分析和评价所处的情境，分析形势，理清思路，冷静地作出应对。认知调控的关键是控制与即时情绪反应同时出现的认知和想象。例如，当人非常愤怒时，常会做出过激行为，如果此时能够告诫自己冷静分析一下动怒的原因、可能的解决办法，可使过分的反应平静，找到恰当的方式解决问题。

认知调控方法在实际应用时可分为以下两步：首先分析刺激的性质与程度。人类情绪反应是进化选择的结果，有利于种族的生存与发展，是驱动我们应付环境、即刻反应的本能冲动。虽然伴有认知过程和结果，但即刻的认知往往笼统、模糊，其诱发的反应往往强烈。冷静分析问题所在，可以即时调控过度的情绪反应。二是寻找多种解决问题的方案，比较选择后择优而行。情绪引发的即刻反应往往是冲动性本能反应，有时可以帮助我们脱离险境，如室内失火时夺门而出以避险；有时则会导致灾难性后果，如高层建筑失火时从窗户往下跳。很多问题都有多种可能的解决方案，寻找最佳方法至关重要，而冷静思考是前提。

认知调控方法的原理在于认知对情绪有整合作用。认知和情绪分属于大脑不同部位

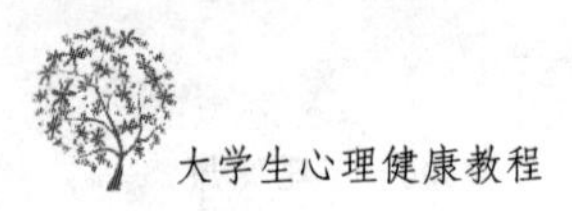

控制，控制情绪的大脑是较原始的部分，控制认知的大脑是在情绪中枢之上发展起来的新皮质部分。大脑控制的情绪反应速度快，但内容较原始；皮质控制的认知反应稍迟于情绪反应，但其内容更显理智，能够整合情绪反应。

（四）寻求帮助法

当青年人陷入较严重的情绪障碍时，有必要向社会支持系统寻求帮助。每个青年人都应该建立自己的社会支持系统，有能够在心理方面给予自己支持、帮助的社会网络，如亲人、朋友，或者是专业的社会工作者、心理医生。社会支持系统的存在有多方面的意义：一是倾诉的对象。苦恼的人将苦恼向他人倾诉之后，会有轻松解脱的感觉，青年人应该经常利用这种情绪调控手段。二是提供新的看问题的视角和思路，帮助当事人走出个人习惯的思维模式，重新评价困境，寻找新的出路。三是社会工作者和心理医生可以提供专业意见、建议，运用心理学手段和方法帮助青年人更有效地解除情绪障碍。

控制情绪最根本的办法是：注意提高自己的情商。

影响一个人一生的，是性格，是世界观、价值观，是耐心、信心、毅力，及情绪和情感。

在现代社会也有这种情况，有不少神童，大家都说他是聪明的，但是没有像人们想象的那样有出息。为什么？有的学生虽然也很聪明，但是性格孤僻，怪异，不合群，不宜合作；有的自卑脆弱，不能面对挫折；有的急躁，固执，自负，情绪不稳定；有的冷漠，易怒，神经质，与周围的人很难沟通。特别是有的以自我为中心，不关爱他人，不关心他人，总喜欢周围的人围绕他转。也有不少人，智力虽然不太出众，也不太聪明，甚至大家认为他可能还是低智商的，但后来却成了大事业，取得大成就。

让我们撩开情商的面纱，看看情商为何物。1990 年，美国的两位心理学家比德·拉勒维和约翰·麦耶提出了“情商”这个词。

情商的英文缩写是 EQ，智商是 IQ，那么情商是什么呢？就是情绪商数、情绪智力、情绪智能、情绪智慧，也就是我们经常说的理智、明智、理性、明理，主要是指信心、恒心、毅力、忍耐、直觉、抗挫力，以及合作精神等一系列与人素质有关的反映程度。

情商高低可以通过一系列的能力表现出来。哈佛大学心理学博士丹尼尔·戈尔曼就把人的情商能力概括为五大能力。第一，认识自身情绪的能力，有人叫作情绪觉知。第二，管理自己情绪的能力。不要让自己的情绪像一匹脱缰的野马，控制不住。第三，自我激励能力。第四，认识他人情绪的能力。第五，人际关系处理能力。

训练情商的方法很多，有五种方法比较突出。

(1)训练情绪、情感。具体建议：

第一，要驾驭愤怒情绪。其实，喜怒哀乐是人之常情，愤怒是一种激烈的情绪的表现，偶尔发泄一下是可以，但经常发怒就不好了。几个技巧可以控制发怒：①拖延法。拖延一下。②转移法。转移一下。③数数。你要发怒，数一二三四五六七，慢慢数，一直数到不发火。有人说数数字数到 60 位的时候，一般有火也就发不起来了。④上厕所。要发怒了，不管有没有大小便的便意，到厕所里去，蹲 20 分钟，蹲过后，心态平和。此法虽然不雅，不妨一试。⑤理性地控制，锻炼自己的自控能力。⑥提高自己的修养，树立正确的世界观、人生观、价值观。

第二，要克服紧张情绪。压力、矛盾、冲突、风险、危机很容易使我们紧张，过多的紧张对工作、对身体、对生命都没有好处。克服紧张情绪的方法是什么？有正确的目标，沟通协调，学会享受，参加一些文明的娱乐活动等。

第三，避免急躁情绪。主要是培养自己的忍性，目标适当，张弛有度，沉着冷静，学会冷处理。

第四，摆脱消极情绪，培养自己的积极情绪。以热情的心态、开放的心态、成就感的心态，自己找乐趣，自己找乐子。

第五，合理地宣泄。

第六，学会放松。学会放松情绪，放松一个很重要的方法就是幽默，要富有幽默感，幽默特别能够减轻精神、心理的压力。

第七，要顾及他人的情绪，不能光顾自己的情绪。

第八，要营造情绪环境。学生情绪、情感很大的程度上是他们所在的学校、家庭培养训练出来的。如果家庭和睦，老师和蔼，同学合作，社会和谐，对学生的影响特别大。这是一种无形、无声的培养，极为重要。

(2)学会处理人际关系。也有几点：第一，对人宽容，宽容胜过百万兵；第二，换位思考；第三，学会关心；第四，充满爱心；第五，富有同情心；第六，沟通协调；第七，诚信正直；第八，善于合作；第九，乐于吃亏；第十，奉献牺牲。

(3)要乐观豁达。乐观豁达，善于自找乐趣。乐观会反败为胜，悲观可能反胜为败。快乐确实要自己找，我可以把快乐建立在单位的发展上，建立在我们整个民族的欣欣向荣上，建立在他人及自己的成功上，还可以把快乐建立在我帮助他人的成功上。

有一个老太太不快乐，她焦虑她两个儿子：她有两个儿子，一个儿子是卖伞的，一个染布的。天下雨，她焦虑，我的大儿子的布怎么晾得干啊？天晴了，她焦虑，我二儿子的伞怎么卖得出去啊？后来，一个智者对她说，你换一种思维吧，天下雨你高兴，你二儿子的伞卖得出去；天晴你高兴啊，你大儿子的布晾得干。

(4)培养积极向上进取心态。情商高的有很高的上进心、进取心，对未来、对社会、对祖国、对民族、对单位、对自己、对家庭、对人生都充满希望。法国作家莫泊桑有一句名言：人是生活在希望中的。

(5)善待人生机会。有人说智商高的人会发现机会，情商高的人会抓住机会，逆境商高的人会不轻易地放弃机会。

(http://www.bdstar.org/Article/Class130/Class137/xlbj/200810/4835.html)

(http://wenku.baidu.com/view/d6a0133b580216fc700afd26.html)

课后练习

1. 联系实际生活谈谈调控不良情绪的经验。

2. 在情绪思维记录表中写出 3～4 个不同情境中的情绪、自主思维，及替代思维。

教学方法与手段

采用多媒体课件教学，及课堂讨论、小组讨论方法。

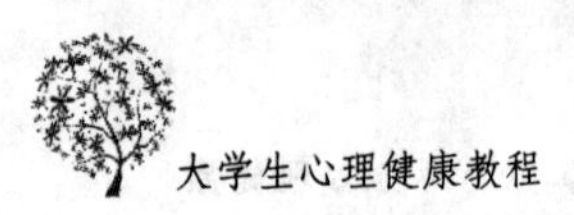

第四章 自我意识与心理健康

【目的与要求】

1. 熟悉自我意识的概念、特征;
2. 了解大学生自我意识发展的困扰及其形成原因;
3. 掌握健康自我意识培养的方法。

第一节 自我意识概述

一、自我意识的概念

自我意识是一个人对自己的认识和评价,包括对自己心理倾向、个性心理特征和心理过程的认识与评价。正是由于人具有自我意识,才能使人对自己的思想和行为进行自我控制和调节,使自己形成完整的个性。

自我意识是人对自己身心状态及对自己同客观世界关系的意识。自我意识包括三个层次:对自己及其状态的认识;对自己肢体活动状态的认识;对自己思维、情感、意志等心理活动的认识。自我意识不仅是人脑对主体自身的意识与反映,而且人的发展离不开周围环境,特别是人与人之间关系的制约和影响,所以自我意识也反映人与周围环境之间的关系。自我意识是人类特有的反映形式,是人的心理区别于动物心理的一大特征。

二、自我意识的特征

(一)自我意识的社会性

内容:推崇自制,喜欢自谦,强调自强,强调去小我成大我。

方法:以服从与限制为纲的教化方法;主张实践为先的教化路径;注重耻感的培养;法情并重的教化手段;多元化的教化代理。

自我意识是社会的产物,是人们在社会实践中形成的,是社会个体本身的社会属性的反映。

社会性是自我意识的本质属性。个体的自我意识的发生、发展、变化都是受社会环境制约的。自我意识的发生与发展过程,就是个性社会化的过程;是在社会环境中处于一定社会关系的情况下,在与他人互动的过程中萌发的。人只有处于社会环境中才能发育成长，在成长过程中逐渐产生对周围世界的认识，与此同时，也产生了对自己的认识，意识到自我的社会存在及在社会关系中所处地位，即形成了自我意识。所以，一个人通过社会化形成了“自我”，认识到自己是什么人，有什么特点，自己在与他人的关系中处于什么样的地位和作用等。

（二）自我意识的能动性

自我意识的能动性是指个人不仅能根据客观评价和自我实践形成对自己的意识，而且能根据自我意识来控制和调整自身的心理活动和行为。也就是指人能自觉、主动地认识、调节和控制自己。（参见附录二中的案例十、十一）

个体的能动性使个体不仅能自觉积极地认识自我，而且能够自觉地进行自我监督、自我批评、自我鼓励、自我教育。例如，在同一社会环境中的不同的人，有的能够客观评价自我，表现出谦虚好学，不断进取，而有的人则相反。

（三）自我意识的同一性

自我意识的同一性指自我意识的协调统一性。个体自我意识的形成与发展受社会、文化等环境因素影响，但这些影响又是通过个体的具体生理、心理实现的。是在个体单独活动与社会交往的互动中完成的，自我意识是在长期的社会化过程中形成的对自己本身的一种稳定的意识。但从青年期以后，个体对自我的基本认识和基本态度会保持一贯，表现为前后同一的心理面貌。这种同一的心理面貌，使个体具有区别于其他人的个性。

（四）自我意识的形象性

自我意识是从周围人们对自己的期待与评价过程中产生的主观体验而发展起来的，自己觉察到对方的态度与言语中所包含的内容，于是就丰富了自我意识的内容并产生分化，从人们对自己情感与评价的意识发展为自我态度。

库利指出，人与人之间相互可以作镜子，都能照出他面前的人的形象。就像我们可以在镜子种看到自己的面孔、体态和服装一样，人们之所以引起我们的兴趣，是因为他们与我们自己有关……我们在自己的影像中，你设想自己的外貌、风度、目的、行为、性格、友谊等在他们的思想中是怎样反映的，从而会以一定的程度影响着我们。

（五）自我意识的独特性

自我意识具有独特性。

（六）自我意识的倾向性

(1)行动者与观察者偏见；(2)自我服务偏见；(3)个人神话与假想观众；(4)自我障碍；(5)巴纳姆效应。

三、自我意识的作用

自我意识在个体发展中有十分重要的作用。

首先，自我意识是认识外界客观事物的条件。一个人如果还不知道自己，也无法把自己与周围相区别时，他就不可能认识外界客观事物。

其次，自我意识是人的自觉性、自控力的前提，对自我教育有推动作用。人只有意识到自己是谁，应该做什么的时候，才会自觉自律地去行动。一个人意识到自己的长处和不足，就有助于他发扬优点，克服缺点，取得自我教育积极的效果。

最后，自我意识是改造自身主观因素的途径，它使人能不断地自我监督、自我修养、自我完善。可见，自我意识影响着人的道德判断和个性的形成，尤其对个性倾向性的形成更为重要。

（http://blog.163.com/lily_9408@126/blog/static/714389492011311 32132349）

（http://zhidao.baidu.com/question/26898106.html）

（http://www.htyjw.com/jjyf_detail.asp? keyno=2828）

四、自我意识的心理意义

一个人的心理发展历程一般都要经历从幼稚到成熟的过程。形成正确的自我意识是心理成熟的标志，对心理健康起着重要作用。

(1)促进社会适应，和谐人际关系。大量的心理学实践证明，许多人社会适应不良及人际关系不协调是由于自我意识不健全或不正确造成的。如果一个人对生理的自我、心理的自我和社会的自我认识、体验不正确，尤其是在自我评价及自我概念上与客观的现实差距太大时，就可造成社会适应不良和人际关系不协调，从而影响人的心理健康。正确的自我意识通过正确的自我评价产生合理的理想自我，并且通过正确认识自己与他人、个体与群体双方不同的地位和需要，采取不同的策略，主动调节人际关系。对己、对人能够知己知彼，从而保持良好的社会适应和人际关系，维护心理健康。

(2)促进自我实现，创造最佳心理质量。健全的自我意识通过合理的自我认识、良好的自我体验、自觉的自我调节和控制，从而促进自我实现，最大限度地挖掘自身心理潜力。按照心理学家马斯洛的观点，自我实现是心理最健康和心理质量最佳的标志。

(3)有助于自我教育和自我完善。当现实的自我和理想的自我不能统一，或在理想的自我实现过程中受到挫折时，有健全自我意识的人能够自省，自觉地寻找其原因。一方面通过自我调节、控制，纠正心理偏差，努力缩小理想的自我与现实的自我的差距；另一方面重新调整认识，形成新的“理想自我”的内容，使自己的心理行为个体化与社会化协调、平衡、完善发展。

(4)自我意识对心理健康的积极影响。人类意识的最本质的特征、人和动物在心理上的分界线是自我意识。每个人的自我意识成了每个人人格的核心。自我意识把人的愿望、爱好、欲念、习惯、利益结合成统一的体系，在日常生活中构成个人的内心世界，对人格的发展起着极为重要的作用。因此，我们完全可以用自我意识的发展程度来衡量一个人的心理成熟程度和心理水平。自我意识又称自我观念或自我观，简单地说，就是自己对自己的认识。因此，心理健康的标准也可以从自己对自己的认识、自己对自己的态度、自己对自己的控制这三个方面来加以衡量。这就构成心理健康的三大标准。

（http://blog.163.com/lily_9408@126/blog/static/7143894920113113 2132349）

五、大学生自我意识发展的特点

处于青年中期的大学生，经过大学生活和教育，随着个体心理和意识的不断发展，大学生自我意识的发展达到了新的水平。独立感、自尊心、自信心、好胜心等逐步趋于成熟；自我认识、自我体验、自我控制三方面趋于协调发展；自我意识的核心——世界观和人生观已基本确立。总的来说，大学生自我意识的发展是随着年级的增长而发展的，并表现出以下几方面的主要特点。

(一)大学生自我认识方面的主要特点

1. 自我认识的广度大大拓展，深度大大延伸

大学这一特殊的学习、生活环境，为大学生提供了一个博览群书、自由发展、自我实现的新天地。这个新天地为他们的自我认识向广度和深度发展提供了有利条件。大学生的视野更开阔了，关心的社会问题也多了，社会对他们的期望也比较高。这时，他们的自我认识不只涉及自己的气质、风度和性格等一般问题，而且还涉及自己的社会地位、社会责任、自我的价值等问题。通过对这些问题的分析和思考，大学生自我意识达到新的广度和深度。

2. 自我认识的自觉性和主动性明显提高

大学是大学生走向社会前最后的学校学习阶段。学习期间，在他们面前摆着许多深刻的课题：我将来做个什么样的人？成就什么事业？我能为社会做些什么贡献？等等。求知欲强烈的大学生总是十分感兴趣而又急切地思考着这些问题，强烈地期待着一个满意的答案。这种思考比少年时期更主动、更自觉，具有较高水平。

3. 自我评价能力提高

随着大学生活的继续，大学生的知识增加了，社会经验也丰富了，大多数人对自己的分析、评价逐渐变得全面、客观和主动，对自己的优缺点有了较正确的认识和评价，并能选择自己的长处进行发展，开始具备在自觉基础上的“自知之明”，但是大学生自我评价的能力有很大的个体差异。

(二)大学生自我控制方面的主要特点

1. 自我控制能力明显提高

在成年人眼中，青年人是精力旺盛、富有朝气的，但也是极为冲动、多变的。这是因为青年人的自我控制能力还较差。处于低年级的大学生，冲动性还较明显。进入中年级，特别是进入高年级后，随着知识积累、生活阅历的增加，大学生自我认识和自我评价水平增强，他们能够根据别人的评价和自己行动结果进行反省，及时调整自己的行为和目标。这说明大学生行为的自觉性和自我控制能力明显增强，而盲目性和冲动性则逐渐减少。

大学生自我控制能力的明显提高，还表现在他们的行为和目标能以社会期望和社会要求为转移。例如，在我国市场经济初步建立的今天，社会对大学生的要求越来越高，不单看文凭，更看重大学生的真才实学和竞争意识。面对社会的期望和要求，大学生能对自己的目标进行及时的调整，在掌握专业知识的同时，注重外语水平和计算机水平的提高，

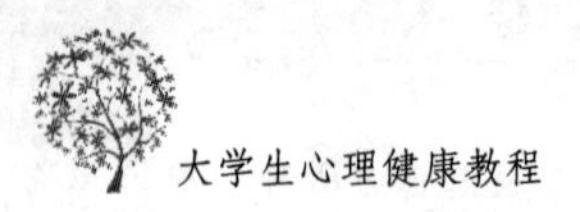

注重各种能力的培养，以便能更好地适应社会。

当然，大学生自我控制水平还缺乏一定的稳定性，还需进一步发展和完善。

2. 自我设计的愿望强烈

大学生有设计自我、完善自我的强烈愿望。他们根据自我设计的“最佳自我形象”而不断地充实自己的知识，培养自己的能力，形成自己良好的性格与品德。大学生的成就动机是最强的，他们不愿做一个碌碌无为的人，都想干出一番事业，能对社会、对祖国有所贡献，以实现自己人生的价值。但是，大学生的自我设计常会产生与社会要求不一致的矛盾。主要表现在：一方面，大学生都支持改革开放，希望有一个公平、民主、自由的社会，强烈地反对腐败行为；另一方面在涉及自己的利益时，又对合理的利己主义、享乐主义、拜金主义等表示认同，甚至有人为了所谓的自我实现而损人害己。

不过，有研究表明，我国大学生的自我设计、自我完善的基本倾向是奋发向上的，是积极的。

3. 强烈的独立意识和自信心

独立意识，也叫独立感，是指个体力图摆脱监督和管教的一种自我意识倾向。大学生在生理发育上已完全具备了成人的特点，心理成熟和社会成熟也已达到较高的水平。通过对自我的认识、体验和控制、调节，他们的心目中已逐渐确立一个新的自我——成人式的自我，成人感特别强烈。

自信心是从独立感中派生出来的一种相信自己精力和能力的自我意识倾向。青年大学生有体力充沛、精力旺盛、思维灵活、记忆力最强等优越条件，这是他们产生自信心的生理及心理基础，而“天之骄子”、“时代宠儿”的优越感，则是大学生充满自信的社会基础。所以，大学生的自信心是十分强烈的，他们不仅对自己的才华、学识充满自信，而且对自己的风度、能力也充满自信。但由于知识、经验不足，他们易于产生过分的自信，而且容易因一时的挫折而降低自信。（参见附录二中的案例五、六、七、十二）

大学生的独立意识和自信心十分宝贵，它们是蓬勃向上、积极进取等优良品质的心理基础。因此要加以适当的保护和引导，而不要因为一时的偏差而冷眼待之。一般来说，随着自我评价能力的提高和知识经验的积累，大学生的独立意识和自信心会逐步表现得客观和稳定。

（三）大学生自我体验方面的主要特点

大学生自我认识和自我控制能力的迅速发展，使得他们自我体验的内容和形式发生了极大的变化。

1. 自我体验形式的特点

从自我体验的形式看，显示出以下几个方面的特点：

（1）丰富性。大学生丰富多彩的学习生活为他们发展自我体验的丰富性提供了有利条件。例如，由于意识到自己的成熟就产生了成人感；由于意识到自己的能力和品德的高低而产生了自豪、自尊或自卑、自惭等体验；由于意识到自己的社会角色和社会地位而产生了社会责任感和义务感。一般来说，在自我体验方面，男生比女生更有自信心、更富于活力，但容易急躁；女生则更热情，内心舒畅感更明显，但容易多愁善感。大学生自我体验的情感基调是积极的、健康的。大学生要注意增强自我意志的指向能力，提高自我认识水平，这将有助于大学生自我体验的丰富性向健康方面发展。

(2)敏感性和波动性。大学生由于对自我的认识还在不断进行中，个性还不够成熟和稳定，也缺乏驾驭情感的意志力量，因此他们的情感体验表现出明显的敏感性和波动性。他们可能因一时的成功而产生积极、愉快的情感体验，甚至骄傲自满，忘乎所以；也可能因一时的挫折、失败而低估自我或丧失自信心，甚至悲观失望。到了高年级，当大学生的自我认识和自我控制比较确定后，这种波动性才逐渐降低。

(3)深刻性。大学生的自我体验是深刻的。他们的自我体验不仅与自己的个性特点相联系，而且还与自己的生活信念和人格倾向相联系。当自我的生活信念和人格倾向为别人所悦纳，或客观事物符合自己的生活信念和人格倾向时，他们就产生愉快的情感体验，否则就产生消极、不愉快的体验。

2. 自我体验内容的特点

从大学生自我体验内容看，有以下几个方面的特点：

(1)自尊心和好胜心强烈。自尊心是指一个人悦纳并尊重自己，对自己抱肯定态度的情感体验，是一种希望别人尊重自己和自尊自爱的自我意识倾向。自尊心是一种内驱力(指由内部或外部刺激所唤起的，并使个体指向于实现一定目标的某种内在倾向)，激励着自我不断奋发努力，创造佳绩，尽可能使自己的言行得到别人的尊重，以维护自己存在的价值，强烈地要求肯定自己和保护自己，因此他们的自尊心很强烈，对触及自尊心的刺激十分敏感。在一项问卷调查中，回答"自己有强烈自尊心"的大学生达 90%以上。

好胜心是一个人力求获得成功的一种自我意识倾向。好胜心往往与自信心有着密切联系，因为丧失了自信心，就不可能去争取成功。具有极强自信心的大学生，好胜心也是十分强烈的。他们争强好胜，不甘落后，希望能用行动表明自己是人生道路上的强者。例如，有的大学生有目的地参加各种有益的社会活动，从中锻炼和表现自己的才干；大多数学生则把好胜心用在学习上，勤奋努力，博览群书，提高自学能力，为将来事业上的成功打下良好的基础。这是大学生好胜心发展的正确方向。

大学生自尊心和好胜心都很强烈，但要适当。如果把握不当，就容易转化为自尊感或嫉妒心。

(2)自卑感和孤独感明显。自卑感，也称自卑，是指一个人自己看轻自己，对自己的能力和品质评价过低，对自己持否定态度的情感体验。它是一种消极的自我体验。过度的自卑可导致精力不集中，意志消沉，自信心极低，甚至自暴自弃，严重的可导致自杀。所以，大学生一定要及时克服自卑感，恢复自信，提高自尊，以便顺利完成学业，早日成才。

孤独感，是指一种由于缺乏他人的理解，自己感到与世隔绝、内心充满孤单寂寞的情感体验。最近，在某高校的一项调查中发现 54.4%的学生有不同程度的孤独感，尤其是新生中比例更高，达 81.5%。为什么在大学生中会有如此多人感到孤独呢？研究表明，大学生产生孤独感的主要原因是青年期的闭锁性心理。大学生自尊心强，独立欲望强烈，但内心世界一般又不轻易向外人袒露，这就造成了一定时期的心理闭锁性。他们虽然生活在父母、师生之间，却感到缺少可以向之吐露心曲的人，因而常常有莫名的孤独感。

孤独感不利于大学生心理平衡，影响他们之间正常友谊关系的建立。对于大学生来

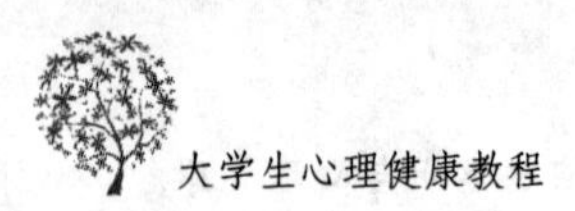

说，要减轻闭锁心理，就要积极参加班集体活动和社会活动，尽量多和别人交往，以扩大自己的人际交往范围，学习别人的长处，做到互相理解、互相学习，这样孤独感就自然可以消除了。

（四）大学生自我意识发展的时代特点

我国不断深化的社会变革和社会主义市场经济的初步建立，影响和促进着大学生自我意识的迅速发展，并形成了当代大学生自我意识发展的时代特点。

(1)关心国家振兴，渴望改革成功。他们特别关心当前社会上正在进行的各项改革，常为改革发展的前途和出现的阻力等问题争论不休，对改革中出现的官僚主义、腐败现象极为不满，有时甚至采取过激行动。

(2)思维的独立性、批判性明显增强，强调民主、自由、信任和尊重个性。当代大学生保守思想最少，不囿于成见，不轻信盲从，喜欢独立思考人生和社会问题；特别关心我国民主、自由和法制建设；他们要求别人尊重自己，对那种简单生硬的教育方法极为反感。

(3)探求知识，渴望成才。大学生强烈的成才意识表现出如下特点：一是在成才动力上，由以内在压力为主，转变为外在压力为主。二是在成才途径上，由过去单纯追求分数转变为注重知识水平和创造能力的提高，努力向多途径成才方向发展。三是在成才模式上，由过去只重智力因素发展到现在向德才兼备、学有所长的求全、新复合型人才的方向发展。

总之，大学生自我意识的时代特点是丰富多彩的，它从总体上反映了大学生在处理与社会、时代关系的心态走向。同时，掌握当代大学生自我意识发展的时代特点，也是了解和研究当代大学生精神面貌的关键。

(http://www.china1net.com/cinPsychology/XinLiBaiKe/detail.asp? ID=300)

第二节　大学生自我意识发展的困扰

一、大学生自我意识发展困扰的主要表现

青年时期，其自我意识发展的好坏在很大程度上会影响到今后的发展。总的来说，处于这一时期的大学生的自我意识发展是健康的，但是，其自我意识中出现的困扰在一定情况下会演变成心理障碍，影响他们心理的发展。

（一）自傲与自卑

进入青年时期，随着对外界认识的不断提高，生活经验的不断积累，生活空间不断扩大，思想不断进步，对未来生活充满憧憬。这时若不能很好地对自己及周围事物做出恰当评价，很容易出现心理问题，或自傲或自卑。

自傲，是过高地评估自己的长处和优点的结果。这些人妄自尊大，自以为是，孤芳自赏，总认为自己比别人优越，对别人横挑鼻子竖挑眼，缺乏自我批评，而且不允许别人批评，“老虎屁股摸不得”，从而唯我独尊，自我中心。有的过分自我膨胀，以为自己条件优

越，什么都比别人好，样样比别人强，于是高傲自大，自命不凡，不守纪律，不听规劝。这种人也许确实存在某些长处或优点，但由于沾沾自喜，不愿做进一步的努力，长处和优点就会向相反的方面转化。这种人在生活中遇到一点点挫折，就很难调整、把握自己。

由于其过高的自负和自傲，表现以下特征：抬高自己，贬低别人，嫉妒别人的成绩，听不进别人的意见和建议。往往盲目乐观，以自我为中心，评价别人往往求全责备，观察社会易于简单化，不易被周围环境和他人所接受与认可，易引起别人的反感和不满。因此，极易遭受失败和内心的冲突，导致苦闷，有时会引发过激行为和反社会行为。

与自傲相反的是自卑，也是大学生常见的一种心理问题，经常折磨着大学生年轻的心灵。自卑指的是自己对自己的体格、容貌、能力等深感不足，从而低估自己，轻视自己甚至否定自己。有这种思想情绪的人，对自己多有不满，觉得一切都不如意，做什么事情都不顺心，周围充满暗淡、沉闷的气氛。正是由于部分大学生受自卑心理的困扰，对自己的前途感到失望，对自己的能力感到怀疑，因而也缺乏对学习、生活的信心。

在生活中有许多使大学生产生自卑的因素，如考试不及格、老师的责备等都可能使他们产生自卑。有的大学生过分贬低自己，认为自己这不行那不行，处处不如别人，于是灰心丧气，懒惰涣散，没有创造和进取的精神。例如，某大学生因自己家庭贫穷，产生了严重的自卑心理，别人小声说话，他就以为在议论他，总以为大家都瞧不起他。长时期的心理压力，使他丧失了生活的信心。

自卑表现为以下特征：对别人的评价特别敏感，胆小怕事，把自己封闭起来。这种人由于瞧不起自己，也必然会引起别人的轻视，让人瞧不起。自认为条件比不上别人，对个人未来发展缺乏信心，对自我过分怀疑，压抑自我的积极性。他们的心理体验常伴随较多的自卑感、盲目性、自信心丧失和情绪消沉、意志薄弱、孤僻、抑郁等现象，尤其是当面对新的环境、挫折和重大生活事件时，常常会产生过激行为，酿成悲剧。近几年来发生的青年人自杀事件中，相当一部分就是由此心理问题所导致的。

（二）"现实自我"与"理想自我"距离过大

当代大学开始关注自己的发展，不断塑造自己未来的形象。他们内心常为自我"画像"，既画自己当前现实的像，自己"现实中是什么样的人"，也画自己未来的像，"将来应成为什么样的人"，"将来可能是什么样的人"等。这就是所谓自我意识分化出了"现实自我"与"理想自我"。他们往往对自我缺乏客观全面的认识，这个"理想自我"是所希望达到的一切美好的愿望，因而不可避免地包含着某些难以实现的愿望。往往会不自觉地把"理想自我"与"现实自我"进行比较，这样一来，"现实自我"和"理想自我"的矛盾的困扰就突出了。

大学生对未来充满信心，成就欲望较强，但由于他们生活范围相对狭窄，社会交往比较单一，从而使"理想自我"与"现实自我"之间产生了较大差距，这种差距会激发他们奋发进取的积极性，同时也会给他们带来苦恼和不满。如果这种矛盾与冲突不能及时加以调适，则会导致自我的分裂，从而带来一系列心理问题。

（三）主观需要与客观现实的困扰

几乎每一种文化都有这样的故事，若一个人幸运地得到一盏神灯或得到神仙的帮助，

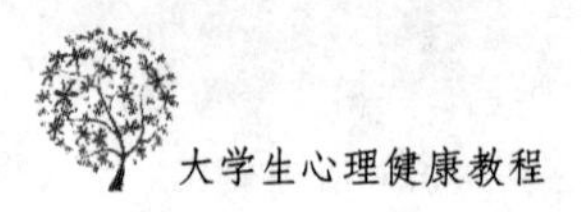

就会想得到任何想要的东西。正如心理学家马斯洛所说，当低级需要得到满足之后，就会出现另一种新的需要。在学校，大学生经常遇到的现实是：环境封闭，条件太差，生活枯燥，管理过于严格……小时憧憬的美好的大学生活理想破灭了，这种需要与现实的矛盾在很大程度上阻碍了大学生积极性的发挥。

有的大学生入学前把大学想象成无比美好，入学后却发现大学环境、设备、管理等都不尽如人意；原来希望大学毕业后找个好工作，现在却发现找工作的道路面临种种困难。这种种理想与现实的矛盾往往使大学生感到烦恼、焦虑，甚至对现实不满。对现实生活中可能遇到的困难和阻力估计不足，对当前一时难以满足的需要，往往以"白日梦"来补偿现实。这种幻想或不切实际的"理想"，容易和现实发生矛盾，甚至导致对现实不满，轻者苦闷牢骚，重者可能受不良倾向影响而做出越轨行为。

（四）独立感与依附心理的困扰

大学生正处在一个特殊的阶段——人生中第二次飞跃的"心理断乳期"，处于这一时期的年轻人的独立意识强烈，希望按自己的意志行事。但是，当某些主客观原因使自己独立自主的意愿受阻时，又显得手足无措，表现出强烈的依附心理。

这一时期的大学生迫切希望摆脱对成年人的依附，以成人自居，希望自立自强，成为一个有独立见解、能决定自己命运的人，表现出反抗权威，不愿意遵循传统，总想标新立异。强烈要求自作主张，竭力摆脱成人的管束，自主地处理所遇到的一些问题，在思想言行的各方面都表现出极大的独立性，表现出心理"断乳"愿望，表现为任性固执。有时也认为大学很多制度不合理、不合适，很多制度的某些方面应加以改善，以得到更多的自由。

但他们在心理上又依赖成人，当面对陌生或复杂的环境时，遇到事情时，又不知怎样做，特别希望得到成人的指点和帮助；无法真正做到人格上的独立。如有的大学生，尤其是独生子女学生，从小受到父母的溺爱，自己生活的一切均有父母包揽，生活中从没有为自己的事情考虑过，全部听从父母的摆布，使得他们不懂生活的艰辛，养成了做事都靠父母的依赖心理，缺乏独立生活和处理问题的能力。到大学后，由于远离父母亲人，"独在异乡为异客"，便把对父母亲人的依赖之情转移到他人身上，在生活和工作中，遇到困难或矛盾，就手足无措，难以应付，常找他人帮自己出点子、拿主意。久而久之，会把他人看得比自己重要，会自觉不自觉地迎合他人的意愿说话、做事，将自己置于依附的地位。他们一般表现出"人云亦云，人行亦行"的盲从行为；或受各种诱惑影响，放弃自己正确的意见，或者又去实施自己已经否定的行为。这种独立意向与依附心理的矛盾一直困扰着他们，这种心理矛盾的困扰使他们自叹自责，苦闷不安，从而阻碍自己的心理发展和才能发挥。

（五）渴望关爱与缺乏知音的困扰

人都有获得别人关怀、理解与爱的需要，处于青年阶段的大学生，这种获得爱与理解的需要更为强烈。青年人一般需要友谊，渴望理解，寻求归属和爱。他们经常会通过会老乡、见同学、打电话或写信等形式与他人交往，希望和同龄朋友分享苦与乐。然而，他们同时又有很多秘密不愿告诉别人，把自己的心灵深藏起来，与人交往常存戒备心理，总是有意无意地保持一定距离。有的说："人生得一知己足矣！我多么希望得到别人的理解啊！

我有强烈的自尊心，希望得到别人的尊重和社会的重视，但人们似乎不理解我，我经常感到苦闷、孤独。"正是这种矛盾困扰，使他们常处于孤独感的煎熬中。

在这种矛盾的思想支配下，常常把思想寄托于日记、音乐等。正如有的大学生所说："我的苦恼基本上谁也不知道，我都倾诉于日记，对着日记总有说不完的话。"这种渴望爱与理解而又得不到的矛盾，促使大学生追求真诚而又纯洁的友谊，并产生了对爱情的渴望，希望找到一个带来温馨的爱与理解的异性朋友。

此外，还有一些自我意识的矛盾困扰，如个人我与社会我、自我上进和自我消沉等矛盾困扰。自我意识发展的困扰使大学生在心理和行为上出现某些不适应，经常感到苦恼焦虑。因此，了解自我意识困扰产生的原因，对大学生自我意识的矛盾进行适时的疏导，是预防大学生心理障碍产生的重要前提。

(http://www.ruianrc.com/News/New.asp? NewsId＝1251)

二、大学生自我意识发展困扰的原因

自我意识作为意识的一部分，是逐步形成和发展起来的，是主客观因素相互作用的结果。人首先是对外部世界、对他人的认识，然后才逐步认识自己。这个过程在我们一生中一直进行着。因此，探讨影响自我意识发展的因素，有利于促进当代大学生自我意识的健全发展。

大学生出现自我意识困扰的心理是多种多样的，产生这种心理的原因也是多种多样的，是生理、学校、家庭、社会和个体倾向性等诸因素相互作用的结果。

（一）生理因素

小时候就有自我意识的萌芽，对于一个发育正常、健康的人来说，别人不会认为有什么特殊，他也不会发现自己与别人有什么不同，也就不会有积极或消极的评价和体验。而对于一个发育异常和有残疾的孩子来说，他会从自己与他人的比较中发现不同。有的学生觉得自己太胖，不愿参加文体活动；有的学生觉得自己长得太丑，不愿与同学交往。这些都是生理因素的作用。

大学生一般都处在17～22岁的年龄阶段，男生特别重视自己的身高，女生也更加重视自己的相貌。一位大学二年级学生在答卷中写道："在许多场合下，我都不想出头露面，因为我的个子矮，我总避免与高个子的同学在一起，以衬托我更低。"女生有28%不满意自己的长相，希望自己再漂亮一点。一位女生说："我每天都照镜子，我的第一个念头是'我能再漂亮一点就好了'。每当看到我那淡而短的眉和翘起的两颗黄牙，我总感到不是滋味，尤其是对我那漂亮（至少比我漂亮）的同桌，我更有一种难以言状的妒意。"因此，生理因素是形成自我意识的最初因素，也是影响一生各个阶段的因素。

（二）学校因素

在高手云集的大学，中学时代学习优秀的优越感被成为芸芸众生的普通学生的感受所替代。比如生活方面，中学时父母照顾多，而大学要培养自理能力；心理适应方面，中学时代的好学生周围充满了赞扬声，优越感强，但到大学，尖子荟萃，自己原有的优势不明显了。有的学生认为,“我不是老师和同学眼中拔尖的学生了”。“在这个地方,我得不到我原来所得到的特别的关注和爱护了。”有的学生因为种种原因,出现不及格现象,往往把原因归为“我不是学这个专业的材料”,“我的其他方面搞不好”,“我缺乏创造性”,等等。

另外,由于大学生思想的不成熟,总觉得学校严格的管理制度、校规、校纪与他们所追求的个性的张扬相矛盾,从而在内心产生了激烈的冲突。这种困扰使很多学生难以接受,严重的还可能出现伤害自己或他人的行为。

(三)社会因素

当代社会发生了巨大的改变,随着市场经济体制的确立,竞争机制的导入,新的社会刺激的冲击,当代大学生的人生观、价值观等发生了重大变化,直接影响到大学生对自我的认知。另外,由于每个人所处的社会地位不同,所从事的社会实践不同,具体的社会关系不同,因而对自我的认识、评价也会有所差异。大学生在现实的社会实践中,从我与事的关系认识自我,即我从做事的经验中了解自己。任何一种活动都是一种学习,不经一事,不长一智,成败得失,其经验的价值也因人而异。

另外,随着科学技术的发展,大众传播手段越来越丰富。随着电视的普及、广播电视节目播放时间的延长、报纸杂志的增多、信息高速公路的建设及互联网的普遍应用,大学生不但受到教师、家庭的影响,受到电视、电影等单向传播的影响,而且受到电脑互联网络交流信息的影响。当操纵电脑,接受信息、处理信息和公布信息时,犹如“运筹帷幄之中”,发挥着自己的主动性和创造性,以一种前所未有的方式促进自我意识的发展。

(四)家庭影响

现代心理学研究表明,家庭环境对人的一生发展会产生重要的影响。无论是积极或消极的影响,一个人的早期经验对他的自我意识的形成有非常重要的意义。每个人来到这个世上,首先接触到的第一个学习场所是家庭,第一任老师是家庭成员尤其是父亲和母亲。他们早期的教养方式、教养态度和家庭的经济情况直接影响了后来孩子的自我意识的发展。

现在随着独生子女的增多,越来越多溺爱的家庭教养类型出现,这些家长的过分保护、过分顺从,使孩子过分依赖,而使自我意识长期处于幼稚水平。另外,社会经济地位高的家庭,子女容易产生优越感,家庭成员社会地位的急剧变化,易使自我意识的发展出现混乱。

(五)个体倾向性

个体倾向性包括需要、动机、兴趣、理想、信念、世界观和人生观。青少年时期是一个人理想、信念和世界观从形成到成熟的时期。理想、信念和世界观一旦形成,决定了青少年成为怎样的人。

一个人年轻时候的自我要求将影响到他的一生。如雷锋——已家喻户晓,在他短暂而又光辉的生命历程中,处处严格要求自己,把自己比作一颗小小的螺丝钉,正确地解决了自己的世界观、人生观这个根本问题,用他自己的话说,就是懂得了“怎样做人,为谁活着”。几十年来，雷锋精神一直被人们传诵、学习，已经深深地镌刻在亿万人民的心碑上。所以，一个人要想以后有好的发展，从年轻时就应严于律己，从小事做起，从自我做起。

（六）他人的影响

俗话说：“旁观者清，当局者迷。”他人的评价是客观认识自己的一面镜子，可以帮助自己了解“现实自我”的形象，知道自己在别人心目中所处的地位。学生可以通过竞赛评比、表扬与批评、学习成绩报告单等途径获得他人正式的评价，也可以通过相互交谈等获得别人非正式的评价，这些评价都可能对大学生的自我意识产生影响。

自我成为一个什么样的人，总是离不开社会生活中各种人物尤其是自己心目中榜样的影响。近朱者赤，近墨者黑。中国古代十分重视树立良好的社会楷模，“孟母三迁”就是一个很好的例子。不同的时代有不同的楷模，通过学校教育或阅读文艺作品，知道历史上和现实生活中有各种各样的英雄模范人物。于是，在自我意识中便产生了“我要像他们一样”等观念。

应该看到，大学生在自我意识发展过程中出现的这样那样的困扰，是其心理发展还不成熟的表现，是由他们的身心发展状况、家庭、学校等种种因素所决定的，这些因素既可以促进大学生心理迅速成熟，也可能成为自我健康发展的阻力。因此，需要重视、引导和调适，只有这样，才能促进大学生心理的发展和成熟，达到自我的统一和发展。

（http://www.hbzkw.com/exam/20101109090612.html）

第三节　大学生健康自我意识的培养

健康的自我意识是大学生生活和发展必须培养的，健康自我意识的培养可以锻炼大学生的自主生活能力以及高尚情操的养成，以下为健康自我意识培养的几种基本方法。心理学中有个哲理：自我不是发现出来的，而是我们创造出来的，那就是我们真诚又深切地接纳所创造出来的自己。

自我意识作为个性心理的核心内容，对大学生的成长和发展有重要作用。从某种意义上说，一个大学生有什么样的自我意识，他的人格就会向什么方向发展。

一、树立正确的自我观

首先，要正确地认识自我。每个人都是有自己特色的，是独一无二的，要珍视自己，爱自己才能爱别人，要自尊才能被别人尊重。科学地对待自己的过去，恰当地确立自我发展的方向，实实在在把握现在，在社会情境中找到自己恰当的位置。

其次，多角度地评价自我。提高对自己以及自己周围人或物的关系的认识；认识自己的人格特征和心理发展水平，以及如何运用自己的个性特点，创造性地表现自己；通过听取他人对自己的评价，积极地将获得的信息进行分析、综合和比较。

还要经常地自我反省。没有自我反省，就无从实现自我完善。在反省过程中，要不断地自我批评，不断改正。通过反省，分析自己成功的经验或失败的原因，对自己做一分为二的分析，严于解剖自我，敢于批评自己，以调整自我评价，从而来定位自我。

二、积极地悦纳自我

悦纳自我就是对自己的本来面目持肯定、认可的态度。悦纳自我是发展健康的自我体验的关键和核心。每个人身上都有闪光点，要接受、喜欢自己，不必苛求自己做个十全十美的人。保持自己的本质，保持独特而又成功的自我；保持乐观，性情开朗，全面地看待自己的优缺点，接纳自己的不完美，扬长避短，充分发挥自身潜能。要有远大的追求和理想，确立一个自己去奋斗、去竞争的目标，培养“你行，我也行”的心态。

三、有效地控制自我

有效地控制自我是健全自我意识的根本途径。有效地进行自我调控是为了保证自我的健康发展。一般来说，应该注意培养顽强的意志力，使自己能自觉地认清目标，努力排除其他干扰、困难。建立合乎自我实际的目标，确立合适的理想自我。培养自信心，自我肯定。

四、不断地超越自我

健全自我的过程也是一个塑造自我、超越自我的过程。对于大学生而言，超越自我更是终生努力的目标，在行动上，无论对人对事，均全力以赴，使自己的能力品行得到最大限度的发挥。既注重自我又不固守自我，而是根据社会要求不断改造自我；既注重自我价值的实现，又不仅仅局限于追求个人自我价值的实现，而是同祖国、社会结合在一起。

培养健康的自我意识，使自己拥有良好的心理健康状况，为自己生活和工作打下良好的基础，我们要争做健康大学生。

(http://www.vheart.net/webs/xwzx_show.aspx? id=605)

课后练习

1. 探寻人际关系中的我。自制一张表格，包括以下内容：父母眼中的我、老师眼中的我、同学朋友眼中的我、现实生活中的我、自己理想中的我。

2. 寻找自己的独特之处。自制第二张表格，包括以下内容：我的长处和来历、我的欠缺和不足。

教学方法与手段

采用多媒体课件教学，及课堂讨论、小组讨论方法。

第五章 适应与心理健康

【目的与要求】

1. 了解适应、应激、自我防御机制的概念;
2. 了解大学生常见的适应问题及其原因;
3. 掌握应对挫折的能力。

第一节 适应与心理适应

一、适应、应激及心理适应的概念

所谓适应,是指机体想要满足自己的需求,而与环境发生调和作用的过程。它是一种动态的、交互的、有弹性的历程。当个人需求与环境发生作用时,若不能如愿以偿,通常会造成两种情形:其一是形成悲观消极心理,其二是从失败中学习适应方法。成功的适应才能增进心理健康,养成健全人格,失败的适应就会造成心理不健康和不良人格。

所谓应激,是机体在各种内外环境因素及社会、心理因素刺激时所出现的全身性非特异性适应反应,又称为应激反应。这些刺激因素称为应激原。应激是在出乎意料的紧迫与危险情况下引起的高速而高度紧张的情绪状态。应激的最直接表现即精神紧张。应激反应指所有对生物系统导致损耗的非特异性生理、心理反应的总和。

心理适应,主要指各种个性特征互相配合,适应周围环境的能力。一个人能否尽快地适应新环境,能否处理好复杂、重大或危急的特殊情况,与他的心理适应性高低有很直接的关系。

二、心理适应的类型

关于适应的类型,可以依据不同的标准将其分为不同的类型。比如孔维民认为,根据适应的对象可以将其分为对自然环境的适应和对社会环境的适应;根据适应的基础可以分为生理适应和心理适应;根据适应的程度可以分为浅层适应和深层适应;根据适应过程中是否有意识的参与可以分为有意识的适应和无意识的适应;根据适应过程中态度的积极或消极又可分为主动适应与被动适应等。这些分类各有自己的依据,都有一定的道理。

除了以上几种分类外,还可以根据适应的效果分出消极适应和积极适应;根据适应表

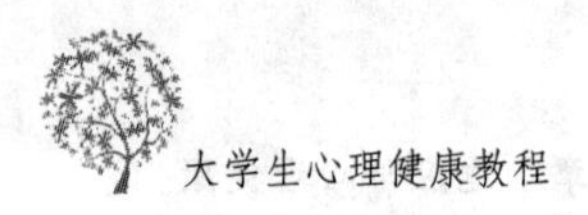

现的方式分为内部适应与外部适应；根据适应的内涵分为狭义适应和广义适应等。

消极适应是个体改变自己的行为或态度以适合外部环境的要求，是一种基本的、比较被动的适应方式，其作用只是求得一时的内心平衡；积极适应是主体充分发挥自身的主观能动性，尽最大可能去改变环境使之适合自己发展的需要，是一种比较高级、比较主动的适应方式。在个体发展过程中，生存与发展之间存在着十分密切的、相辅相成的关联，因此这两种适应方式之间也存在着不可分割的联系。事实上，两种适应对人都有重要价值，首先要能够生存，然后才谈得到发展。生存是发展的基础，发展是生存的目的。但从个体适应能力形成的过程看，通常是要先学会生存适应，然后才能达到发展适应的水平。

内部适应是指在心理上达到认知和情感上的平衡状态的适应；外部适应是指在行为上能够符合外部环境要求的适应。一般而论，可以认为，内部适应是外部适应的基础，外部适应是内部适应的外在表现，二者应该是一致的。但在某些特殊条件下，也可能存在不一致的情况。比如，有时候屈从于某种外部压力，为了避免更大的挫折，尽管内心并不情愿，但有可能在行为上暂时遵从某种规范，表现为表面上的顺从或服从，这就是一种外部适应与内部适应不一致的情况。

狭义的适应是指在遭受心理挫折后人们采用自我防卫机制来减轻压力，恢复心理平衡的过程。广义的适应是指当外部环境发生变化时，主体通过自我调节系统做出有效反应，使自己的潜能得以充分发挥，使内外环境重新恢复平衡的心理过程。前者更多地表现为无意识的适应过程，具有一定的自发性；后者则主要表现为有意识的适应过程，带有更明显的自主性。在个体发展过程中，前者出现得较早，而后者出现得较晚。但是，随着个体心理成熟水平和思维水平的提高，后者的作用就会越来越大并逐渐占据主导地位。

在这里，对社会适应的概念要特别加以说明。社会适应是指个体对社会生活环境的适应。有人认为，社会适应是指“社会或文化倾向的转变，即人的认识、行为方式和价值观因为社会环境的变化而发生相应的变化”。从局部或具体的事件看，社会适应是个体社会行为的自我调节过程；而从个体发展的全过程看，社会适应实际上就是个体实现社会化的过程。从社会化的角度看，社会适应的内容应当包括以下几项：第一，对社会生活环境的适应，包括对不同生活条件与方式的适应；第二，对各种社会角色的适应，包括各种角色意识的形成以及对不同角色行为规范的掌握；第三，对社会活动的适应，包括各种活动规则的掌握和活动能力的形成，如学习、交往、工作、休闲等能力的形成与发展。联合国教科文组织提出的关于现代教育的四大支柱（即四项培养目标：学会做事、学会求知、学会与人共处、学会生存）所反映的都是社会适应方面的基本要求。有人认为，社会适应最重要的就是对人际交往和人际关系的适应。这一观点也有一定道理，因为不论从事哪个方面的活动，都离不开人际交往，都要同人打交道。生活也好，学习也好，工作也好，都是与人交往的过程，都要以良好的人际关系为基础。所以，善于与人相处，善于协调人际关系，是生活美满、事业成功的重要保证。

心理适应与社会适应的关系十分密切。心理适应作为一种综合性的心理功能，是社会适应的心理基础。离开以同化、顺应以及其他一系列复杂的心理活动为基础的内化过程，个体社会化的实现是不可能的。反之，如果脱离开对社会环境的良好适应，那么心理适应本身也就失去了实际的意义。

(http://www.hudong.com/wiki/%E9%80%82%E5%BA%94)

(http://baike.baidu.com/view/74599.htm)

(http://baike.baidu.com/view/2062755.htm)

(http://m.meilixinling.com/news_show.asp? big_title=%D7%C9%D1%AF%BC%BC%CA%F5&small_title=&id=3210&t=%D0%C4%C0%ED%CA%CA%D3%A6%B5%C4%B1%BE%D6%CA%D3%EB%BB%FA%D6%C6)

三、自我防御机制

心理防御机制是指个体面临挫折或冲突的紧张情境时，在其内部心理活动中具有的自觉或不自觉的解脱烦恼，减轻内心不安，以恢复心理平衡与稳定的一种适应性倾向。

(一)心理防卫机制的意义

积极的意义在于能够使主体在遭受困难与挫折后减轻或免除精神压力，恢复心理平衡，甚至激发主体的主观能动性，激励主体以顽强的毅力克服困难，战胜挫折。消极的意义在于使主体可能因压力的缓解而自足，或出现退缩甚至恐惧而导致心理疾病。自我受到超我、本我和外部世界三方面的胁迫，如果它难以承受其压力，则会产生焦虑反应。然而焦虑的产生，促使自我发展了一种机能，即用一定方式调解冲突，缓和三种危险对自身的威胁。既要使现实能够允许，又要使超我能够接受，也要使本我有满足感，这样一种机能就是心理防御机制。

(二)自我防御机制

1. 压抑

压抑是指一切为社会道德、宗教法律所不能容许的冲动、欲望，在不知不觉中被抑制到无意识之中，使人自己不能意识到其存在。这种机制叫作压抑。只有在压抑作用发生的条件下，以下机制才能发生。

压抑的正面作用是：当个体产生与社会规范相悖的内心冲动或需求时，如果个体不加以压抑和控制而任其发展下去，就不可避免地导致挫折并产生焦虑和痛苦。压抑起到保持其心境安宁，维持正常的人际关系和社会秩序的作用。一个成熟的有修养的人是一个懂得运用压抑作用的人。

但是压抑也有其负面作用，因为被压抑的欲望与冲动并未消失，只不过是在意识的监督之下暂时潜伏下来，一旦有机会就可能活跃起来，引起意识领域轻微和短暂的扰乱现象。同时，如果过分地使用压抑作用，把自己正常的欲望和本能拼命地加以压抑，就会形成一种病态的反应。如强迫型人格异常者，就与他们过分地使用压抑作用心理防卫机制有很大的关系。

2. 投射

投射又称外射作用，是指个体将自己不喜欢或不能承受但又是自己具有的冲动、动机、态度和行为转移到他人或周围事物上，认为他人或周围事物也有这样的动机和行为。

把自己的愿望与动机归于他人,断言他人有此动机、愿望,然而这些东西往往都是超我所不能容的。如"以小人之心度君子之腹"、"我见青山多妩媚,青山见我亦多情"等就是投射作用的写照。投射作用是客观存在的,通常又是无意识的。

3. 否认

有意识或无意识地拒绝承认那些使人感到焦虑或痛苦的事件,似乎其从未发生过。

否认是指把已经发生的不愉快的事情加以否认,认为它根本没有发生过。其目的是以拒绝承认痛苦事实来躲避心理紧张和不安,是一种最简单、最原始的心理防卫机制。

否认可以在一定的程度上保护自己,给自己多一些时间来思考并作出决定。但它并不能使被否定的问题得到解决,从长远来看是不足取的。如果严重的话,还会减低人们对现实的适应能力,甚至产生妄想等精神病症。

4. 退行

当遇到挫折和应激时,心理活动退回到较早年龄阶段的水平,以原始的、幼稚的方法应付当前的情景。

5. 固着

心理未完全成熟,停滞在某一心理发展水平。如成人因害怕负起工作和家庭的责任,心理发展水平仍如青少年。

6. 升华

把为社会、超我所不能接受、不能容许的冲动的能量转化为建设性的活动能量。

升华作用能使原有的动机冲突得到宣泄,消除焦虑情绪,保持心理安宁与平衡。同时,又创造了积极的社会价值,利己利人。如将攻击性的欲望转化为竞技场上的拼搏。

7.置换

因某事物而引起的强烈情绪和冲动不能直接发泄到这个对象上去,就转而移到另一个对象上去了。如找个替罪羊发一通火。

8.抵消

以从事某种象征性的活动来抵消、抵制一个人的真实感情。如儿童以责骂桌子碰疼了自己的手的方式来抵消由疼痛引起的不快。

9. 反向形成

把无意识之中不能被接受的欲望和冲动转化为意识中的相反的行为。如拿了桌子上苹果的孩子,当妈妈询问苹果下落时,马上高声说"我没拿"就是这样的例子。

反向是指当个体受挫时,采取一种与原意相反的态度或行为的心理防卫机制。其目的在于避免或减轻自尊心受损。反向作用若运用得当,可能有助于提高人们的社会适应能力,但过分使用,则会使自我意识扭曲,动机与行为脱节,导致心理异常。

10. 认同(自居)作用

自居作用或认同作用,是指个体在受挫时,效仿他人经验和行为,或把别人具有的优点加在自己身上,以使自己更好地适应环境,提高自信心,从而减轻内心的挫折感。

利他,指替代性而建设性地为他人服务,并且本能地使自己感到满足。它包括良性的建设性的反向形成、慈善行为,以及对别人的报答性服务。利他与投射及发泄的区别在于,它为别人提供的是真实的而不是想象的好处。利他与反向形成的区别是,利他者至少部分地得到满足。

11. 幽默

幽默，指明显地表达观念和感情，但并不使自己感到不舒服，对别人也不会产生不愉快的影响。某些游戏和滑稽的退行行为都属于幽默。与诙谐不同，诙谐是某种形式的置换，而幽默则直言不讳，有啥说啥，而且如果没有"在观察中的自我"的某些成分，就不可能应用幽默。幽默使应用者能够忍受而又集中注意到那些令人难以忍受的事情，与之相反，诙谐往往表现出注意涣散。与分裂样幻想不同，幽默不会排斥别人。

12. 预期

预期，指对未来的内心不舒服感受做出切合实际的预期或计划、打算。这种机制包括对将要出现的事物作有目的而仔细的计划（或担心）。如对死亡或外科手术在情感上有切合实际的预料，与此同时能够在意识中自觉运用"自知力"。

13. 合理化

合理化（rationalization）：又称文饰，指无意识地通过似乎有理的解释或实际上站不住脚的理由来为其难以接受的情感、行为或动机辩护，以使其可以接受。合理化有三种表现：(1)酸葡萄心理，即把得不到的东西说成是不好的；(2)甜柠檬心理，即当得不到葡萄而只有柠檬时，就说柠檬是甜的；(3)推诿（projection），此种自卫机制是指将个人的缺点或失败推诿于其他理由，找人担待其过错。三者均是掩盖错误或失败，以保持内心的安宁。

14. 补偿

补偿（compensation）：指个人因心身某个方面有缺陷不能达到某种目标时，有意识地采取其他能够获取成功的活动来代偿某种能力缺陷，而弥补因失败造成的自卑感。例如，某女子因身体发育有缺陷而努力学习，以卓越成绩赢得别人的尊崇。

（http://dxfwzx.cxswzx.com/auto/db/detail.aspx? db＝998001&rid＝22433&agfi＝0&cls＝0&uni＝False&cid＝0&md＝4224&pd＝6&msd＝4224&psd＝6&mdd＝4224&pdd＝6&reds＝%E7%A7%A6%E6%B5%B7%E8%8E%B2）

（http://zh.wikipedia.org/wiki/%E5%BF%83%E7%90%86%E9%98%B2%E5%8D%AB%E6%9C%BA%E5%88%B6）

第二节　大学生常见的适应问题及其原因

一、大学生常见的适应问题

适应问题表现在以下几个方面：

(1)环境的适应——对校园环境及周边环境不熟悉。

(2)学习的适应——不能适应大学的学习方式，产生了"学习焦虑症"。

(3)生活的适应——不能马上适应大学的生活环境。

(4)人际关系的适应——产生了"知音难觅"的心境。

(5)角色转换的适应——角色转换困难，由优越感变成自卑感。

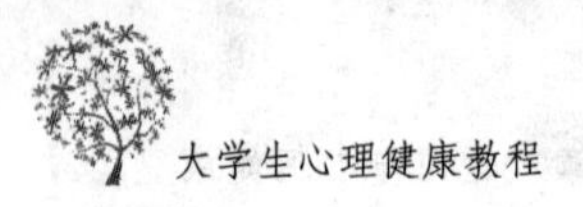

二、产生适应问题的原因

中学教育忽略了对学生的个性培养和素质提高，片面强调知识传授和政治思想教育，忽视对学生良好性格、情绪、意志等个性心理的培养，而大学则侧重培养学生全面发展。由于这种培养要求的差异，大学与中学存在十分明显的差异。

（一）管理环境与管理方式的差异

大学中各种管理总的环境气氛是外松内紧。所谓外松内紧，主要是指大学中的各种管理就其形式来说似乎轻松，有一定的自由度，但其实质上更严格。这种严格不仅来自于外部压力，来自于他律，更重要是来自于自律，来自于新的教育目标和竞争环境所引起的新的自我发展需求的压力。中学时也有压力，也感受到学校的管理，但这种管理是外力型的。同时，大学的教学管理和生活管理也与中学阶段有差异。大学的教师不像中学老师那样管得具体、细致，大学辅导员、班主任虽是关心同学们的日常生活、起居事宜，但他们的职责更多是通过指导，组织学生开展多种活动，培养与发展学生自主、自立、自理的精神。

（二）学习方式的差异

相比而言，大学的教育与高中教育有很大的不同，主要表现在：开设的课程增多，有必修课，还有选修课和辅修课。教师的教学方式发生了变化。在高中，老师可能会用一节课或两节课的时间来讲解某一个定理或公理，但大学的老师一节课可能讲一章或几章的知识，知识量加大了，而授课时却减少了。所以，很多学生表现出对大学的教学方式的不适应，面对如此快的授课方式和如此多的信息量，他们感到不知所措。同时，大学的学习方式也发生了变化。高中时，基本上是老师引着学生去学习，但是大学里的学习方式在很大程度上是学生的自主学习。大学里，很多时间留给学生自己去支配，学校有自习室和图书馆，假如学生不把这些资源充分利用起来进行学习，完全靠上课时的一点知识，不可能取得很好的成绩。

（三）生活方式的差异

很显然，面对着崭新的环境，大学新生更多感到的是生活方式方面的问题。中学生大多数住在家里，拥有自己的生活空间，起居由父母安排；大学生活是集体生活，住宿舍吃食堂，凡事要靠自己处理。从生活习惯上看，饮食方面的差异，气候与语言环境的变化，作息制度与卫生习惯的不同，经济上安排不当等，都可能造成适应不良。从生活范围上看，中学生生活领域较窄，基本上是从家门到校门；而进入大学就犹如来到“大世界”，丰富多彩的校园文化活动使新生目不暇接，生活的领域大大拓宽。

（四）人际交往的差异

大学新生来自四面八方，彼此性格不同，生活习惯不同，要他们马上融合在一起是很难做到的；加上大学中师生之间除了教学上的接触以外，其他方面交流较少，这种人际关系的变化和新生渴望如同高中阶段那样与人交往、获得友谊的心理要求是不相适应的。

再者，他们往往认为，自己已经是个独立的“大人”了，凡事无须别人指手画脚，但又无法独立解决在大学这个“小社会”中面临的许多过去所未遇到的复杂问题，因而产生了希望独立却又无法独立的矛盾。于是就产生在新的环境中，他们丰富的情感体验无法倾诉的苦衷，因而常常表现为沉闷、孤独，产生“知音难觅”的心理困惑。

(http://qingchunqi.baike.com/article-137864.html)

三、适应不良的人格心理特征

(一)依赖心理

总是希望或依靠别人来做决定；缺少独立性、自主性，常压抑自己，过分寻求别人的支持附和，过度依赖别人，不能独立面对生活。现在的大学生，大多家里的独生子女，父母对他关心帮助无微不至；考上大学，与父母分离，来到新的环境感到不安。生活上不能很好地照顾自己，需要决策时不知所措。个性过于依赖，从而导致一系列的适应不良。

(二)偏执与嫉妒心理

三国名将周瑜，才智过人，但嫉妒心极重，容不下才智与他相当的诸葛亮，欲除之而后快，费尽心机，想尽办法，不料却“赔了夫人又折兵”，气得长叹“既生瑜，何生亮”，“金疮迸裂”而亡。嫉妒的人心胸狭窄，不能容忍旁人超过自己，对比自己强或者优秀的人，心怀醋意，讽刺挖苦，甚至造谣中伤，将时间精力和才智浪费在与人计较，攻击或伤害他人的无益行动中，其结果既损人又害己。但有嫉妒心未必是坏事，将嫉妒心升华为竞争力，将其引导到正常竞争之中，则成为动力。

有一个学生，入学一年中换了三个班级，每次都觉得在原班级待不下去。问题就在于他无法与人和睦相处，在他看来，周围的人都和他过不去，嫉妒他，压制他，实则是他本人的偏执心理在作怪。这样的人敏感多疑，不信任人且个性固执。自尊心很强，期望别人都尊重他，重视他，未被给予特殊待遇就感到受委屈，别人无意中的一句话可以被认为是针对他的，与他过不去；固执己见，很难接受不同意见，只看对他不利的一面，忽视了好的一面。一旦形成对他人不好的看法便不再改变，结果时常与人相争，容易与人为敌，总感到他人对不起自己，有意为难自己，故总与人矛盾不断，难以适应现实生活。

(三)追求完美

人们都追求真、善、美，这是人类的共性。但有人追求完美，不能容忍缺点或失败，对自己的缺点过分夸大。考试中若有成绩未达到期望水平便认为是失败；若有人对自己不好，便认为自己全都不行。过于追求完美的个性，会使自己“活得很累”，从而影响了正常能力的发挥和人际关系的和谐。

(四)过于冲动

遇事沉不住气，易发脾气，做出过激反映，与人争吵甚至大动干戈。这种遇事冲动的个性对适应非常不利，一是破坏了心理的平衡，使人失去理智；二是破坏了与他人的关系，影响了感情；三是可以导致行为失控，产生难以意料的后果。

(http://bbs.edu24ol.com/showtopic-540755.aspx)

第三节 挫折与应对

一、挫折

挫折是个体在有目的的活动过程中遇到障碍或干扰，致使个人行为动机不能实现，个人需要不能满足时的情绪体验。

(一)挫折的原因

1. 外在因素

又称客观因素或外因，是指那些让动机或行为不得实现的实际存在的外部环境因素。包括人的能力无法克服的自然灾害，虽能够克服但因疏忽或时间精力顾不上造成的损失，社会生活中的政治、经济、军事、宗教、风俗习惯、道德观念等对人的限制，以及他人的失误等。

2. 内在因素

来自挫折者自身。分为主观因素和客观因素。主观因素是认识因素和心理因素。心理因素主要是指个人的能力、知识和经验不足，或个性心理品质太差，如缺乏韧性、过分轻信、不稳定、急躁、不自信以及动机斗争状态等。客观因素主要是生理因素，主要是指身体健康状况，及身体器官结构上的缺陷等。动机的冲突，即两个或多个不能并存、难以取舍的动机在抉择前的两难心理状态，也会引起挫折。这在现代社会表现得更明显，而且影响越来越大。

外因是否导致挫折和产生挫折程度，很大程度上取决于人的主观心理素质，特别是人的知识、修养、能力和个性心理品质，以及对挫折的容忍力。

(二)挫折的反应及其作用

人在遭受挫折后会有理智和非理智的反应。

1. 理智反应

在心理学上又称积极进取。有以下三种情形：

(1)反复尝试，达到目标。不气馁，克服困难，采取多种行为或同一行为是其特征。

(2)调整目标。当一种动机和行为经一再尝试仍不能达到成功，为了满足需要，调整目标降低要求，使之达到。

(3)改变目标。当估计原定目标根本不可能达到时，就改变原定目标，设置另一个新目标来代替或补偿，或者说谋求新的需要满足来代替原来的需要。

2. 非理智反应

在心理学上又称消极的适应或防卫。主要有以下五种表现形式：

(1)不安。如失去信心、勇气；情绪不稳定，患得患失；生理上出现心悸、头昏、冒冷汗、胸部紧缩等。

(2)攻击。又称侵犯和对抗。分为直接攻击和间接攻击。直接攻击是指攻击的对象是构成挫折的人或物。间接攻击即把挫折后的愤怒情绪转嫁到自己、当事人或毫不相干的人和物。一般来说，自尊心很强、才能较高、受到挫折较大的人，易于将愤怒情绪直接发泄。而缺乏自信、内向、自卑或悲观的人，容易把矛头指向自己。挫折来源不明或觉察到引起挫折的真正对象不能直接攻击时，便会寻找替罪羊。

(3)固执行为。这包括：①冷漠。无表情，对事物视而不见，无动于衷，失去喜怒哀乐等正常心理反应。②压抑。主观上否认挫折的存在，将挫折的体验或可能引起挫折的动机排除于意识之外。③异常放弃。多次受挫折后，便感到茫然、忧虑，对工作生活失去信心，放弃一些未受挫折的事物，无所作为，甚至放弃生命。④盲目排斥革新，不接受别人的意见建议，故步自封，明知方法无效亦一再重复。因此，要慎用批评和惩罚。

(4)倒退。又称回归。人受挫后，会表现出与自己年龄不相称的幼稚行为，如易受人暗算，盲目相信人，盲目执行他人指示，轻信谣言，不能控制自己的情绪，暴跳如雷，声色俱厉，甚至无理取闹。

(5)妥协。又称合理化。人受挫折后，会产生情绪上的紧张和不安状态，长期下去对身体健康不利，因此要采取某些心理行为措施，减少挫折引起的紧张和不安，这就称妥协。妥协又有几种表现形式：①文饰。以自圆其说来原谅和掩饰自己的失败，或为失败做辩解，以达到自我安慰，解除紧张和不安。②推诿。自己做了错事，推诿给别人，以减轻自己的内疚和焦虑。③投射。个体对不愿意承认的动机，投射他人。例如内心有贪污动机或有过贪污行为的人，常宣传某某人收红包。④反向。指受挫以后，努力压制自己的情绪，做出违背自己意愿和情绪的行为。个体对某些自认为不良的动机或行为，为防止其表现，就常用反向。如过分亲切和屈从背后是憎恶与反抗等。⑤假冒。即表同。指把别人具有的，自己羡慕的品质加到自己身上，假冒自己也具有这些品质，以假冒别人的风格姿态自居。模仿的一般是成功者和崇拜者。⑥逃避。个体不敢面对自己预感的挫折情境，而逃避到较安全的地方。具体趋向是：逃向另一现实，逃向幻想世界，逃向生理疾病。例如，一个特别专情的人失恋后可能酗酒，吃喝嫖赌，做白日梦或大病一场等。

(三)如何应对挫折

挫折是难以避免的客观现实。对付挫折、防止消极影响主要有以下方法：

(1)提高认识水平，正确对待挫折。

(2)改善处理问题的方式，变换视角和出发点。

(3)改换环境，轻装前进。

(4)精神发泄。又称心理治疗法。在限制环境下自由发泄受压抑的非理智的情感，以达心理平衡，及早恢复理智状态。

(5)主动找朋友或陌生人倾吐心声、减轻心理压力等。

(参见附录一中的案例二十二、二十三、二十四)

(http://blog.tianya.cn/blogger/post_show.asp? idWriter=0&Key=0&BlogID=487826&PostID=7845965)

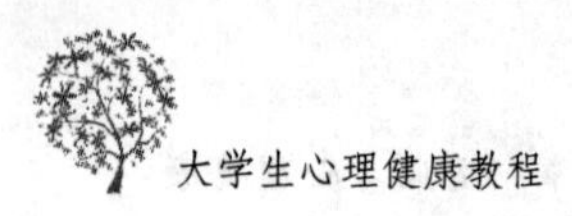

二、提高心理适应能力

心理调适能力是一种潜能存在。就是人们自觉主动地应用心理学原理,通过疏导、支持、解释、启发、教育等手段,解决工作生活中的心理问题或心理障碍,减轻或消除内感不适、焦虑、抑郁、强迫、恐怖等精神症状,改善认知水平,消除不良行为,提高应对危机的技巧,促进人际和谐,回归社会,并通过社会功能和社会适应力,促进人格成熟,矫正心理偏差,恢复心理健康的过程。心理调适能力良好的人,能够做到自觉、能动、有选择地改造和利用环境,使眼前的瞬间过得充实而有意义,即使遇到不快也能很快摆脱。而缺乏心理调适能力的人,要么沉浸于过去的生活难以自拔,要么担心未来生活会遇到不测,整天忧心忡忡,寝食难安,从而破坏了心态平衡,丢失了健康。

(一)心理适应能力提高

心理适应能力提高是一个渐进的过程,要想提高需要注意以下几点:

1. 自我认知与自我调控的统一

自我认知是接受和评估信息的认识过程,是产生应对和处理方法的过程,也是预测和估计结果的过程。通俗地讲,就是认识问题、分析问题、解决问题、预测问题结果的过程。我们知道,人的行为和情绪的产生有赖于对情景所作出的评价,这些评价又受个体道德、信念、假设、人格特征、思维方式和生活经验等因素的影响。当一个人真正了解自己时,也就认识了自己的需要、价值观、态度、动机和情感,认识到自觉内心的冲突,并根据真实自我自觉调控行为,同周围环境达成一致。

2. 角色定位与环境需求的统一

人们在工作和生活中往往以不同的角色存在,比如,工作中的上下级之别,家庭里的老幼之分,既为人妻又为人母,既为人父又为人子。多重角色本身并不构成矛盾,只是在进行角色转换时若不能和环境保持一致,就会产生矛盾。如将家庭矛盾带到工作岗位,或将工作的烦事带回家里,都会不同程度地造成人际关系紧张,家庭矛盾激化。正确的做法应当是:不能马上解决的问题先冷静地放一放,也许换个角度就能迎刃而解,不必当时就针锋相对。人始终离不开生存环境的制约,任何个体的角色定位都取决于所处的社会组织结构。不论面对怎样的环境需求,都要正确地认识自我,调整心态,不过高期望,也不过低评估。

3. 自我疏导与心理健康教育的统一

自我疏导就是自我学习、自我教育,心理健康教育则是向他人学习。“它山之石,可以攻玉。”若能将两者有机结合,便能很好地开阔视野,树立生活的信心和勇气。

(二)缓解压力的方法

经常采用以下缓解压力的方法,有助于提高心理调适能力和维护身心健康:

1. 正确认识法

人的情绪主要根源于自己的信念,即当事者对事件的评价与解释以及对该事件的信念,最终决定了产生什么样的结果。那些乐于接受挑战的人,始终保持积极的心态,心理健康水平就高；而不愿面对困境，回避退缩的人，消极处世，心理健康水平就低。可见，正确的认识方式是提高心理调适能力、重返心理健康的有效途径。

2. 意义寻觅法

这是一种自我寻找和发现生命的意义，树立明确生活目标的心理自助方法。其核心是要学会寻找失落的生活目标和价值，建立明确乐观的人生态度，积极自信地面对和驾驭生活。因为它能直接影响人的精神和情感，进而影响到身心健康，所以对每个渴望身心健康的人来说都是至关重要的，失去它生命将变得没有意义。当一个人懂得为什么而活着时，一切困难都能克服。

3. 心理支持法

这是一个人自觉遏制不符合目标需要的心理状态和行为方式，有意激发和保持为实现目标而进行的探索、筛选、决策、计划等积极的心理状态和行为方式。它可以减少压力荷尔蒙，增强免疫细胞功能，促进人际和谐，赢得身心健康。

4. 合理宣泄法

这是利用或创造某种情境，把压抑的情绪释放出来，以减轻或消除心理压力，避免精神崩溃，更好地适应社会环境的心理治疗方法。当自己感到心情压抑时，一定要尽早地进行调整，不妨找朋友聊聊天，参加一些户外活动，听听音乐，看看电影或暂时离开产生消极情绪的场所。

5. 身心放松法

这种方法是通过机体的主动放松来增强自我控制能力的方法，其核心是环境要安静，身心要平静，在意念的支配下，使情绪、肌肉放轻松，从而到达自我完全放松。瑜伽就是在静与松中将压力得到缓解，使肌肉和精神得到完全放松的方式。

(http://blog.sina.com.cn/s/blog_5b4772050100d0dz.html)

(三)心理平衡要诀

(1)当机立断。悬而未决的事情绝不会自行解决，相反只能让人更多地处于不安状态。

(2)寻找港湾。你需要一间自己的房间以补充新的活动。房间不要堆得太满，四周放些自己喜爱的东西，如一张对你很重要的画，一束香气四溢的花，每天到这里一次。

(3)积极思维。你是自己命运的创造者，推卸责任不仅毫无用处，而且还会削弱自信，必须停止自己是牺牲品的想法。

(4)减少刺激。不需要知道一切，相信已得到自己需要的信息；也不必参加肤浅的谈话，只需对与自己有关和感兴趣的问题发表看法。

(5)每天沉思。沉思能带来力量和心灵的平静，每次至少有10分钟不被打扰，最好是没有任何依靠，背挺直坐着，闭眼，深呼吸。

(6)寻找自信。你是有才能的，只是很少得到欣赏，也可能连自己也低估了自己的长处和才能，但你必须将至少一种能力变为业余爱好，如书法、绘画等。

(7)自我发泄。你有权发火，被压下的怒气往往使人变的抑郁、消沉和听天由命。

(8)享受生活。每天享受一些好的东西，在别人欣赏你的同时你也会越来越自我欣赏。

(9)回归自然。自然能使人获得安慰和解脱。

(10)献出爱心。在对他人做了友爱的举动时,也就是为自己内心的心理平衡做事情。

(http://www.cnpension.net/syylbxpd/bxyx/lzkx/jlgs/2010-11-25/1290625581d1194031.html)

课后练习

谈一谈你对"如何适应大学生活"的看法,并向同学介绍你准备如何规划大学生活。

教学方法与手段

采用多媒体课件教学,及课堂讨论、小组讨论方法。

第六章　人际交往与心理健康

【目的与要求】

1. 了解大学生人际交往的特点和作用；
2. 掌握增进大学生人际关系的技巧；
3. 掌握人际交往心理障碍的调适方法。

第一节　交往与心理

一、交往概述

交往指的是两人或两人以上为了交流信息而相互作用的过程。现实中的交往可以分为宏观交往、微观交往；按交往的规模分，可分为群众性交往与个人交往；按交往途径分，可分为直接交往和间接交往；按交往的主体分，可分为角色交往、非角色交往；按交往的目的分，可分为自由交往(情谊交往)、公务交往(工作性交往)；按交往时间分，可分为长期交往、短期交往；按交往工具分，可分为口头交往、书面交往，等等。

(一)交往概念的含义和界定

心理学上的交往指人与人之间的心理接触或直接沟通，彼此达到一定的认知。

社会学上的交往主要指特意完成的交往行为，通过交往行为发生特定的社会联系。

语言学上的交往主要用来表明信息交流。

哲学上的交往指人所特有的相互往来关系的一种存在方式，即一个人在与其他人的相互联系中的一种存在方式。

(二)交往概念的含义具有层次性

(1)广义的交往。既包括人与自然之间的交往，又包括人与人的社会交往。

(2)次广义的交往。仅仅指人与人的相互作用，包括个人之间的相互作用、社会集团之间的相互作用，以及国家与民族之间的相互作用。

(3)狭义的交往。指与生产相对应的交往，即物质交往。

(4)最狭义的交往。把交往理解为劳动产品的交换。

(三)历史唯物主义的交往

主要包括以下几方面的含义:

(1)交往是人类特有的存在方式和活动方式。

(2)交往属于人与人之间的社会关系。

(3)交往起源于物质生产活动,又不仅仅存在于物质生产活动中,它是以物质交往为基础的全部经济、政治、思想文化交往的总和。

(4)人是交往的主体,交往双方都不仅要承认自己是交往的主体,同时要承认他人也是交往的主体,交往是一种以主客体关系为中介的主体与主体之间的关系。

综合上述交往的含义,我们把“交往”概念界定为:交往是人类特有的存在方式和活动方式,是人与人之间发生社会关系的一种中介,是以物质交往为基础的全部经济、政治、思想文化交往的总和。

(http://ks.cn.yahoo.com/question/2578722.html)

二、人际交往的作用

(一)人际交往和人际关系

人际交往也称人际沟通,指个体通过一定的语言、文字或肢体动作、表情等表达手段将某种信息传递给其他个体的过程。它是思想、情感、态度、信息和学习的交往。交流思想,一个头脑就有了多种思想;分享快乐,快乐就会加倍;分担忧愁,忧愁就会减半。每个人都是一个独特的生命个体,必然知道一些别的个体所不知不会的东西,而善于从每一个人身上学习自己所不知不会的东西,我们才能不断进步。

通常人际交往有赖于以下条件:(1)传送者和接受者双方对交往信息的一致理解。(2)交往过程中有及时的信息反馈。(3)适当的传播通道或传播网络。(4)一定的交往技能和交往愿望。(5)对对方时刻保持尊重。

社会学将人际关系定义为人们在生产或生活活动过程中所建立的一种社会关系。心理学将人际关系定义为人与人在交往中建立的直接的心理上的联系。人与人的交往关系也称为“人际交往”,包括亲属关系、朋友关系、学友(同学)关系、师生关系、雇佣关系、战友关系、同事关系及领导与被领导关系等。人是社会动物,每个个体均有其独特之思想、背景、态度、个性、行为模式及价值观,然而人际关系对每个人的情绪、生活、工作有很大的影响,甚至对组织气氛、组织沟通、组织运作、组织效率及个人与组织之关系均有极大的影响。

(二)人际交往的作用

1. 交往是成就大业的必备素质

朋友群体是一个人社会支持系统的重要组成部分。没有一定的人际关系,没有朋友的帮助、支持、鼓励,要有所成就几乎是不可能的。

美国《幸福》杂志对近千名政界人士和企业的高级管理人才的调查结果显示,在成功的因素中,交往能力的作用占70%,而专业水平仅仅占30%。

2. 交往是人的社会化的主要途径

社会规则的学习,价值观、道德观、人生观的形成,生存能力、生存技巧的掌握,都离不开交往。交往是一个人能够成为正常的社会人的必要条件。

狼孩之所以成为狼孩,而不能成为正常的人孩,正是因为缺乏与人的交往。

3. 交往可以促进青少年自我认同过程的完成

我是谁? 我是什么样的人? 我是否能够有所成就? 等等关于自我的认识问题,常常困惑着青少年,客观、现实的自我认同和自我评价的完成,也离不开交往过程。

4. 交往是一个人心理健康的保证

交往能够消除孤独,释放焦虑,克服胆怯和自卑,有利于多种心理疾病的治愈,是一个人心理健康的重要保证。两个人分担一份痛苦,那就只有半份痛苦;两个人分享一份快乐,则有两份快乐。无话不说的朋友就是你的心理医生。

很多重大暴力事件的肇事者孤独,封闭。绝大多数自杀者性格内向,不善于交往。

5. 广泛的交往使人远离虚幻,贴近现实

想象、猜疑、敏感是孤独者认识世界的方式和特点,他们的内心世界是一个深不可测的洞穴,充塞着恐惧、愤怒、悲伤、压抑和偏激观念。他们常常生活在自己奇特而可怕的内心世界里,不仅自己不愿走出来,而且拒绝任何人进入,他们对外部世界的理解片面且不真实,他们对同事和朋友的了解往往是建立在想象和猜疑的基础之上,他们生活在一个不真实的世界里。

6. 交往能够拓宽生存空间,丰富生命的意义,改变人生轨迹

世界是无限的,而人的内心世界却是渺小的。每个人都有着不同的经历,不同的境遇,因而塑造出了不同的内心世界,再用自己对世界褊狭的理解,去运行自己的生活,追寻自己的生命意义。有的人内心世界是灰暗的,在他们的眼睛里,整个世界缺少光亮;有的人内心世界是封闭的,他们到死都不相信丰富多彩;有的人在经历了一次恐怖事件之后,觉得整个世界充满了恐惧;有的人遭遇过恶人的暗算,对所有人都提防;有的人从未感受到尊严和成功,一再的挫败会使他想到死亡。

一次登山旅游会让一个人的心胸豁然开朗,一次畅怀的谈心能够点亮一个人的心灯,生活方式的偶然改变有可能使生命的意义得到升华。

跳出自我,就能够感受到生活的美好,就能够充实生命的意义。

(http://baike.baidu.com/view/698321.htm)

(http://baike.baidu.com/view/26060.htm)

(http://www.92xinli.com/show/12513.html)

三、大学生人际交往现状

大学生人际交往现状是怎样的? 一般来说,大学生渴求交往,希望能有一个和谐的人际关系,有其深刻的心理背景。大学生正处在青年期的初、中阶段。随着自我意识的迅速发展,大学生们的"自我"形象逐渐清晰起来并越来越为自己所认识。此时,他们既为发现自己的内心世界而激动,又为发现自己的内心世界而不安,甚至会产生孤独感及对孤独的恐惧。于是,他们便产生了对人际交往的向往和渴求。

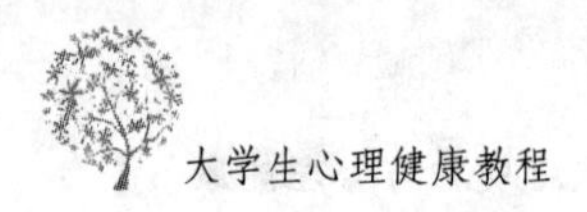

大学生与读中学时相比大不一样了。一般地说，在这个年龄阶段，已经能够较好地认识社会，并能对某些社会事物提出自己的看法，具备了一定的分析问题和解决问题的能力，形成了一定的社会经验。这表明大学生的独立自主意识不断增强，且越来越具有社会性。与此同时，对于大学生来说同龄人的影响变得越来越大，因而越来越需要获得同伴的认可、接受、尊重和信任。这也是大学生向往和渴求人际交往的一个很重要的原因。对于刚步入大学的新生来说，对人际交往的向往和渴求就更加迫切。从中学升入大学，离开了家乡，离开了父母，离开了中学时代的好朋友，他们难免会产生孤独感、寂寞感和恋旧感。这个时候，他们最希望得到的是友谊，最想说的一句话是"理解万岁"。因为朋友之间的相互关心、帮助和信赖，有助于新同学尽快地熟悉生活环境，减轻心理上的不适感，获得生活上的安全感。

对于高年级大学生来说，他们对人际交往的向往和渴求则是出于另外一种需要。面临着毕业，走向社会，他们更多地想到的是将来如何适应纷繁复杂的社会，如何处理纷繁复杂的人际关系，并为此心中常常生起惆怅和不安。他们明白，重视人际交往，掌握交往技巧，积累交往经验，不仅是大学生现实生活的需要，也是大学生成功地走向社会的需要。在这种心理背景下，高年级的大学生对交往的向往和渴求更加自觉，层次也更高。特别值得指出的是，随着性心理的发展，大学生对异性交往的向往和渴求比中学时期要迫切得多，由此而产生的烦恼和困惑也比中学生要多得多。

同时，他们正处在一个大变革的社会，处在一个科学技术飞速发展的时代，人际交往已经成为人们社会生活的重要内容。一方面，由于人与人之间的分工与协作的范围越来越广，科学领域也呈现出既高度分化又高度综合的发展趋势，使得人们的工作、学习和生活与他人的交往越来越多；另一方面，社会生产率和人民生活水平的提高，又使人们可供自由支配的时间逐渐增多，人们的交往需要也随之不断增加。大学生作为感受时代信息最敏感的一个社会群体，他们对人际交往的向往和渴求不可能与这种社会大背景无关。

四、大学生人际交往的特点

由于社会的、学校的以及学生自身的特点，大学生人际交往形成了以下几个方面的特点：

第一，时代性。社会总是不断向前发展的，而不断向前发展的社会必然会给大学生的人际交往注入新的内容和要求，为大学生的人际关系打上深深的时代印记。20 世纪五六十年代，我国大学生的人际关系较多地表现为"同一战壕的战友"，而今，改革开放为大学生的人际交往开拓了一片崭新天地。比如，现在的大学生在人际交往中既注重平等互助，又注重友好竞争，希望在竞争中表现自己，发展自己。

第二，广泛性。高等学校以教育活动为基本活动，这种教育活动具有多学科、多层次的内部结构，具有先进的信息环境和知识密集、人才密集、生活区密集等特点。这些环境特点导致了大学生人际交往内容的广泛性：交流思想，探讨人生，研究学习，传递信息，开发智力等。而且，与中学不同的是，师生之间、同学之间朝夕相处，接触机会多，相互依赖和相互帮助多，情谊也比较亲密和持久。

第三，自主性。由于大学生一般知识面较宽，兴趣较广泛，自我意识明显增强，社会经验也不断增多，这使得他们在人际交往中开始凭自己的观点、个性、情趣、爱好来为人处世，自由地选择交往对象和交往方式，自主地开展交往活动，按照自己的意愿去建立人际关系。这种自主性主要表现在大学生的交往观念比较开放，在交往方式上喜欢标新立异，在交往范围上不局限于自己生活的小圈子。值得注意的是，大学生人际交往的自主性，往往会导致他们交往关系的开放性、多彩性和多变性。

第四，发展的不平衡性。这种发展的不平衡性，是由大学生自身素质的差异决定的。大学生人际交往大致分为三种情况：其一，人缘型。这类学生与人交往积极主动，交际面较广，大约占20%。其二，孤僻型。这类学生平日沉默寡言，不善交往，在人际冲突中自我调节能力差，大约占3%。其三，中间型。这类学生占大多数，其特点是处于前两类之间，一般表现不突出，人际交往范围较窄，行为上随大流，不爱显露头角。

（参见附录一中的案例四、十、十一、十二、十三、十四）

（http://www.cnpsy.net/ReadNews.asp? NewsID=7988）

第二节　增进大学生人际关系的技巧

一、影响人际交往的基本因素

（一）以自我为中心

一切都要服从自己的意志，只关心个人的需要，强调自己的感受。任何场合都把自己作为中心，高兴时海阔天空、手舞足蹈讲个痛快，不高兴时则不分场合地乱发脾气，全然不顾及别人的情绪和感受。这样的性格缺陷是不可能让人喜欢的，这样的人也一定不会有良好的人际关系。

（二）狭隘嫉妒

嫉妒是对别人的成就感到不快的一种心理感受。不管承认不承认，每个人或多或少都存在这样的心理。不同的是有的人因嫉妒而积极进取，鞭策自己迎头赶上；而有的人却因为嫉妒，对自己感到消极悲观，失落逃避，对别人则忌恨仇视，诋毁中伤。后者是狭隘的嫉妒心理。正如黑格尔所说："有忌妒心的人自己不能完成伟大事业，便尽量去低估他人的伟大，贬低他人的伟大使之与他本人相齐。"这样的人只能让别人讨厌，敬而远之。两个同时到一个公司上班的姑娘，一个性格温和，长相普通，而另外一个漂亮迷人，热情活泼。刚开始时，大家的目光都围着漂亮的姑娘转，人们好像忘了还有另外一个。但漂亮的姑娘心胸狭隘，她从不为别人的成就祝贺，反而出言不逊，在她眼里，别人的成就都是运气而已。而性格温和的姑娘，总是在别人困难的时候，无私地帮助别人，在别人成功时，又送上自己的祝福。这样时间一长，周围的人当然愿意与这个温和的姑娘亲近，而不愿与漂亮的姑娘交朋友。不懂得尊重别人成就的人，其实也不值得别人的尊重。

（三）敏感多疑

一个敏感多疑的人在人际交往中总是"以己之心，度他人之腹"。常常会根据自己有某种不好的想法而认定他人也有同样的想法。他们总是先在主观上设定他人对自己不满，然后在生活中寻找证据，把无中生有的事实强加于人，甚至把别人的善意曲解为恶意。

(四)过分自卑

适当的谦卑，给人以谦虚的感觉，有其积极的一面。但过分的自卑不仅有损于自信，还给人以虚伪的印象。自卑者常常感到自己不如别人，总是担心别人看不起自己。实际上首先是他们自己看不起自己。

(五)干扰他人

像需要一个生活空间一样，我们也需要有一个不受侵犯的个人心理空间。再亲密的朋友，也有个人的内心隐私，有一个不愿向他人坦露的内心世界。有的人在相处中，偏偏喜欢询问、打听、传播他人的私事。这种人热衷于探听别人的隐私，并不一定有什么实际目的，仅仅是以刺探别人隐私而沾沾自喜的低层次的心理满足而已，但这在客观上干扰了别人的生活。

(六)胆小羞怯

胆小羞怯是绝大多数人或多或少存在的一种心理。这种心理使人在交际场所或大庭广众之下，羞于启齿或害怕见人，说话结结巴巴，手足失措。一般的人际交往并不需要多少技能，胆小害羞者总是以为自己人际交往能力很差，但实际情况并非如此，他们完全知道应该怎样与人交往，只是缺乏实际的人际交往锻炼。只要他们不逃避，勇于实践就一定能克服胆小害羞的心理。

另一方面，那些胆小害羞者常常过分严重地看待自己的弱点。过分追求完美和过分自卑是他们的基本心理特征。

(七)敌视仇恨

敌视和仇恨是交际中比较严重的有害因素。这种人总是以仇视的目光对待别人。这种心理或许来自童年时期的家庭环境，由于受到虐待从而使他产生别人仇视我、我仇视一切人的心理。对不如自己的人以不宽容表示敌视，对比自己厉害的人用敢怒不敢言的方式表示敌视，对处境与己类似的人则用攻击、中伤的方式表示敌视，使周围的人随时有遭受其伤害的危险，而不愿与之往来。

敌视和仇恨是一把双刃剑，它们使自己受的伤害比别人要大得多。

(八)斤斤计较，过于吝啬

这种人过于刻板认真，精于算计，害怕吃亏。有时他们主观上并不想占别人的便宜，但客观上他们的记忆好像具有选择性，总是把自己对别人的好处牢牢记在心里，而把别人对自己的帮助置于脑后，但决不允许别人占他们的便宜。这样的人给人的印象是自私、吝啬，难以深交。

（九）情绪不稳，缺乏自控

每个人都会遇到一些不顺心的事，大多数人都能比较好地控制自己的情绪，一般不会有太大的波动。但有的人情绪波动很大，缺乏自控能力，刚才还是晴空万里，一会儿就阴云密布，说翻脸就翻脸，并且一发脾气就失去理智，恶语伤人，甚至打人毁物。这样的人很难与别人建立稳定的人际关系。

（十）喜欢抱怨，不负责任

这种人总以为自己比别人聪明，成天抱怨别人这没做好，那没做好，喜欢扮演事后诸葛亮的角色。对什么事都喜欢指手画脚，但从来不愿意负责任。如果别人把事情做好了，他就会出来自我吹嘘一番；要是别人按他的主意把事情做坏了，他就赶紧逃跑，溜之大吉。这种人虽然很能与人交往，但很难赢得别人的尊重。

（十一）谎话连篇，缺乏诚信

谎言是人际交往之大忌，缺乏诚信的人永远不会有知心朋友。诚信既是一个道德问题，也是一个心理问题。俗话说，一句谎言需要十句谎言来掩饰。谎话说得越多，需要掩饰的东西也越多，心理压力也越大。

与西方强调个性发展的文化相比，我们的文化更加注重集体的利益，人际关系问题显得尤为重要。因此有些人热衷于学习所谓的社交技巧，以为只要掌握足够多的技巧，就可以不得罪任何人。其实，在现实生活中要想建立起良好的人际关系，真诚、宽容和友爱比所有的社交技巧都重要得多，这是最高境界的社交技巧。

在大学生中，阻碍人际交往进程的问题大概表现在以下几个方面：

(1)交往不文明，待人不礼貌。骂人，欺负同学；不自觉遵守纪律；不尊重父母等。这些不文明的行为及表现引起同学们的反感，损害了自己在集体中的形象。

(2)性格障碍。指学生在交往中为了保护自尊心不受损害而采取的退缩或自负态度，过低或过高地看待自己，从而形成交往障碍。

(3)情绪障碍。这种障碍往往是学生在社会交往中由于性格及本身多方面的原因而造成的社会恐惧心理，或是学生在交往中带着暴躁、对立的情绪而形成交往障碍。

(4)行为障碍。有些学生因先天条件差或后天某些原因形成了行为上、举止上、语言上的障碍，从而影响了交往的正常进行。久而久之，形成交往障碍。

(5)认知障碍。指学生在交往中不能客观地认识问题，对自己扮演的角色缺乏认识。

学生在人际交往中存在障碍的主要原因学生在人际交往中的心理障碍，既受家庭、环境影响，也涉及学校教育、学生自身认识能力和行为发展水平等因素。一旦某一因素出现了偏差，就有可能影响学生心理的平衡，抑制其心理的健康发展。

(http://blog.sina.com.cn/s/blog_69dbe6e60100mjv3.html)

(http://hi.baidu.com/govt/blog/item/0cf08c51188a5f2442a75bd6.html)

(http://mall.cnki.net/magazine/article/CAIZ200804074.htm)

二、人际交往的技巧

(一)交谈的技巧

一次成功的交谈不仅取决于交谈的内容,而更多的是取决于交谈者的神态、语气和动作等。同样的一句话,用不同的语调说出会有不同的效果。所以,我们在交谈的时候要表示自己的友善之心,不要盛气凌人。同时,不要没完没了地说个不停,应给别人说话的机会。不能随便打断别人的谈话,忽视别人的感觉。

(二)聆听的技巧

聆听也是一门艺术。聆听需要我们耐心地倾听,同时要作出适当的反应。这时应当注意集中精神,表情自然,经常与对方交流目光,适当地用嘉许的点头或微笑来表示你很乐意倾听。这样,别人才更有信心继续讲下去。如有疑问,我们也可以提出一些富有启发性的问题,这样,对方会感到你对他的话很重视。

(三)"3A"法则

美国学者布吉林教授等人,曾经提出一条在人际交往中成为受欢迎的"3A"法则:接受(accept)对方,重视(appreciate)对方,赞美(admire)对方。

大学生中普遍存在的人际交往与人际需要的矛盾,可以采取一些措施或方法来缓解或解除这些问题,从而使自己客观地看待自己,培养和增进接纳自己的意识,懂得完善自己是建立良好人际关系的基础,从而完善自己的大学生活。

归纳起来,要建立良好的人际关系,特别是大学生人际关系主要有以下方法策略:

(1)谦虚谨慎,摆正位置。要做到这一点的关键是正确认识自己的过去,忘记过去的辉煌或阴影,把大学生活作为一个新的起点,平静地看待周围的人和事,保持一种平和而理智的心态,谦虚待人。不用太在意一些事情,放飞心情,会活得更洒脱些。

(2)平等相待,真诚相处。大学生的性格特点决定了他们人际交往的基础只能是人格平等,以诚相待。大学生之间存在差别,但他们在交往中却都刻意追求平等,强者不愿被迎合,弱者不愿被鄙视。因此,在学习生活工作特别是困难面前,要互帮互助。"善大,莫过于诚。"热诚的赞许与诚恳的批评,都能使彼此间愿意了解、信任、倾诉、交心。

(3)主动开放。每个人所隐藏的内心世界,正是别人希望发现的奥秘。一般来说只有暴露了自己的内心,才能走进别人的心里。当你对别人做出一个友好的行动,表示支持或接纳时,他就会产生一种心理压力,为保持自己的心理平衡,他便会对你报以相应的友好行为。善于与人交谈,能恰当分配时间与人交往,参加集体活动,一起娱乐,往往会取得思想上的沟通、感情上的融洽。

(4)心理互换与相容。生活中常常由于种种原因而导致不能很好地理解别人。但当你站在别人的位置看问题时,就会了解别人的所言所行,获得许多从未有过的理解,便会觉得心理上的距离缩短了。另一方面,每个人都有保留自己意见和按照自己意愿去生活的权利,彼此只能用自己的思想去影响别人,而不可能强制改变别人。如果时时处处尊重和理解别人的选择，不过高要求别人，就可以减少误解，达到心理相容。不要总是斤斤计较些什么，这样只能让自己活得更加辛苦，达不到交流的目的。

(5)合作协助，友好竞争。生活在相同的环境中，彼此间的合作不可避免。你应该在别人午睡时，尽量放轻动作；自己听音乐时戴上耳塞；有同舍室友亲友来访，热情接待。“勿以善小而不为。”当你设身处地地为别人着想时，彼此合作的契机便已来临。在与他人的竞争中，倡导“公平公开，既竞争又以诚相助，既竞争又合作”。

如果你能努力朝这些方向前进，你就会发现，一切正在悄然改变：朋友之间的不快荡然无存，能够畅言的知音越来越多，亲友间深挚互爱。你便会过得充实愉快，会觉得人际交往是一件自然与轻松的事，从而对学习生活持以乐观的态度，对度过完美的大学生活以及以后的人生充满信心。

(http://baike.baidu.com/view/698321.htm)

(http://www.mz16.cn/jb2//63499.html)

课后练习

描述一次发生在你身上或身边人身上的人际冲突事件。你现在怎么分析这件事？你认为这件事更好的解决方法是怎样的？

教学方法与手段

采用多媒体课件教学，及课堂讨论、小组讨论方法。

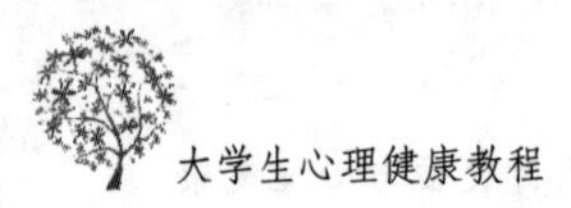

第七章　学习心理与心理健康

【目的与要求】

1. 了解大学生学习心理的特点；
2. 掌握科学用脑的方法；
3. 掌握适合自己的学习技巧。

第一节　大学生学习心理特点

大学生的学习与中学生和成人的学习相比较，除具有一些共同的特点外，还具有自己的特点。

一、学习的较高层次和专业定向性(智力发展高峰)

我国大学生的学习具有较高层次的职业定向，即要求他们通过高等学校的学习，将来走上工作岗位后，成为各种高级专门人才的后备军。因此，大学生学习与中学生学习明显不同的一点是，中学是基础教育阶段，中学生是不区分专业的，学生主要是按年级划分的，各年级开设的主要课程基本相同；而大学是专业教育阶段，学生首先是按专业划分的，大学生在入校前或入校后一段时间内必须根据自己的兴趣、爱好及特点等选择专业。专业一经确定，也就基本明确了今后的职业定向。各专业之间的课程设计、教学内容以及培养目标上存在较大差异。各专业的课程设置将影响大学生的知识结构和智力结构，影响他们将投入实际工作的适应性。

二、学习具有较大的主观能动性(主导学习动机)

大学生的学习以自学为主，课堂教学为辅，使他们的学习具有更大的自主性。首先，有更多的自由支配时间。一般大学生除上课外，约有40%左右的时间可用于自由支配。在自由支配时间内，大学生要阅读各种参考书和文献，扩大并补充在课堂上所学的知识，或听自己喜欢的选修课等。其次，学习内容有较大的选择性。除了公共必修课和基础课之外，大学生对于学校所开设的选修课，可以根据自己的需要、兴趣、特长等选择，有选择自主权。

三、学习目标选择的多样性(自我调控能力)

每个大学生在进入大学后的一定时间内，都会自觉或不自觉地根据自己的兴趣、发展方向、对老师的感情等诸多因素和条件来确定自己学习所要达到的目标。比如，有“学痴”一类的，以高分为目标，考第一名，体现自我价值；又如现在流行的“考研帮”，把目标放在考研的课程上，英话、政治、专业课自然是他们重点关注的课程；还有诸如考公务员、实践型之类等。

四、学习形式的多样性

课堂教学虽然还是大学生学习的主要途径，但已不像中学生那样几乎是唯一的途径了，大学学习已不再是单纯的教与学、讲与背、堆积如山的课后作业了。大学教师通过开展各种形式的讲授，充分调动学生学习的积极性和主动性，如课堂讨论、精彩的辩论赛、写论文、做实验等各种方式的活动等。考试也逐渐向口试、论文、开卷、实践操作等方向过渡。除了校内查资料、协助教师科研工作、听各种学术讲座和报告、参加学生会工作等学习形式外，走出校门的社会调查及咨询服务等也都是大学生学习的重要途径。

五、学习具有研究和探索的性质(探索性)

大学生的学习具有研究和探索的性质，这不仅表现在他们完成毕业论文(设计)，参加学术报告会、讨论会和学会活动上，还表现在所学课程上。大学生已逐步养成良好的科研习惯，有的还参与了教师的科研项目，或独自进行了一些科研，取得了一定的科研成果。

(http://www.bamaol.com/html/BMZXPJG/BMZXSXLFDXZJLY/DSXL/153520113271671O218.shtm)

第二节　学习态度问题及其调适

一、缺乏学习动机及其调适

(一)表现

学习动机缺乏主要表现在以下几个方面：

(1)缺乏学习动力，没有求知欲望，不愿意上课，学习没有目的；

(2)缺乏正确的学习方法；

(3)缺乏学习的自信心；

(4)情绪出现问题。

当然一个学生缺乏学习动机时他的表现远不止这四种，只要仔细观察就会发现他的一些异常表现。如个别学生不是过着紧张有序的生活，在学生群体中如同一个局外人，这种状况如果任其发展下去，不但学业无法完成，也很容易让其心理沿着不健康的轨道发展下去。

(参见附录一中的案例六、七、八、九、二十九)

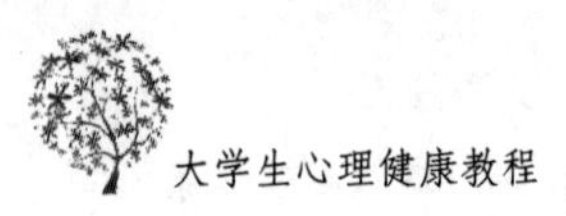

(二)调适

强化学生的学习动机;培养学习兴趣;端正学习态度;改善学习的外部条件,创造良好的学习氛围;积极和学习好的同学交流学习方法等。

(http://xgb.cust.edu.cn/webBlog/AppEntrance/xfbyBlog/index0.asp?uId=84&oId=1&cId=1&tId=1&iId=2205)

二、缺乏自信及其调适

(一)缺乏自信原因

缺乏自信即产生自卑的原因无非两个方面:一是自己的自身条件可能不如别人,如相貌、身材、衣着、家庭环境,甚至自身存有某些生理缺陷等;或者对自己的所作所为不满意,一件事情没有做好,甚至一句话没有说好,总在心里反反复复埋怨自己。自卑是一个人成长和成功的大敌,是通向失败而不是成功的第一步。

自信作为一种积极的心理状态,意味着自我肯定和自我接受。海伦·H.克林纳德这样解释自我接受:"不是因为我的所作所为,只是因为我的存在,我把自己视为一个有价值的人,我接受我自己;自我接受还意味着接受那些能改变自己,使自己更接近所希望的更高境界的所有潜力。"

我们说,只有一个在心理上能够接受自己的人,才会在工作和生活中不会因为自己的某些缺陷或弱点而怀疑自己,厌恶自己,相反会充满信心地去面对社会与人生。因此,接受自己的优点,也接受自己的不足,这就是自我接受,这就是自信,只有在这个基础上才有能力去创造一个更加完美的自我。

(二)调适

既然自信对我们每一个人的一生都是非常重要的,那么我们应如何克服自卑感,树立自信心呢?

首先,试着换一个角度看自己。一件事物、一个问题的正确与错误、简单与复杂,在有些情况下与我们思维的角度是有直接关系的。一个总觉得自己不如别人的人,也许换一个角度重新去比较,会发现过去觉得不如别人的地方恰恰是自己的长处和优势。比如,某人的个子比较矮,但人的志向与个子的高矮不是成正比的。因此,与其为自己的个子苦恼,不如从现在起开始努力让自己成为意志和精神上的巨人。换一个角度看自己,也就是客观地、全面地看自己的长处和短处、优点和缺点。其实,充满自信的人也不是什么都比别人强,他们中不乏个子矮者,不乏貌丑的,不乏父母无权无势的,可他们却不为这些苦恼,甚至愤愤不平,相反他们总是乐观地面对自己,面对他人。因此,一个人对自己的评价,关键在于你自己。要学会发现自己的优势,换一个角度重新评价自己是行之有效的。

其次,学会与别人同忧愁,共欢乐。自卑往往与嫉妒是紧密相随的。一个有自卑感的人常常会因为觉得自己不如别人,而产生心理上和精神上的不快,会产生一种强烈的要战胜那些比自己优越的人的冲动,并为此给自己订立近乎苛刻的标准。结果往往适得其反,不仅没有实现高标准，战胜那些比自己优越的人，反而自我挫败，陷入更深的自卑之中。其实，克服自卑感最简单的方法是学会与别人同忧愁，共欢乐。当别人高兴的时候，去真诚的祝福他，并分享他的快乐；当看到别人某一点比自己强的时候，由衷地去称赞他；当别人伤心的时候，及时去安慰并帮助他。这样做的结果恰恰会得到而不是失去，即得到别人对你的认同、接受。当别人接受并欢迎你的时候，你内心的孤独与自卑就会减少，你就会感到自己存在的意义和价值。

最后，从“说话”和“走路”做起，进行自我训练。谈话是交往所必需的最常见的手段之一，也是让别人了解自己最直接、最常见的一种形式。如果在和别人交谈时吞吞吐吐，犹犹豫豫，甚至过分谦虚，就会很容易让别人感受到你内心的那一份不自信。因此，学着从谈话开始改变自己，让语气充满自尊，充满自豪，充满自信非常重要。另外，走路的神态也往往体现出一个人的心理情绪。一个人低着头驼着背走路，会让人感到他内心的怯懦与重负。如何在走路上体现自信心呢？最简单的就是挺胸抬头，目光炯炯。低着头走路，可以省去和别人打招呼，省去面对别人的目光，以免暴露自己内心的怯弱。其实，这只能维系一种虚假的安全感。从现在开始，抬起头来做人，即可迈出你人生自信的第一步。

总之，克服自卑感，树立自信心是一个过程。这个过程既是要改变自己的行为，又是要改变自己的人格。一旦改变了过去的你，也就改变了未来的你。

（参见附录一中的案例五）

（http://hi.baidu.com/468047541/blog/item/8ab4df76a0cab916b151b 945.html）

三、意志薄弱及其调适

（一）表现

不能按时完成当天的作业，在学习中碰到困难时，或者垂头丧气，或者一蹶不振，不能为之而刻苦努力。上课不能集中注意力，不是走神，就是做小动作或是睡大觉。认为自己读书不是那块料，不愿意多看书，多钻研，一拿起书本头就疼。不能够很好地利用时间，一会学习，一会干别的事，结果一事无成。经常立志，经常下决心，但是到情绪不好时，或是遇到挫折时，则又灰心失望，什么也不愿意学。

（http://www.ahtvu.ah.cn/jxcl/xqyzh/xjhsh/xuexi/300506.htm）

（二）调适

(1)树立远大志向。坚强意志的前提是有志。只有树立远大的志向，才能激发火一般的热情，充分发挥自己的能动性，冲破重重阻力和障碍，为实现自己的志向而奋斗。

(2)在意志调适工作中，学习相应的有关意志的知识也是非常重要的。前苏联教育学家谢利凡诺夫对此曾说过：“给学生揭示关于意志的概念，指出苏维埃人崇高的意志品质，使学生相信培养这些品质的必要性，向他们说明自己独立工作的方法和方式，培养他们发展意志的愿望和对这一工作胜利的信心。”

(3)要从小事做起。千里之行，始于足下。坚强的意志不可能形成于一旦，是在日常学习、工作和实践中逐步培养起来的。应当帮助学生把远大的志向与日常学习、工作和生活联系起来，从小事做起，把完成每一项学习、工作任务都视为向远大目标迈进了一步，把克服生活中的每一个困难当成磨炼意志的考验。总之，坚持在日常学习、工作和生活中磨炼自己的坚强意志。

(4)坚持体育锻炼。坚持体育锻炼对学生意志的调适也有极为重要的意义。这是因为，首先，坚持本身就是坚强意志的重要组成部分。许多体育锻炼“三天打鱼，两天晒网”或半途而废的人，归根到底就是缺少“坚持”。从这个意义上来说，学生什么时候真正坚持体育锻炼了，他的意志也就坚强了。其次，体育运动是一种磨炼意志、锻炼意志的有效形式，体育活动更需要有意志力的配合和参与。

(5)注意因人而异。由于意志品质是意志在不同人身上的具体表现，具有个别差异，因此，对意志品质不同的学生，要采取不同的教育方式和方法。例如，对于行动中常表现出盲目性和独断性的学生，应当加强自觉性教育；对于行动中常优柔寡断和草率的学生，要培养他们果断的品质；对于见异思迁、虎头蛇尾、缺乏毅力的学生，要培养他们坚韧的品质；对于任性、怯懦的学生，要培养他们的自制力。

(6)进行自我教育。意志的自我教育主要由以下三个密切联系的环节组成：一是自我提醒，二是自我约束，三是自我反省。为此，针对意志弱点，选择相关的名言警句，作为他的座右铭，用以提醒和勉励；定一些规则，要求他约束自己；让他利用写日记的方式，每天记下自己的进步，经常反省自己意志的优缺点，并扬长避短。

(http://school.jnedu.net.cn/HTMLNEWS/36/7117/2009122910443 8.htm)

第三节　学习技巧问题及其调适

一、学习方法不当及其调适

(一)表现

1. 学习无计划

“凡事预则立，不预则废。”学习计划是实现学习目标的保证。但有些学生对自己的学习毫无计划，整天忙于被动应付作业和考试，缺乏主动的安排。因此，看什么、做什么、学什么都心中无数。他们总是考虑“老师要我做什么”而不是“我要做什么”。

2. 不会科学利用时间

时间对每个人都是公平的。有的学生能在有限的时间内，把自己的学习、生活安排得从从容容。而有的学生虽然忙忙碌碌，经常加班加点，但忙不到点子上，实际效果不佳。有的学生不善于挤时间，他们经常抱怨：“每天上课、回家、吃饭、做作业、睡觉，哪还有多余的时间供自己安排?”还有的学生平时松松垮垮，临到考试手忙脚乱。这些现象都是不会科学利用时间的反映。

3. 不求甚解，死记硬背

死记硬背指不假思索地重复，多次重复直到大脑中留下印象为止。它不需要理解，不讲究记忆方法和技巧，是最低形式的学习。它常常使记忆内容相互混淆，而且不能长久记忆。当学习内容没有条理，或学生不愿意花时间去分析学习内容的条理和意义时，学生往往会采用死记硬背的方法。依赖这种方法的学生会说："谢天谢地，考试总算结束了。现在我可以把那些东西忘得一干二净了。"

4. 不能形成知识结构

知识结构是知识体系在学生头脑中的内化反映，也就是知识经过学生输入、加工、储存过程而在头脑中形成的有序的组织状态。构建一定的知识结构在学习中是很重要的。如果没有合理的知识结构，再多的知识也只能成为一盘散沙，无法发挥出它们应有的功效。有的学生单元测验成绩很好，可一到综合考试就不行了，其原因也往往在于他们没有掌握知识间的联系，没有形成相应的知识结构。这种学生对所学内容与学科之间，对各章节之间不及时总结归纳整理，致使知识基本上处于"游离状态"。这种零散的知识很容易遗忘，也很容易张冠李戴。

(http://js.istudy.com.cn/information/XueXiFangFa/Information-V17668.html)

（二）调适

(1)根据个性特点来选择学习方法。每个人都有自己独特的个性，个性不同，则学习方法亦应不同。例如，对性格外向的同学来说，他们活泼好动，注意力转移快，思维敏捷，反应迅速，但坚持性差。因此，就不必强迫自己整天埋头复习，应用"交替学习法"，不断交换大脑优势兴奋中心，该玩时就玩得痛快淋漓，该学时就"两耳不闻窗外事"，必要时就用意志来约束自己。而内向型的同学则沉着稳重，感知事物细腻，思考问题有深度，学习认真能持久，但思路不宽，领会知识速度慢。这就应在发挥自己优势的同时，培养自己的发散性思维，开阔视野，拓宽思路，多与同学交流讨论。

(2)根据思维的状态来选择学习方法。人的思维状态在一天之中是有变化的，这些变化受时间、环境和情绪的影响，我们应根据变化特点，采取不同的学习方法。思维进入最佳学习状态时，就把最重要的功课或难题放在这个时间去复习、思考、背诵等。思维处在低潮时，可浏览、整理笔记，练习绘画等。

(3)根据记忆特点来选择学习方法。记忆方法是多种多样的，或是机械记忆法，或是形象记忆法，或是理解记忆法，但不管哪种方法，不管记忆采用什么形式，只要能记得牢，效果好，就要加以利用。但是，如果记忆效果不佳，就应忍痛割爱，另择良法。

(4)根据不同学科来选择学习方法。各门学科都有其独特的规律，都有其基本的学科结构，因此在学习时，要掌握各门学科的基本知识结构，各个结构又有些什么内容，怎样把它们联系起来。总之，方法的选择要因学科而异。

(5)根据学习的目的性来选择学习方法。如果学习是为了迎接考试，就应偏重于反复学习，背诵记忆；若学习是为了写作，则应注意记阅读笔记，研究作品的写作技巧。学习目的不同，就要采用不同的方法。

(6)根据学期的阶段性来选择学习方法。在教学秩序正常情况下，每个学期都有三个阶段：开学、期中、期末阶段。不同的阶段有不同的学习要求、课程进展和难易程度，知识的深浅和多寡不一样。因此，在不同阶段，学习方法应有所不同。开学阶段专业知识积累少，有较多的空余时间，可用来发展业余爱好，搞好课外阅读；期中阶段，应对半学期来所

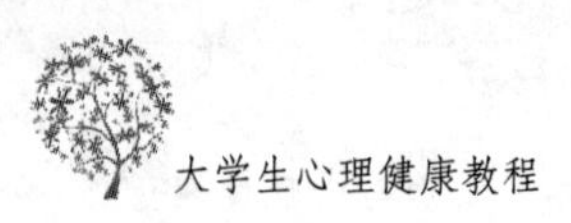

学知识来一次复习巩固，以迎接期中考试，业余爱好则应有所限制；期末有大考，应全力以赴抓复习，但又要注意调节。在各个阶段的学习中，应分清主次，做到层次分明，力有所使，发挥出最佳效果。

(7)根据老师的讲课特点来选择学习方法。在课堂教学中，老师的授课方式、课堂设计都带有个人特色。有些老师滔滔不绝，满堂讲解；有些老师启发引导，重实际训练；有的老师声高语快，有的老师调低语慢。我们不能顺其自然，听个热闹，而是要跟上老师的思维，动脑筋听，既要理解知识，又注意领会老师讲课的思想方法和处理问题的能力，还应根据课堂实际，发挥主观能动性。该听时集中注意力，该记时则要及时记笔记，该划重点时随手划上，该思考时开动脑筋，该讨论时积极发言。

(参见附录二中的案例十七、十八、十九、二十一、二十二、二十三)

(http://blog. tianya. cn/blogger/post _ read. asp? BlogID = 3430925& PostID = 40799577)

二、记忆力减退及其调适

(一)表现

遇事善忘，精神倦怠，四肢无力，心悸失眠，纳呆气短。记忆力衰退会给工作生活带来不便，造成工作效率低下。

(二)调适

(1)让自己心情保持愉悦，多闻闻花香，到景色优美的地方散散步，唱唱歌。

(2)玩思维游戏，有意识地锻炼自己的记忆力。

(3)左右水平转动眼睛 30 秒。

(4)提前冥想有助于让人聚精会神。注意力是记忆的大门，在安静的房间里，坐在或躺在地板上，双手放在胃部，深呼吸，专注于这一份沉静，每天冥想至少 10 分钟。

(5)保证好的睡眠。睡眠好，会让你精神抖擞，精力充沛。

(6)无论何事，都别忘了回头看。对记忆的东西，反复复习，尤其是要记住的重要东西。

(7)每周 3 次，每次至少 30 分钟运动。哥伦比亚大学科学家的一项新研究显示，锻炼可增进大脑区域一种神经细胞的生长，这种细胞和防止记忆缺失密切相关。专家认为，从事任何有氧锻炼或者强化力量的训练都不错。

(参见附录二中的案例二十四)

(http://www.120ask.com/jiaolv/22/22948118.htm)

三、注意力涣散及其调适

(一)表现

课堂听讲时人在心不在，一堂课下来不知道讲的是什么；读书学习时经常分心走神，看了半天书脑子里仍是一片空白。这些都是注意力不集中的表现。心理宁静放松而又能将精力专注于工作学习是获得成功的重要心理因素。

(二)原因

了解注意力涣散产生的原因可以帮助我们有意识地、主动地进行注意力自我控制训练。

(1)学习动机不强。具有良好的学习自觉性、对学习具有浓厚兴趣和对学习采取积极主动态度,往往较易控制注意力,能够专心致志,并在学习过程中表现出良好的注意稳定性和紧张性。如果缺乏强烈的学习动机,没有学习兴趣和欲望,或认不清学习的意义,就会对学习产生厌烦,也就不可能专心致志地学习。

(2)个体情绪因素。情绪因素是影响注意集中的突出因素。当我们心情沉闷、心绪烦乱的时候,自然是很难集中注意力的。再者,如果我们对某门学科、某位老师特别喜欢,每次一到学习这个科目或这位老师上课的时候都会让我们感到心情愉快,这个时候自然就会集中注意力去认真学习了。由此可见,学习时若能和愉快的事联系起来,那么注意力就很容易集中了。

(3)个体生理状况。一般来说,身体健康和精力充沛的人,往往容易保持稳定的注意力。人在病中或非常疲倦的情况下,注意力常常是很难集中的。此外,过分紧张地加强注意往往导致过度疲劳,反而影响注意力,这在临考复习期间的学生身上很容易看到。只有合理地处理好学习过程中的疲倦问题,才能最终具备较高的注意力。

(4)环境因素影响。外界环境的干扰也是致使注意力分散的因素。如不规则的响声、刺耳的噪音、嘈杂的人声等,都会使人感到烦躁,而人对这些烦躁的东西又无可奈何,于是注意力很难集中于应该注意的事情。

(参见附录二中的案例二十七、二十八、二十九)

(三)调适

(1)利用目标明确化集中注意力。心理学告诉我们,人对客观事物的态度是非常重要的。如果一个人对注意的对象感兴趣又有明确的目的任务,他就会善于约束自己,排除各种内外干扰,采取积极的态度,取得好的成绩。有人曾生动地比喻:“注意是一把记忆的钢刀,它愈是锐利,留下的痕迹也就愈深。”因此,无论是学习什么内容或上什么课,对其目的意义理解越透彻,对掌握它的重要性与必要性认识得越深刻,在学习的时候注意力就会高度集中。

(2)用期限效果集中注意力。一个人长期面对同样的刺激,比如长时间看书、听长篇报告等,也会引起注意力的下降。我们在学习的时候可能给自己设定一个完成期限,在一定的时间里必须要完成一定的学习量,这样也可能帮助我们把注意力集中在一个限定的时间段里完成工作。

(3)自我暗示集中注意力。在思想开小差、分神时,可自我暗示提醒:“注意!别开小差。”经常地这样提醒自己,久而久之也能养成集中注意力的好习惯。

(4)“断续式”学习集中注意力。心理学实验表明,一个人的注意稳定性可能保持10～

20分钟，超过了这个时间，注意就会不经意地离开。因此，为了保持注意力的持久，最好采取“断续式”的方法，适时转换注意的内容。比如，看20分钟书后，休息一下，或改做别的事情，这样才能始终保持注意力的高度集中。

(5)各种环境下强制训练注意力。训练自己能在各式各样的环境条件下，专心学习或工作。一旦确定了要做的事，就有计划有目的地集中注意力去做好该做的事，不受无关刺激的影响和干扰。长期有意识的训练，能使我们抗干扰的能力大大增强。

(http://www.yarczp.com/article/article.php? newsid=523)

四、考试焦虑及其调适

考试是教育活动中的一个内容，随着社会的发展和教学改革，考试的内容、手段、方式等都发生了新的变化，但它在评价教育质量、衡量教学效果、鉴别人才素质和选拔人才等方面的功能很少改变。不仅教育活动离不开考试，而且其他社会领域里的考试行为也越来越多，越来越普遍。

学生因考试而产生的紧张、不安、焦虑、恐惧等心理是一种常见的心理现象，也可以说是正常心理反应。问题在于有的学生善于进行心理调适，使之成为学习的动力，从而在考试中正常发挥自己的水平；而有的学生由于意识不到自己的不良心理状态，对考试焦虑缺乏有效的调节，致使考试成绩不理想。因此，对广大学生来说，除了平时认真刻苦学习以外，还要注意加强自己的心理训练和调适。

(一)表现

考试焦虑是一种复杂的情绪现象，学生在考试期间心理上的紧张、不安、焦虑、恐惧等在情绪上的反应都可称为考试焦虑。它可分为两大类：一类是指在考试来临前的一段时间内持续存在的焦虑；另一类是指在考试过程中产生的焦虑，如“怯场”、“晕场”等。考试焦虑产生时，会伴随一系列的生理反应和心理反应。最初的状态为生理反应，如肌肉紧张、心跳加快、血压增高、额头出汗、手足冰凉等；也伴随着一系列的心理反应，如苦恼、烦躁、无助、担忧等情绪体验，有时也会产生胆怯、缺乏信心和自我否定的等心理。当考试焦虑加剧时，其状态反应也更为强烈，如眼花耳鸣，头痛脑昏，注意力无法集中，思维处于僵滞停顿状态，严重的还可能伴发呼吸困难、尿急、尿频、呕吐、腹泻甚至昏厥等，“晕场”就是其最为典型的一种表现。

(参见附录一中的案例九)

心理学研究表明，人们在日常生活中，经常会遇到各种各样的困难与障碍，为了解决问题，实现自己的目标，就必须克服困难。而困难的出现和克服，会引起人内心的不安和紧张，严重时就会给人带来恐惧，形成焦虑。因此，焦虑是难免的。但焦虑的产生与程度在个体之间有很大差异，如好胜心强的学生对一般性的小型考试也可能会忧心忡忡，产生焦虑；而缺乏上进心和自尊心的人，也许对重大考试也持无所谓的态度，其心理、生理反应不显著。因此，要辩证地看待考试焦虑的影响。可以想象，如果一个学生对无论多么重要的考试都抱无所谓的态度，没有丝毫的紧张、焦虑和压力，不进行认真的复习和准备，他的考试成绩就不会很理想。所以，适度的焦虑与紧张则有助于精力更加集中，知觉更加敏锐,思维更加灵活,学习效率更高。而焦虑过度也不利于发挥正常水平,会对考试产生不利影响。就是说,考试焦虑的产生不仅是必然的,而且是必要的,重要的是学生要学会自我调适。

(二)调适

克服考试焦虑可以采用多种方法来进行自我训练、自我心理调适,以下是一些简便有效的办法:

(1)端正考试动机,减轻心理负担。每位学生对考试的意义都要有客观正确的认识,从而树立正确的应试动机。考试作为一项复杂的脑力劳动,需要保持清醒的头脑和中等程度的焦虑,以保证在考试中正常发挥水平。反之,把考试的意义片面夸大,甚至把考试与个人的终身的成就、事业和幸福等紧紧联系在一起,考试还未来临就惶惶不可终日,带着强烈的求胜动机和沉重的心理负担去复习、考试,结果情绪焦虑程度越积越强烈,临场发挥时事违人愿。因此,越是临近重大的考试,越要适度降低求胜动机,减轻心理负担,真正做到轻装上阵。当然这绝不意味着要求学生考试抱消极应付的态度,而毫不准备、毫无压力地参加考试,其根本目的仍然是要求学生保持旺盛的精力和积极的心理状态来迎接考试。

(2)做好充分准备,形成良好的考试状态。充分而良好的准备状态,是预防产生过度焦虑的最有效方法。考前的准备工作很多,如物质准备、知识准备、体能准备、心理准备等,缺一不可。一般来说学生对考前的物质准备(如考试时所需文具等)、知识准备(如全面认真复习等)已达到最高限度,因而它们对考试结果的影响相互之间差异较少,而影响考试结果差异最显著的是体能准备和心理状态。比如体能准备,有不少学生在考前拼命复习功课,作息时间颠倒,生理功能紊乱,睡眠不足,缺乏体育锻炼和文娱活动,致使大脑过度疲劳,体能下降,精力不济,加之心理上的紧张焦虑,临场"晕场"的可能性就会增大。需要特别指出的是,有些学生在考前为保证旺盛的精力,饮服大量的高脂肪、高蛋白的营养品,不注意饮食卫生和习惯,造成消化不良和肠胃功能紊乱,体能不仅没有增强反而下降。考前适量补充营养是需要的,但一定要注意适度,防止暴饮暴食。无论是体育竞赛还是各种考试的经验都已证明,缺乏良好的体能准备是难以发挥正常水平的。俗语说"大考大玩,小考小玩"中的"玩",事实上就是娱乐。紧张学习之余的娱乐,可以使人消除生理疲劳,恢复体能,还可能使人情绪轻松,压力减轻,从而防止高强度焦虑的产生。反之,考前忧心忡忡,焦虑不安,缺乏良好的心理准备,这样在困难还未出现时,就已被困难吓倒。就像有人说的:很多人不是被困难击倒的,而是被他们自己击倒的。所以,学生在考前都应积极调整自己的心理,既要对考试时各种困难挫折有客观而科学的评估,又要有克服困难挫折充分的心理准备。

(3)冷静处理"怯场"。怯场是学生在考试过程中,在考试情境与考试本身的强烈刺激下,引起情绪高度紧张和焦虑,难以控制自己的心理活动,使心理活动暂时中断或失调的现象。这种情况轻者称为怯场,重者叫作晕场,怯场是考试焦虑最典型的一种。事实上,当怯场现象发生时,只要有所准备,掌握必要的技巧,也可以顺利度过这一危机期。

当学生意识到自己出现怯场时,不要惊恐慌乱,有几种缓解方法可供借鉴:

其一，安静下来，暂停阅卷、答卷，静静伏在桌子上稍作休息，转移注意力，停止有关考试活动的强制性回忆。一般情况时间很短就可以消除怯场，正常考试。

其二，可以用"调整呼吸法"，即当遇到情绪极度紧张时，停止有关活动，全身放松，多次做深而均匀的呼吸。呼吸时大脑最好排除其他杂念，双眼注视一个固定的目标或微闭，反复有节奏地呼吸，这样也会很快地消除怯场。

其三，可以用默默数数的办法来暂时转移注意力，从"1"一直数下去，或用冥想法闭上双眼全身放松，想象一个大气球有一小孔漏气，气球由大慢慢变小，等等。

这些方法都可反复使用，不仅有助于克服怯场，对一般的考试焦虑也都有缓解作用。

为了防止考试过程中的怯场，不可以在考前短暂的几十分钟里做一些积极的准备活动。例如，考前的半小时内，不要继续进行高度紧张的复习，避免谈论和考虑有关考试的问题，听听轻松悦耳的音乐，独自或与家人、同学散步、聊天，活动活动身体。天气炎热时可以用较短的时间冲个凉。考前不要急于进入考场，稍提前即可。跨进考场后要简单熟悉一下环境，然后安静地在自己的座位上坐下来。拿到试卷后，先填写有关身份栏目，然后再挑选试题中难度小、最有把握的题目开始做起，答题时先慢后快，以逐渐适应考场内的紧张气氛，自我鼓励，增强信心。这些活动及过程都有助于减轻心理压力，防止怯场发生。

（http://www.gditt.edu.cn/xl/Hgxlhy0305/0038.htm）

第四节　科学用脑

脑科学研究结果表明，人的大脑在理论上的信息储存量异常巨大，大脑的潜能几乎接近于无限。但是，到目前为止，人类普遍只开发了大脑的5%，仍有巨大的潜能尚未得到合理的开发。换一句话说，一个人的大脑只要没有先天性的病理缺陷，就可以说他拥有可以成为天才的大脑，只要大脑的潜能得到超出一般的合理开发，他的能力就不会比爱因斯坦逊色。

但是，大脑潜能的开发，并非一步登天，如果"拔苗助长"，结果只能使学生用脑过度，甚至发生悲剧。

我们应该认识到，开发大脑不等于掠夺式地使用大脑。"头悬梁，锥刺股"并不是一种科学的学习方式；"刀不磨不快，脑不用生锈"也是一种错误的用脑观念，不值得提倡。

脑科学研究成果表明，在脑疲劳的状态下，人就会出现头晕脑涨、记忆力下降、反应迟钝、注意力分散、思维紊乱等心智活动难以发挥的恶性反应。那么怎样用脑才是科学合理的呢？

一、保证睡眠时间

睡眠是大脑的主要休息方式，充分睡眠才能使人脑消除疲劳，保证大脑正常工作。因此，我们应安排好睡眠时间，睡得足，睡得好。

二、及时转移大脑兴奋中心

学生在进行学习时，宜将不同的学习内容错开进行。由于不同的学习内容会在大脑皮层的不同区域形成兴奋点。如学习数学，可在大脑皮层的某区域形成一个兴奋点，学习英文在大脑皮层的另一个区域形成兴奋点。因此，倘若长时间学习同一个内容，则必然会使大脑皮层某一区域的神经细胞负荷过重，如果能交替学习不同的内容，可使大脑皮层不同区域的神经细胞轮流工作，获得充分休息，以更好地学习。

三、坚持体育锻炼

注意体育锻炼和体力活动。体力活动可以促进脑细胞新陈代谢，消除大脑疲劳，尤其是体育锻炼，可以提高神经系统的反应能力和灵活性，有助于学生提高视力、听力、观察力和思维能力。这是学生科学用脑的重要方法。

四、适当增加营养

宜饮食合理，营养充足。学生在紧张地学习时，会消耗大量的营养物质和氧气，如果得不到及时的补充，大脑就会受到损害。合理的饮食，充足的营养，丰富的蛋白质、维生素和矿物质可保证大脑神经细胞正常代谢的需要。因此，学生宜进食适当的动物、植物蛋白质，如肉类、禽类、海鲜、豆制品，还要适当多食新鲜蔬菜、水果，以补充维生素。

五、不宜长时间地使用大脑

长时间使用大脑，血糖浓度会下降，影响大脑正常功能的发挥。比如一项心理研究发现，健康儿童连续用脑 30 分钟，血糖浓度在 120 毫克以上时，大脑反应快，记忆力强；连续用脑 90 分钟，血糖降至 80 毫克，大脑的功能尚正常；连续用脑 120 分钟，血糖降至 60 毫克，反应迟钝，思维能力较差；连续用脑 210 分钟，血糖就会降至 50 毫克，这时就会头晕、头痛，会暂时失去工作能力。因此，不宜长时间地使用大脑。

六、宜五官并用、手脑并用地学习

有人发现，学习同一内容，如果只用视觉，可接受 20％；如果只用听觉，可接受 15％；如果视听并用，可接受 50％。这一发现说明，学习时使用多种感觉器官共同参与，可明显提高学习效率。

七、宜充分利用“最佳用脑时间”

每个人每一天都有最佳的用脑时间，有的学生早晨脑子特别灵敏，记忆力最好，而有的学生则晚上头脑最清醒，学习效果最佳。我们应了解并充分利用自己的“最佳用脑时间”，以提高学习效果。

(http://xtxx.dgjy.net/Article_Show.asp? ArticleID＝737)

课后练习

围绕“怎样提高学习效率”的话题进行小组讨论。

教学方法与手段

采用多媒体课件教学，及课堂讨论、小组讨论方法。

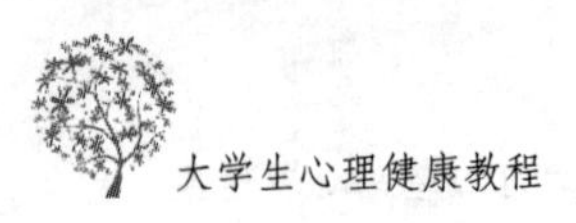

第八章 大学生的性心理及其心理卫生

【目的与要求】

1. 了解大学生性心理的发展及其表现;
2. 了解大学生的爱情与婚恋观,树立正确的恋爱观;
3. 掌握常见的性心理障碍调适方法。

第一节 大学生性心理的发展及表现

大学生处于青年发展的中期,其身心发展最明显的特征是性机能的成熟和性心理走向成熟。而性生理的成熟、欲望的增强与性心理发展的不平衡的矛盾,必然给大学生们带来一系列的心理困扰和烦恼,要求他们去适应。对此,有的人能正确地认识并较好地应付,但有的人却因为种种原因而不能很好地适应和调节,导致不良的情绪和行为反应,甚至出现明显的心理障碍。因此,分析大学生的性生理和性心理特点,了解他们性心理困扰的表现和产生原因,帮助他们学会正确地处理各种性心理发展的矛盾冲突和挫折,对增进大学生的心理健康有着非常重要的意义。

一、大学生性心理的发展

性心理是指与人类"性"有关的心理,包括围绕性欲望、性冲动、性行为、性满足而产生的认知、情感、需要和经验等心理活动。

大学生性生理发育已基本完成,社会成熟与心理成熟已达较高水平,因而他们有了与自己倾慕的异性谈恋爱的心理需要,并常付诸行动。这个时期的异性交往有以下特点:

(1)交往对象的特定性。在恋爱期,男女青少年已开始按照自己心目中的偶像寻找"意中人"。他们追求特定的异性,并喜欢与之单独在一起活动,出现了不喜欢参加集体活动而带有"离群"色彩的心理倾向。这一特点在男性身上表现最为明显。

(2)爱情的浪漫性。这一时期的男女青少年往往把恋爱看成为一种神秘的、奇妙的、难以理解的力量。对恋爱的浪漫态度典型的表现就是"一见钟情"。这种浪漫的恋爱态度与关系稳定、坚固、和谐和以注重现实为特点的爱情是不同的。

(3)感情交流的深刻性。与爱慕期两性交流比较隐晦含蓄和以试探的方式进行不同,在这一时期,两性间的感情交流较为直率、系统,并常以幽会的方式进行。

(4)对爱恋对象的占有性。这一时期的男女青少年会产生对爱恋对象的占有欲,并出现毫不掩饰的嫉妒心理：对爱恋对象与自己的同性同学和朋友的接触十分不满，甚至疑神疑鬼；对自己的同性同学和朋友与自己爱恋对象的接触既尴尬万分，又十分愤恨。显然，这种情况的出现，与性欲意识的发展关系极为密切。

二、大学生性心理活动的表现

大学生性心理活动的表现包括对性知识的渴望、对异性的幻想与追求、性欲望和性冲动的产生以及性行为等。

（一）性意识活动

在青年期，性意识活动常见的有被异性吸引、常想到性问题、性幻想及性梦等。

常想到性问题，通常指在遇到有吸引力的异性时，想到对方或与自身的有关性的意念、裸体表象、性感部位及体验到自身的性冲动等；或是在读到与性有关的书刊文章时，产生对性的臆想、对自身生理性反应的感受、联想到对自己有吸引力的异性等。

性幻想，通常表现为在某特定因素的诱导下，"自编"、"自导"、"自演"与异性交往内容有关的联想。性幻想可导致生理上的性兴奋、性器官充血，也可偶尔出现性高潮，因此，性幻想是性冲动的发泄形式之一。

性梦，是进入青春期以后在梦中出现与性内容有关的梦境，一般认为与性激素达到一定水平和睡眠中性器官受到内外刺激及潜意识的性本能活动有关。性梦中可以伴有男性遗精、女性阴道分泌物增多等性兴奋现象。

对这些性意识活动，许多同学是能够恰当应对的，对自己的心理行为活动没有构成不良的影响，这属于正常的情况。但是，也有一些大学生不能较好地认识和对待自己的性意识活动，因而出现性意识困扰。大学生性意识困扰的原因主要有下列几个方面：性无知；性罪恶、性淫秽观念；性压抑的结果。

（二）性行为活动

随着性生理、性心理的不断成熟，大学生发生性行为的人数和性行为活动的频度也随之增多，这些性行为包括手淫、抚弄性器官、游戏性性交、婚前性交等，其中以手淫的发生率最高。

过度手淫的原因主要与性生理失调、遭受心理的压力和挫折、性知识缺乏和外界性刺激的诱惑等因素有关。过度手淫的危害性在于它会影响学生的精神状况，尤其是令他们产生强烈的"自我道德谴责"感，使其自卑，进而影响其正常的学习与人际交往，有的甚至产生社交恐惧症。因此，正确认识和对待自己的手淫行为是非常重要的。

大学生边缘性性行为和婚前性行为的发生率也占有一定的比例。边缘性性行为包括童年或少年期的游戏性性交、青春期及青年期的接吻、拥抱、抚弄性器官等。这些性行为如果学生不能给予较好的控制和应对，则会导致心理的困扰和心灵的伤害。一些资料显示，有边缘性性行为的学生中，约 1/4 的男生和 1/2 的女生在事发当时就对其心理构成了严重困扰，如心理上的不安、烦恼、自卑、自责、恐惧等，对他们的学习、生活、交往等产生了不良影响。有婚前性行为的学生中，在事发之后，心理上出现严重不安、自我否定、恐惧焦

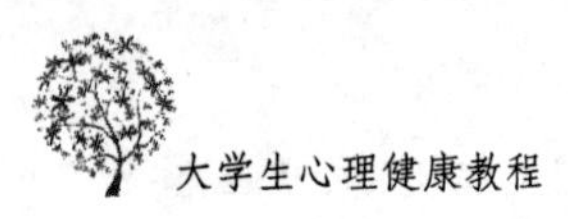

虑的男女学生均占82.2%，对该性行为持有害评价的男生占37.0%，女生占82.2%。可见，在大学阶段发生性交行为是一种对当事人的心理影响严重、引发很多社会问题的有害行为，应引起大学生的充分注意。

(三)异性交往与恋爱

大学生处在性心理发展的异性交往友谊期和恋爱期，渴望与异性同学建立友谊或恋爱关系，这是很自然的，因此异性交往与恋爱也是大学生性心理活动的表现形式。

一般而言，在与异性同学交往时，需要把握好“自然”和“适度”这两个原则。所谓自然原则，就是指在与异性交往过程中，言语、表情、行为举止、情感流露及所思所想都要做到自然、大方。既不过分夸张，也不闪烁其词；既不盲目冲动，也不矫揉造作。消除异性交往中的不自然是建立正常异性关系的前提。自然原则的最好体现是像对待同性同学那样对待异性同学，像建立同性关系那样建立异性关系，像进行同性交往那样进行异性交往。所谓适度原则，是指异性交往的程度和方式要恰到好处。如果是友谊，则在交往时所言所行要留有余地，不能毫无顾忌而导致对方的误会。

(http://61.139.105.132/xljkjy/dzja7.htm)

第二节　大学生的爱情与婚恋观

一、大学生恋爱意识发展的阶段

大学生恋爱意识的形成和发展，可以分成三个阶段：一是恋爱意识的萌芽阶段(包括朦胧期和探索期)，二是恋爱意识的充分发展阶段，三是恋爱意识的完善成熟阶段(包含实践期和修正期)。这三个阶段各个时期互相联系、共同构成青年大学生恋爱意识发展的全过程。

(一)恋爱意识的萌芽阶段

大学生恋爱意识的准备阶段是从中学时代就开始的。起始是恋爱意识的朦胧期，这是一个从对恋爱问题完全没有意识向有一些零碎感觉的过渡阶段。这个时期大约在初中二三年级，年龄在13～14岁，属于青春期初期。

到了高中阶段，就是恋爱意识的探索期。这个时期恋爱问题已经进入个体的意识领域，不但有恋爱的意向，而且有恋爱的思考，开始探讨爱情的真谛。然而，高中生由于背负高考的重任，因此一般都会把这种爱慕之情压抑起来，在毕业后进入大学或者就业时才明显地表现出来。

(二)恋爱意识的充分发展阶段

进入青年中期的大学生，恋爱意识的准备基本就绪，他们带着憧憬和追求，进入了恋爱发展的新阶段——充分发展阶段。这一阶段又可分为两个时期：(1)定向期。主要标志是择偶标准的系统化(全面考虑)和合理化(现实可能性)。另外一个标志就是开始明确意识到“恋爱”与“责任、道德”等相联系。(2)恋爱对象的理想选择期。这一时期的大学生在头脑中构想出了一个“理想化”的异性对象，赋予这个理想形象以具体的内容，便构成内心择偶的标准。

(三)恋爱意识的完美成熟阶段

经过前两个阶段，大学生的恋爱意识一般已经基本确立。恋爱意识的进一步完善成熟一般还要经过下面两个时期：(1)恋爱实践期。指学生在一定恋爱意识的指导下，由恋爱问题的内心探索到恋爱行为的过程。大学生的恋爱实践有两种形式：直接实践和间接实践。所谓间接实践就是自己实际上没有恋爱，但对此关心的程度不亚于已经恋爱的人，只是由于各种原因暂时没有开始恋爱。(2)恋爱意识的修正期。在这一时期，大学生在恋爱的实践和社会现实两者的矛盾下不断修正自己的恋爱意识，并使之完善成熟。

(http://www.bamaol.com/html/BMZXXLAHZ/FCQA/1055992010 62582629391.shtm)

二、大学生恋爱的动因

(1)生理发育成熟。

(2)情感需要。男女大学生都是经过10年寒窗之苦，奋力拼搏才进入大学校园的。中学阶段由于升学的精神压力而被暂时压抑的丰富的青春期情感此时得以爆发，自我形象逐渐清晰，渴望情感需要的满足，而恋爱则是其情感满足的一种重要方式。

(3)从众心理。在高校中经常可发现一种现象，即同宿舍里的几个同学，一旦有人谈恋爱，其他人很快也开始谈恋爱，这是从众心理的表现。有些同学本来暂时没有谈恋爱的需要，如果没有其他同学的影响，可能不会那么快地萌发恋爱的念头，但是当看到身边的同学在谈恋爱，就激发起恋爱的意识和行为。

(4)社会和家庭的影响。

(5)价值观念的变化。社会的变革和发展引起了人们价值观的变化，部分大学生价值取向中的消极因素反过来影响了他们对生活的态度。如淡化政治意识，回避社会问题，学习动力不足，甚至玩世不恭，一味追求享乐等，于是试图用谈情说爱来弥补精神上的空虚。

(6)外来文化的影响。在对外开放的中西方文化的交流中，海外影视、书籍等大众传媒中不乏男女拥抱、接吻等镜头，它们猛烈冲击着民族传统的伦理道德。一些大学生受西方性文化观念的影响，视谈情说爱、婚前性行为为个人的自由。

(7)引导失误。很多高校对大学生谈恋爱都采取“既不提倡，也不反对”的模糊态度，缺乏必要的引导，其实这是一种消极回避的做法。由于校方态度含糊，就给学生留下了很大的自由度，既然“不反对”，何乐而不“谈”呢？他们得不到必要而正确的引导，不知如何对待爱情，只有根据自然本能之需要，盲目地去谈，去尝试。

可见，从性生理、性心理的发展角度来看，大学生恋爱是一种无可厚非的正常现象。但是，由于影响大学生谈恋爱的因素很多，而其中有的因素是消极的，因此对大学生的恋爱需要结合不同的情况，给予一定的教育和引导，帮助学生明确在学习期间恋爱的利与弊，培养正确的恋爱观。

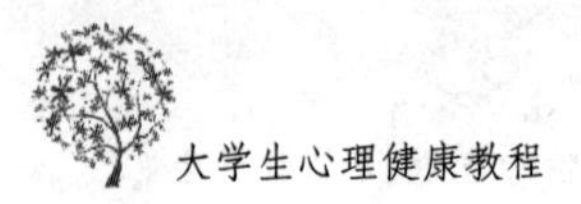

三、大学生恋爱的心理特征

(一)大学生恋爱的特点

1. 浪漫色彩浓厚

大学生的恋爱,对爱慕之情、人生看法较多,而很少甚至根本不谈结婚、家庭等具体问题。这是由大学生的客观条件决定的。大学生恋爱的这种浪漫色彩,掩盖了理想和实际之间存在着的矛盾,因此,爱情缺乏挫折的磨炼和必要的现实基础,比较脆弱,一旦遇到问题,容易破裂。这是大学生恋爱成功率较低的重要原因之一。

2. 自主性较强

大学生谈恋爱,都是自己作主,个性特点强,不信奉什么统一的模式。社会上的青年在明确恋人关系前,一般征求家人的意见;明确恋人关系后,双方家人来往密切,成人指导贯穿于各个环节。而大学生因离家住校独立生活,常常自己看准了对象就去追求,甚至确定关系后家长都不知道。

3. 盲目性较大

大学生把在校期间谈恋爱作为一种取得生活经验的实践活动,或想作为一种消遣,千方百计想跟异性交往,但他们在与对方恋爱中究竟爱是什么、为什么爱都没有弄清楚。有的学生甚至一学期谈了好几个,互相攀比,看谁找的对象多,看谁的漂亮。

4. 公开性

随着西方文化和生活方式的冲击,传统观念覆盖下的两性关系的幕帘被撩开。过去许多高校禁止大学生谈恋爱,因而,谈恋爱属于"地下活动",恋爱双方不让其他同学知道,更不希望老师知道。现在,校方虽然没有明确赞同,但态度较过去宽松,大学生的恋爱活动便由地下转为公开。

5. 情感随意性

现代大学生谈恋爱一扫传统的以含蓄、内在、深沉为美的形式,与之相反的是在公开场合下,手拉手,肩并肩,整日形影不离,甚至搂搂抱抱,招摇过市,致使旁人不得不退避三舍。有的同学甚至对婚前性行为持认可和宽容态度,偷吃禁果的男女同学并不罕见。这些不良行为不仅破坏了学校的学风,也影响了学生自身的正常学习和心理健康。

(二)大学生恋爱的类型

1. 慰藉型

处在青春期年龄阶段的大学生,正值"心理断乳"时期,他们渴求社会与他人的理解,常有一种莫名的惆怅和孤独。当周围的气氛不能满足这种心理需要时,有的学生往往以恋爱的方式向异性伸出求援之手。在外人看来,他们在谈情说爱,其实只不过是在寻找心理慰藉,以排除内心的孤独。

2. 友情型

有的恋人原先是中学同学或同乡,本来就有感情基础,双方考上大学后,凭借天时地利发展恋爱关系。这种恋爱关系发展较稳定,成功率也较高。但也有的同乡同学,虽然长期交往，感情上却缺乏共鸣，尽管一方有些美意，但最终难以发展为爱情。这部分同学基本上能处理爱情或友情与学习的关系。

3. 理想型

这些同学往往缺乏冷静思考，对爱情充满理想色彩，一旦认定某个异性与自己理想中的偶像吻合，就会不顾一切地去追求，并甘愿为之牺牲一切。这类同学把爱情理想化，情感比较脆弱，一旦遭受挫折便会非常痛苦，常易导致心理障碍。

4. 志趣型

把感情融洽、志趣相投、事业成功作为爱情基础。这种注重事业和精神生活的恋爱，恋爱双方道德高尚，互相尊重，行为端庄大方，感情热烈而举止文明，注重思想上的沟通，以和谐的精神生活和事业的共同追求为满足。这些同学一般能较好地处理好感情与学业的关系。

5. 功利型

这是一种非常势利的实用主义恋爱类型。有的同学恋爱首先看的是对方的物质条件，或留城市的优势，或看中对方父母或亲戚的名利地位等。这类大学生往往基于利益关系而谈恋爱，在此之前已把对方算计得一清二楚，把爱情当作谋取功利的手段，没有真实的爱情可言。

6. 情欲型

一些大学生受青春期性本能的驱使或受有性爱描写的影视文学作品的影响，控制力较弱，进行模仿尝试，追求性刺激，以满足性欲望为目的与异性同学交往、恋爱。有的甚至把恋爱当作娱乐，逢场作戏，玩弄异性。这些学生只注重异性的外表，追求感官上的愉悦，而忽视或无视爱情内涵中应有的伦理因素。无疑，这是一种不健康的恋爱类型。

(三)大学生的择偶心理特点

一般而言，大学生择偶时主要遵循以下原则：

(1)相似性原则。大学生择偶时，首先考虑的是那些在某些方面与自己相类似的人，如志趣、年龄、学历、家庭背景等。这是对外部条件而言。

(2)相同性原则。相同是指人生理想、奋斗目标以及对待爱情的认识和根本态度的一致。所谓“志同道合”，就是大学生择偶中所遵循的意愿。

(3)互补性原则。互补性主要是指个性品质方面的互补。如一个温柔怯弱的姑娘，就希望找一个可以信赖的刚强果断的男子汉。大量现实生活事例说明，恋人间个性的互补比个性相似、相同更和谐，这是因为他们能够彼此取长补短，相辅相成。调查表明，大学生择偶观有以下一些具体表现：第一，在选择对象时注重对方的品德和个性特点。第二，外在美的要求比较高，第三，对家庭条件也比较重视。

四、大学生恋爱心理的调适

(一)树立正确的恋爱观

恋爱观是指对待择偶和爱情的基本看法和态度。有以下几方面的内容：

(1)提倡志同道合的爱情。

(2)摆正爱情与事业的关系。

(3)懂得爱情是一种责任和奉献。

大学生在进入恋爱状态前,就应该懂得,爱不仅是得到,更重要的是一种责任和奉献。在社会生活中,人具有两方面的责任:一是个人对社会应尽的责任;二是个人对家庭、父母、孩子、朋友和爱侣的责任。第二方面的责任属于私人生活的性质,是社会干预最为微弱的生活领域,是主要依靠道德的修养和自觉的责任感来维持的。正因为如此,它反映了一个人的人格形象。大学生一旦进入爱的王国,就必须具有强烈的责任感和奉献精神,才能获得崇高的爱情。

(二)提高恋爱挫折承受能力

大学生在追求爱情的过程中,遇到如单恋、失恋、爱情波折等种种挫折是在所难免的事情。这些挫折对大学生的心理承受能力是一种考验。如果承受能力较强,就能较好地应付挫折;如果所受到的挫折超过承受能力而得不到合理的情绪疏导,就有可能造成不良后果。因此,提高恋爱挫折承受能力对学生的心理健康是非常重要的。

(1)学习对挫折的"问题定向性应付"

即通过增强理智感,分析原因,寻找解决问题的方法和途径来应付挫折。大学生应该认识到爱情虽然是生活的重要组成部分,但并不是生活的全部。当爱情受挫后,要用理智来驾驭感情,摆脱或消除烦恼和痛苦的思绪,在新的追求中确认和实现自己的价值。即在爱情受挫后,应该冷静地客观地分析一下原因,进而总结经验教训,提高自己的心理承受能力和思想水平。莫里哀曾说过:"爱情是一位伟大的导师,教我们重新做人。"能战胜挫折的人,才能获得成功。

(2)学习对挫折的"情绪定向性应付"

即通过适当的情绪调节和转移,来减轻痛苦。如应用合理化效应,让情感升华等。所谓合理化效应即"酸葡萄效应",指对某些不能改变的挫折在认知上给予调整,将挫折归为对方的不是。正如狐狸得不到葡萄,就说"反正葡萄是酸的",言意之下是反正那葡萄不能吃,即使跳得够高摘到也还是"不能吃"。这样,狐狸也就心安理得地走开去寻找别的食物。升华是指将挫折所产生的愤怒情绪、仇恨和敌意、自责或愧恨等消极情绪,都做积极的处理,将它们做一种高尚的表达。歌德因为得不到其初恋情人绿蒂的感情回报,而一度陷入了感情的危机,但他后来因此而写下了《少年维特的烦恼》一书,用文学的创作来表达其挫折的情感,使自己的情绪得以升华。

(三)矫正恋爱中的不良行为

在大学生的恋爱中,有些不良的行为与社会要求格格不入,应该给予必要的矫正,如亲昵过度、三角恋爱、婚前性行为等。

(1)亲昵过度。

(2)三角恋爱。三角恋爱是指一个人同时与两个异性发展恋爱关系。三角恋爱在一部分大学生中时有发生。所谓"普遍发展,重点培养",是一种极不道德的恋爱行为,是对纯洁、专一性的爱情的亵渎。大学生在恋爱中必须防止三角恋爱的发生。如果得知对方在搞三角恋爱，要冷静分析，帮助对方改正错误或果断地中止与对方的恋爱关系，切勿优柔寡断、痛苦烦恼而影响学习。

(3)婚前性行为。热恋中的青年，当性爱的激情达到火热的境界时，会产生一种情感冲动，使情感突破理智的防线，容易发生性交行为。然而，婚前性行为是社会文明和校规校纪所不容许的，也会受到社会、家庭的指责。而且，一旦发生性行为，当事双方都会因此而产生很大的心理压力，不仅造成当时的心身痛苦(尤其是对女方)，还会影响到以后的恋爱或婚姻。因此，大学生在恋爱过程中，一定要用理智制约情感，切忌为了想套住对方或尝试心理而发生婚前性行为。要防止婚前性行为，首先，要确立婚姻的责任感与恋爱的道德情操，对自己的恋人高度负责；其次，要从心理上筑起一道防线，牢牢把握住婚前婚后的界限；最后，要掌握好自己的言语举动，不要有过分的挑逗性的举止行为。正如莎士比亚所言："爱和炭相同，烧起来得想办法叫她冷却，不然会把一颗心烧焦。"只有用理智驾驭感情，把握住自己，才能获得真正的爱情。

(http://61.139.105.132/xljkjy/dzja7.htm)

第三节　性心理障碍的调适与辅导

性心理障碍是指性心理活动过程中出现的各种情绪失调和行为的紊乱与异常。大学生中常见的性心理障碍有异性恐惧症、恋爱受挫和性行为变态等。这些性心理障碍都不同程度地影响大学生的学习、生活和发展成熟，必须帮助他们认识性心理障碍的原因与表现，并给予自我调适的指导和心理咨询。

一、大学生常见的性心理障碍

(一)异性恐惧症

异性恐惧症指患者一方面在潜意识里有与异性接近的强烈愿望，另一方面也因此有着严重的焦虑情绪，于是表现出在异性面前感到异常紧张和恐惧的症状，有的甚至出现异性关系妄想等心理症状。异性恐惧主要表现为不敢与异性目光接触，更不敢与异性交谈，即使与异性交谈，也会面红耳赤，言语不清，一看见异性向自己走来，则全身紧张，流汗。

1. 异性恐惧症状

大概可分为赤面恐惧(面红耳赤)、视线恐惧(目光紧张，竭力回避目光接触)和面部表情恐惧(面部肌肉紧张，表现不自然)。

异性恐惧症往往来源于自我强迫症，当看到异性的时候强迫自己不去看他而引起内心的争斗，或者强迫产生出一些古怪想法，然后拼命想控制，却越难以控制。

异性恐惧在童年和少年的时候往往会被看作是害羞、老实，但有的孩子会因为社会经历的增加和思维方式的改变而摆脱；而有的孩子会因此而越来越敏感、自卑，最后还是发展成为异性恐惧症。

有没有异性恐惧症，不妨看看有没有下列情况：

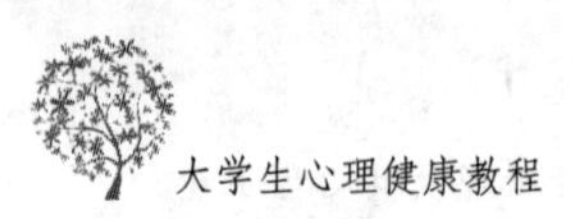

(1)和异性交往会非常紧张。当异性主动和你交往的时候,会因掩饰自己的紧张而拒绝交往。

(2)只要和异性交往,就会手不知道放哪里,眼睛不知道往哪里看,拼命地注意自己的形象。

(3)当异性盯着你的时候会害怕,甚至因此"生气"。

(4)当和异性共处的时候,大脑强迫自己产生某些古怪的想法,如对方喜欢自己、对方讨厌自己,甚至对方不穿衣服。

(5)常常害怕异性会对自己做些什么,极度没有安全感。

(6)即使异性不和自己交往而只是在身边存在,也会不知所措,无法集中注意力。

(7)脸红,口干舌燥,出汗,抖动等。

(8)在爱情、婚姻方面经历过异性的伤害导致对异性的不信任和没有兴趣。

如果以上有 2 条以上符合,就说明具有典型的异性恐惧症,应该想办法解决了。

2. 病因分析

照理说,异性间是一种相互吸引的人际关系。可是为什么对异性感到害怕呢?常见的原因和相应的对策如下:

第一,增加与异性接触的机会。接触得越少,就越缺少接触的经验;越缺少经验,就越不知所措;越不知所措,就越感到恐怖。如果是由于接触太少的原因造成的,则要通过增加与异性的接触来解决这个问题。一味地躲藏就形成了一种恶性循环。

第二,妥善处理与异性交往受过的心理挫折。有的人在与异性打交道时可能是吃过亏,也可能被嘲笑过,再见到异性就感到非常不好意思。由挫折导致难堪,又由难堪导致反感,最后由反感发展为害怕。如果是这样,要防止在结论上以偏概全,认为凡是异性都是可怕的,这种结论是不正确的。不能因为挫折就否定了自己同异性交往的能力,也不能因为挫折就不与异性交往。

第三,是受封建传统思想影响。面对异性总是高度戒备,高度紧张,把和异性交往看得过于严重。把异性和害怕联系在一起,想到异性就害怕,看到异性就更害怕。久而久之就形成一种条件反射,这样就导致严重的心理障碍。因此,要从价值观念上来解决问题,把异性交往作为人类交往当中最自然的事情来对待。

第四,是害怕受到异性的冷落。人们往往是这样,越想获得成功就越怕出漏洞。和异性交往也是这样。如果害怕受冷落,那么在和异性打交道时,就要把冷落预计在先。所有的异性总会有喜欢和讨厌你的,所以你一定会遇到喜欢你的异性,他一定会对你热情的。有了这种想法,你怕受冷落的心理就会慢慢地淡化。

(http://baike.baidu.com/view/1833346.htm)

(二)恋爱受挫问题

大学是青年人相对集中的地方,男女交往有较为宽松的环境。他们在学习、生活中朝夕相处,交往密切,异性之间容易产生感情,大学阶段成为青年人恋爱心理的"活跃期"。有恋爱就有可能有失恋,当恋人因为社会现实、他人干预、情意不和等因素而感情破裂时,失恋的挫折就会严重影响大学生的心理、生活和正常学习活动。从热恋关系中断裂出来,一下子失去了与自己最亲密的人，对大多数人来说是痛苦的。失恋者经常表现为逃避现实，缩小人际交往圈，精神生活上既折磨自己又影响旁人的情绪，有人甚至向恋人进行行为或心理上的报复。失恋的创伤有时会带来严重的心理问题，如焦虑、抑郁、自杀、心理变态等。

（参见附录一中的案例十六、十七、十八、二十五、二十八）

那么大学生如何应对失恋呢？

首先要端正认识。爱情不是生活的唯一内容，又何必为它耗费所有精力甚至抛弃生命？当遇到失恋困扰时，向别人倾诉自己的内心烦恼是很必要的，倾吐出郁积的情绪挫折会缓解积蓄的心理紧张。也可适当应用心理保护机制，产生代偿迁移效应。所谓代偿迁移，指青年把失恋或单相思造成的心理紧张迁移到其他方面来缓解这种心理紧张。代偿迁移的方法有：

(1)确立"天涯何处无芳草"的信念。这是一种心理保护方式。失恋者要认识到好的异性在各个阶层各个地方都存在。时刻向自己重复这个信念(可以通过口头)就会在一段时间后使自己相信它。既然好的异性到处有，我就没必要纠缠在一个人身上不放。

(2)"酸葡萄"与"甜柠檬"效应。酸葡萄效应指失恋或单恋者为了缓解内心痛苦，像伊索寓言里的狐狸那样说"葡萄是酸的"。指出以前恋人的一些缺点，有助于打破理想化倾向。"甜柠檬"效应则是罗列自己的各项优点，找出自己的美好之处可以恢复自信，从而减轻痛苦。

(3)环境迁移。不要再过多涉足以前常与恋人待在一起的环境，睹物思人会使人更加悲伤。而时过境迁，痛苦就会慢慢淡去。

(4)升华。恋爱的挫折可以化为一种动力。当为了减轻心理紧张而把热情投入到事业中去，就会把这种紧张慢慢地释放，变成事业的帮助。贝多芬一生失恋多次而创下辉煌的乐章，由此可见恋爱挫折升华的力量。

其次，提高恋爱挫折承受能力。大学生的恋爱受多种因素的制约，因而在追求爱情的过程中遇到各种波折是在所难免的。失恋心理挫折对大学生的心理承受能力来说是一种考验。如果承受能力较强，就能较好地应付挫折，否则就有可能造成不良后果。因此，提高恋爱挫折承受能力对大学生的心理健康是非常重要的。当爱情受挫后，可用理智来驾驭感情，通过增强理智感，分析原因，总结经验教训，寻找解决问题的方法和途径，在新的追求中确认和实现自己的价值，从而提高自己的心理承受能力和思想水平。通过适当的情绪调节、宣泄和转移，来减轻痛苦。人对失恋的应对方式反映了一个人心理成熟水平和恋爱观。一个人能够理智地从失恋中解脱出来，往往会使自己变得成熟起来。

爱，不是一种单纯的行为，是一种需要我们终身学习、发现和不断前进的活动。

(http://3y.uu456.com/bp-8421b301bs2acfc789ebc9e2-1.html)

(三)性变态

性变态是一种可怕的异常性心理，其通常的行为是人们难以理解和不可接受的(一般有异装癖、同性恋和恋物癖三种表现)。那么，性变态的心理根源在哪里呢？

性变态的病因尚不明确，包括生物遗传方面、心理学方面、环境和社会等方面因素的

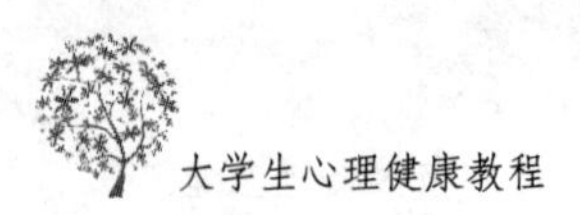

影响。性变态患者对于正常的性活动通常没有要求，甚至心怀恐惧。他们的变态性行为常具有强迫性和反复性，他们的自我控制和自我保护能力往往较差，但并非时时发作。在诊断性变态问题上尚缺乏明确、客观的指标，这种指标也往往带有明显的社会文化烙印，并随着历史的变迁而变化。性变态的各种可能的原因如下：

(1)环境和社会因素

一般来说，反常的变态的性行为是不合理的社会强制和压抑所造成的性心理冲突的后果，所以它也是一种复杂的社会问题。按照弗洛伊德的观点，变态的性行为就是幼儿的性行为。成年后，当性欲受到现实生活环境的限制或因个人人格的缺陷而无法正常宣泄时，即会退回到早年固结点，避开自我控制，直接以幼儿性欲的方式表现出来，形成性变态。所以，他认为性变态是在成年人生活中持续地表现幼年性欲的成分并以幼年的方式获得满足。

家教是否得当对性变态的形成有着至关重要的影响。父母的言行举止无不在孩子的幼小心灵留下深深的烙印，所以说父母是孩子的性教育启蒙教师。父母的性观念会通过他们有意或无意的举动而影响到下一代，例如异装癖，则是因父母反复安排孩子穿异性服装培养成的一种嗜好，这是一种条件反射性的性变态形成过程。

同性恋的形成与环境因素有着十分密切的关系。有的同性恋者在孩提时期由于某种遭遇，在潜意识中种下异性恐怖的种子，成年后形成一种心理变态，不愿与异性交往。有的同性恋者由于在与异性交往中受挫，感情上对异性产生厌恶之情，同时又受到同性的诱惑而走上歧途，

此外，父母抚养不当也是主要的原因。母亲过度溺爱儿子，把儿子抚养成毫无男子气概的弱者。还有些父母因某种原因把男孩当作女孩抚养，把儿子打扮得花枝招展。日久天长，使儿子形成女性心理，成年后往往对同性发生好感，对异性反倒不感兴趣。再有一些缺乏异性的环境，如远洋航船、修道院和监狱等地方，易发生同性恋。

所以，要预防和治疗同性恋，需要一个好的社会环境，应提倡一般心理卫生原则和道德教育，如家庭的和谐、儿童的良好教育、异性之间的正常交往和接触、科学的性知识教育等，尽力减少和消除那些致使社会成员产生变态心理及出现变态行为的条件和环境。性变态患者可进行心理咨询，通过心理治疗改善症状。

(2)生物遗传学因素

多年来生物遗传方面研究的结果表明，大脑和神经系统中并未能证实有任何特别的化学物质与性变态有关，而激素方面的研究结果始终是矛盾的，无法作出任何结论。专家们正致力寻找遗传基因方面的原因。

(3)心理学因素

性心理障碍的患者中常常存在不同程度的人格缺陷，如强迫性人格——刻板固执，又称执拗性人格。办事循规蹈矩，墨守成规，意识保守，缺乏随机应变能力，遇事优柔寡断，不善决断，对自己要求高但缺乏自信，工作负责过于谨慎。这些人容易产生强迫性症状和焦虑、抑郁反应。此外，有些人可能具有分裂型(如窥淫症)、未成熟型或被动型人格(如露阴症)。

幼年和早年性心理发展中的挫折或冲突与成年后的性变态有着心理动力学上的因果

关系。专家认为，男孩由于爱母亲而把父亲当作情敌而嫉恨，又怕父亲生气会割去他的阴茎而心怀恐惧，当其年龄再大些，男孩将放弃对母亲的爱恋而仿同其父，这样男孩的俄狄浦斯爱恋便得到正常解决。否则，这种爱恋就会凝固并在无意识中形成俄狄浦斯情结，对以后的性格形成严重的不良影响，成为日后性心理变态的根源。

（http://xl.kanglu.com/274/184898.html#one）

二、性心理的自我调节

（一）正确认识，端正思想

（1）正确看待身体的变化，愉快地接纳自己的性身份。

（2）正确看待性意识活动，树立科学与健康的性意识观念。

（3）正确看待性冲动和自慰行为，确立顺其自然的坦然态度。

（4）正确看待恋爱问题，明确恋爱与学习的关系。

（二）积极引导，良好适应

（1）建立正确的人生观，培养远大的理想。

（2）积极参加集体活动，消除心理紧张。

（3）建立正常的异性交往，促进心理发展成熟。

（三）发现问题，及时处理

（1）阅读有关书籍，修正自己错误的认识。

（2）找好友交谈，帮助自我认识。

（3）找专家心理咨询，消除心理困扰。

（http://web.scau.edu.cn/xlzx/xljk/ShowArticle.asp? ArticleID=127）

三、性心理辅导

大学生性心理辅导是辅导者运用心理学以及相关学科的专业知识，遵循心理学原则，通过心理辅导的技术和手段，针对大学生在性心理方面出现的缺陷、困惑以及各种性心理障碍等方面的问题，给予大学生启发、指导和矫正，使大学生有良好的性适应，克服不良的性意识，解除各种性心理困扰，控制好自己的性行为，养成良好的性心理卫生习惯，从而塑造健康性心理品质的过程。做好对大学生的性心理辅导工作有利于提高大学生的心理素质，充分保障大学生全面健康地成长与成才，适应社会和时代发展对教育的客观要求。

（一）大学生性心理辅导的目的

大学生性心理辅导的目的就是向大学生提供性科学知识和心理学知识，使大学生明白青春期心理特征，知晓心理健康、性心理、性健康知识，帮助大学生解除各种性的困惑和性意识困扰，理智地调节和控制自己的异常心理，预防性焦虑、性行为异常、性变态和性心理疾患，塑造大学生健康的性心理，倡导和提高大学生的性文明和婚前性纯洁，培养正确的性态度和高尚的性品德，完善健全的人格，充分保障大学生全面健康地成长与成才。

（二）大学生性心理辅导的意义

大学生正处于性生理趋于成熟，但健全的性心理尚未确立的时期。在这个时期，大学生性的生物性需求和社会性需求之间存在着矛盾，性的压抑和性的放纵倾向并存，这样或那样的性心理问题会接踵而至，如性欲望、性冲动、性压抑、异性交往、恋爱婚姻、性伤害、失恋、婚前性行为等都成为困扰大学生的严峻问题。大学生希望满足自己正常的心理需求，而由于缺乏建立成熟情感的经验，且学校、家庭等外界因素不能给予及时有效的疏导，与性有关的问题往往表现得更为强烈，若不及时、正确地实施教育和辅导，极易造成他们性心理发展的障碍，影响他们的健康成长。因此，应加强对大学生的性心理辅导，让大学生了解青春期性意识的发展规律，帮助他们掌握必要的性压抑和性冲动的自我调节方式，掌握对性心理困扰的调适方法，建立积极的性价值体系，明确个人在爱情、婚姻、性行为等方面应有的态度和责任，消除对性的神秘感和恐惧心理，预防各种不健康性心理的发生，促进他们德、智、体、美、劳全面发展，成为21世纪高素质的现代化建设的开拓者和创造者。在大学生中开展性心理辅导刻不容缓，势在必行，且具有十分重要的现实意义。

（三）大学生性心理辅导的内容

为了达到性心理辅导的目的，还必须对性心理辅导的主要内容作充分的研究、科学的设置与合理的实施。一般高校大学生性心理辅导的内容主要有：

1. 性意识的辅导

通过辅导，使大学生对青春期性意识发展的过程和特点有正确的认识，对青春期出现的性梦、性幻想、性欲望、性想象能够恰当地应付，提高对各种性意识困扰的自我调适能力，避免因性无知、过分性压抑而导致的各种性心理困惑。

2. 性行为的辅导

通过辅导，使大学生了解性行为的表现形式及发展特点，对性冲动、性自慰和边缘性行为有科学和理性的认识，提高大学生对性冲动、性自慰和婚前性行为的自我调适能力，引导他们积极参加社会实践活动和集体活动，将生理上的性欲冲动转化为较高级的精神活动动力。

3. 性道德意志的辅导

通过辅导，使大学生充分了解良好的意志品质对发展健康性心理的重要作用，帮助学生提高控制性行为的主观能动性，把性行为约束在正常的、社会规范的范围之内，使其不为偶发诱因所驱使。提高大学生对不良信息的抵抗力，增强道德意志的自制力，防止性罪错，从而建立在自觉基础上的性抑制力。

4. 异性交往的辅导

通过辅导，使大学生掌握异性交往的行为准则，帮助他们掌握一定的异性交往策略，正确对待异性友谊，理智地把握好友谊与爱情的界限。指导大学生端正交往动机，培养健康的人际交往态度，一方面要防止对性的放纵态度，另一方面也要消除异性交往的陈旧观念。同时，要帮助大学生克服异性交往中的不良心理，克服异性之间只有爱情没有友谊的错误认识，发展健康和谐的异性关系，促进人格的健康发展。

5. 恋爱心理的辅导

通过辅导，帮助大学生了解爱情的心理实质，提高爱的能力，消除择偶的心理障碍，正确选择适合自己的人生伴侣，懂得在恋爱中应遵循的原则，以审慎的态度对待爱情和恋爱。同时，也要帮助大学生掌握初恋阶段心理调适的策略和热恋阶段的心理调控方法，学会正确地处理恋爱挫折。

6. 婚姻心理的辅导

通过辅导，使大学生充分了解婚姻的实质和意义，了解影响婚姻和谐的心理因素有哪些，了解夫妻心理失调的原因及调适策略，了解夫妻沟通障碍的原因和消除沟通障碍的策略，了解产生夫妻冲突的原因和避免夫妻冲突的策略。此外，还要使大学生了解因婚外恋、离婚和再婚导致的各种性心理卫生问题，并掌握对这些问题的防范、处理和调适策略。

7. 性心理障碍的辅导

通过辅导，使大学生对各种常见的性心理障碍的症状及表现形式有所了解和认识，提高他们自我预防性心理异常的能力，指导他们掌握对性心理障碍的鉴别和调适方法，学会如何寻求心理治疗的帮助并加以矫治。

（四）大学生性心理辅导的形式

我国高等学校实施性心理辅导，要根据本校的实际情况，综合运用心理健康教育和心理辅导的理论，坚持性健康教育、性心理咨询、开展心理社团的活动和开设选修课四结合的路子。主要有以下几种形式：

1. 开展系统、完整、科学的性健康教育

高校始终要把性健康教育作为性心理辅导工作的基础和前提，通过全面系统的性健康教育，一方面改变大学生对性的愚昧无知，消除对性的神秘感和恐惧感，避免因盲目寻找“性知识”而误入歧途或受不良刺激而做出错事；另一方面引导大学生树立科学的性观念，培养高尚的性道德，形成良好的性教养，帮助大学生掌握正确的自我调适能力和必要的自我保护知识，避免因各种性困扰或性行为失当造成无法挽回的后果。

2. 开展性心理咨询服务

高校要根据大学生的心理特点和实际需要，通过团体咨询、个别咨询、电话咨询、专栏和网络咨询等形式，向大学生提供及时有效的性心理健康辅导与咨询服务。

3. 开展大学生心理健康协会的活动

心理健康协会以宣传普及心理卫生知识，陶冶学生情操，提高心理素质，消除心理隐患，挖掘心理潜能为宗旨，积极开展多姿多彩的心理健康教育活动。通过心理互助社团活动，充分发挥心理健康协会的自助与互助功能，使大学生学会正确对待各种性心理问题，对性形成科学认识，对性冲动进行合理调节，增强性心理健康意识，促进大学生的人格健康发展。

4. 开设性心理辅导选修课

大学生性心理辅导课是一门其他课程无法替代的具有独特价值的性教育课程，它可以提供更大范围的心理干预，同时让学生掌握性心理卫生知识和自我调节方法，使心理状态调节到最佳效果。大学生性心理辅导选修课应该作为一门专门的课程列入教学计划，供全校学生任意选修。该课程应以性为主线，系统全面地讲解大学生成长中与性有关的问题。其内容应包括一般性生理、性心理发育，婚恋心理，性品德心理，性审美心理，异性交往，性心理困惑，性心理障碍和性变态等多个方面，重在引导大学生树立正确的性观念，培养正确的性态度，形成健康的性意识，培养大学生对性心理问题的自我调适能力。

（http://www.zgxkx.org/sexjk/xjy/201203/1509.html）

（五）大学生性辅导遵循的原则

保密性原则是心理辅导和心理咨询中最重要的原则，是心理辅导能否成功的关键因素，同时也是对来访者人格及隐私权的最大尊重。特别是对于性心理辅导者来说，更要强调保密原则。由于传统习俗的影响，许多有性心理问题的人不愿谈性，不敢谈性，常常忍受着自己的痛苦而羞于启齿。因此，心理辅导人员对来访者所谈的一切内容尤其是性方面的内容都要严格保密，不能向外公开谈话内容和来访者的个人资料，也拒绝任何有关对来访者情况的调查。辅导人员的热情、诚恳、耐心都要以严守来访者的秘密为前提。因为，只有来访者确信辅导者对其谈话内容保密时，才可能谈出未曾向任何人透露的内心秘密，否则性心理辅导工作就难以开展。对辅导人员来说，失密就是最大的失职。

（六）大学生性心理辅导的目标

(1)指导和帮助大学生了解生育、避孕知识及性病、艾滋病的预防措施，了解什么是性心理健康，什么是健康的和不健康的性心理，启发学生自觉维护生殖健康和性心理健康。

(2)指导和帮助大学生对青春期心理特征、性意识、性行为以及性心理卫生问题有正确的了解和认识，帮助学生正确认识性萌动及性欲望，消除对性的神秘感和恐惧心理，解除体象困扰和性疑惑，正视和适应性的成熟，主动调节由于性成熟带来的一系列生理、心理上的变化。

(3)指导和帮助大学生建立积极的性价值体系，培养健康的恋爱观、婚姻观和性价值观，塑造良好的性品德。倡导男女大学生谨守贞操，维护性纯洁，使他们认识到婚前保持性纯洁的价值和意义，帮助他们在性领域建立起健康人格。

(4)指导和帮助大学生掌握必要的性压抑和性冲动的自我调节方式，在符合社会规范和心理卫生原则的前提下疏导和宣泄自己的性能量，引导大学生积极参加社会活动和集体活动，将生理上的性欲冲动转化为较高级的精神活动动力。

(5)指导和帮助大学生掌握性心理困扰的调适方法，提高对性心理疾患的预防能力，学会对各种性心理障碍进行初步的诊断和调适，以促进大学生性心理的健康发展。

(6)指导和帮助大学生形成良好的交往适应性，提高人际交往技能，引导他们参与异性间的正常交往，建立和谐的人际关系，以避免因人际关系失调造成的性关系上的挫折和失败。

(7)指导和帮助大学生形成健康的性态度，以积极的态度接受自己的性别，形成符合我国社会伦理规范的性别角色行为，摈弃视性为丑恶、肮脏的旧观念和性禁忌，以科学的态度认识和理解自身的性生理、性心理的发展变化。

总之，确定性心理辅导的目标应围绕有助于大学生了解性知识，建立积极的性价值体系，形成健康的性态度，培养高尚的性道德，塑造健康的性心理，更好地成才及适应社会生活。

（http://www.xzbu.com/6/view-1145367.htm）

课后练习

围绕报刊上的征婚启事进行关于恋爱观和择偶观的小组讨论。

教学方法与手段

采用多媒体课件教学，及课堂讨论、小组讨论方法。

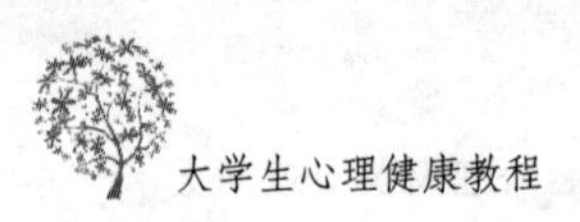

第九章 大学生生命教育与心理危机应对

【目的与要求】

1. 通过教学使学生认识生命，尊重生命，珍爱生命；
2. 帮助大学生识别心理危机的信号；
3. 掌握初步的干预方法，预防心理危机，维护生命安全。

第一节 生命的意义

一、生命的本质

生命的本质是宇宙大爆炸后空间运动的历史记忆（遗传基因）的外在表现形式。时效波说："事物内部矛盾是事物发展的内在动力，从无机物到原始生命的演化过程中，当时特有的物质结构和环境条件是外因，惯性维护平衡与作用造成变化这一物质最基本属性的矛盾则是推动有机物到原始生命发生质变的内在动力（内因）；其所外化成的生命的新陈代谢功能和内化成的遗传变异性能则随着时间的推移，在'物竞天择，适者生存'这一自然选择规律的作用下，造就了从水生到陆生、从简单到复杂、从低等到高等，自觉或不自觉发挥着主观能动性去趋利避害，适应环境的千差万别、形形色色的生命。"

二、记忆是一种平衡态

如果说在真空中光的运动速度对于任何惯性运动的参考系都是光速 c 的话，那么说明光是宇宙中最快的也是以最稳定速率膨胀的膨胀空间。光子空间的扩散运动使空间向内弯曲，产生引力，使得其他膨胀空间的扩散运动与引力平衡，产生了电子、质子、中子、原子、分子、无机化合物、高分子有机化合物。这些是从高到低的不同温度下膨胀空间与引力空间的平衡态，质子是宇宙在初期高温高压下的夸克运动的平衡态，也是宇宙的初期记忆。分子、无机化合物是宇宙发展到星系时行星中原子运动的平衡态，也是宇宙的中期记忆。高分子有机化合物、生命是光子流过分子，产生的负熵与扩散运动的平衡态，也是宇宙发展到一定时期的记忆。

三、人有来生吗

我们总以为人只能活一辈子，其实不然。在我们有自我意识的时候，觉得"我"是生命的主体，殊不知，我们有很多时候，并不由我们的意识所控制，如心脏的跳动、我们的情绪等。其实，我们只是从我们的父母遗传过来的遗传基因 DNA 的表象而已。如果从 DNA 的角度看，我们已经活了亿万年！

四、人生的意义释义

生命的意义就是问道，不是记在纸上，而是记在我们的遗传密码 DNA 上。

参阅莫如冰著《迷徒》第一章第十节生命的意义释义：

（一）“生命的意义”解释之一

这本书认为，生命的意义就是好好活，好好活就得让自己的生活做些有意义的事情，让生命放出光芒！

（二）“生命的意义”解释之二

人，应当丰富人生，在有生之年实现自己的理想，快乐地生活。为社会和平、发展，奉献自己应有的精力，不虚度年华，不碌碌无为，不给自己留下遗憾。

（三）“生命的意义”解释之三

对生命意义在中国古代就已有过深刻的思考，而事实上宗教的诞生就是为解决生命与消亡、毁灭与存在等一系列矛盾而诞生的。古籍载，人乃五行之秀、万物之灵，可见自遥远的过去，先人已意识到人类与其他生物的不同。故人类的生与死便也不可与一般生物如草木枯荣、动物诞生与死亡同一而论，理性的诞生赋予人类特殊的能力。人类自我的认可和不甘消亡迫使人类对生命意义和世界本源存在方式进行思索，加之理性的存在，使人类意识到除却这目光所及的客观世界，人类的意识也一样诡谲和宏大，故唯心论应运而生，从此整个人类社会进入了意识世界真实性和客观世界真实性的长久论辩——但毫无结果。事实上当人类把世界的存在方式和生命的存在方式弄清之后，生命的意义也可得到解决。在这些永恒的思索之中，宗教诞生。或认为世界本无相，生命的本质、世界的本质乃为空，虚空中的缕缕念想而化色，色又生相，相便是我们眼中千奇百怪、陆离变幻的世界了，而这一切终为幻，最后还是重归于空，故而人类需禁欲斩情，守心空念。或列条例劝人行善，发现了善性符合整体世界核心本源规则，发现善行可产生一种神奇的魔力在行善者身上，但它玄之又玄无可捉摸，只知可让行善者运顺气旺，精神愉悦，行恶则生恶力，善生善力，故而有智者认为生命的意义在为行善，它让人快乐、充实，神清气旺。中国对世界和生命的思考在诸子百家出现集中性爆炸，流派纷呈，目不暇接，道家、儒家、墨家、阴阳家等，其中以自然无为和明德救世最为受人敬仰，对生命的意义思考帮助重大。或许生命的意义在于行善、爱人，更为深掘乃为问道。

（四）“生命的意义”解释之四

人分几种：

为别人活着：以别人的快乐作为自己的快乐，以别人的痛苦作为自己的痛苦，以周围

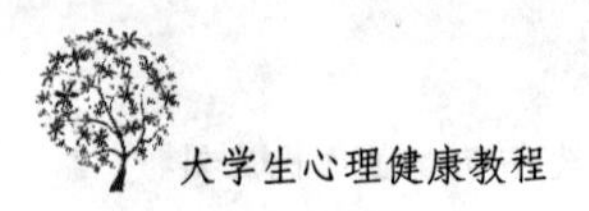

人的评价和称赞作为自己存在的意义。

为自己而活着：以个人物质或精神享受作为自己生活的目的，不顾及他人的感受、他人的态度以及生活中周围人的评价。

为某种信念或者理想活着：比如某种观念、信念之类。

为活着而活着：没有活着目的，仅仅是活着。等待着生命结束或者生命中可能出现的奇迹。

五、生活就是爱

"甘瓜苦蒂，天下物无完美。"只有爱才是完美的。不问苦乐，不问得失，不计成败，尽你的心去爱就是。

爱是无私的，爱是纯挚的。爱生命，爱生活，爱他人……爱更多的是给予，而不是索取。

爱是高尚的，从男女之间的纯真爱情，到人与人之间的相互关爱；从对家人的疼爱，到对他人的爱护；从对生活的热爱，到对国家人民的博爱，都是高尚的。爱亦是博大的，不但要爱自己、爱生活，更重要的是爱他人、爱人民、爱国家。一个只爱自己、只顾自己的人，与其说是一种自私自利的狭隘主义，倒不如说其没有真爱。只有具备了爱别人的博爱心灵，才能算得上高尚的灵魂！

爱，首先从自己做起，一个不懂善待自己，享受生活快乐的人又怎么懂得珍惜生活、享受生活，又怎能懂得善待别人。

有一个小男孩因一时气愤对母亲说："我恨你，我恨你……"山谷传来回音："我恨你，我恨你……"小孩很害怕，跑回家对母亲说，山谷里有个很坏的小孩说他恨他。母亲带他到山边并要他喊："我爱你，我爱你……"小孩照母亲说的做了，这次他却发现，有一个很好的小孩在山谷里对他说："我爱你，我爱你……"

爱是平等的，也是相互的。生命给你一种回声，你送出什么它就送回什么，你播种什么就收获什么，你给予什么就得到什么。你想要别人是你的朋友，首先你得是别人的朋友。心要靠心来交换，感情只有用感情来博取。

人活在这个世界，就是要学会相互关爱和帮助，关心他人，理解他人，帮助他人。爱是我们互相交往、共同生活的纽带。

把爱存在心中，温存永远相伴！

世界因为有爱而变得美丽，生活因为有爱变得精彩，用心去生活，全心去爱生活的点点滴滴，生活会让你天天快乐。爱本身就是一种快乐，只有懂爱的人才能真正享受生活！

六、生命就是一种境界

"生命犹可贵，千金亦难买。"人的生命是至重、至贵的，人在一生当中，许许多多的事情并非仅仅为了生存，"人吃饭是为了活着，但人活着不仅仅为了吃饭"。生存只是一种手段，最终的目的是为了完成自己的理想，实现一种价值追求。

一个人怎样实现和创造自我的价值呢？一个人，一种活法。每个人都有其独特的生活方式。以生活的价值观、人生观的不同可分两类。一种是以天下为公，"先天下之忧而忧，后天下之乐而乐"，胸怀博大，以天下为己任，"为中华之崛起而读书"；另一种人，揣怀着“人不为己天诛地灭”的自私心理，无孔不入，损人利己，唯利是图。

人的价值的实现即是自我的实现，通俗地讲就是事业的归宿，对社会贡献应有之力。这是我们所渴望的。为了这个理想，许许多多的人不顾艰辛困难，奋勇前进，不惜头破血流，伤痕累累，甚至抛头颅、洒热血亦在所不惜，只要有这个理想的支撑，生命就有源源不断的动力，一直不竭！

人，就是应该具备一种精神，一种敢于斗争，不怕苦、不怕累、不怕流血的大无畏精神，一种勇往直前、百折不挠的信念！生命就是一种精神、一种追求！

生命就是活出一种境界，一种为人处事的境界，一种奋斗努力的境界，一种成功超脱的境界。

（参见附录一中的案例一、二）

(http://baike.baidu.com/view/24177.htm#2_29)

第二节　大学生心理危机

一、心理危机与心理危机干预的含义

什么是心理危机？心理危机理论的创始人 G. Caplan(1964)将其定义为“面临突然或重大生活事件，个体既不能回避，又无法用通常解决的方法来解决问题时所出现的心理失衡状态”。按 Punukollu(1991)的定义，心理危机是：“个体运用通常应付方式不能处理目前所遭遇的内外部应激时的一种反应。”

根据各种心理危机理论对心理危机的解释，我们可以将心理危机归纳为四个方面：第一，发生和存在着重大的内外部应激。第二，当事人用通常应付方式暂时不能处理。就是说，当事人暂时处于束手无策、手足失措的境地，不能迅速有效地采取应对措施。第三，是一种主观的认识和感觉。当事人感觉到的是一种威胁、挑战、失落甚至是绝望，产生抑郁等急性情绪扰乱。这种感觉来自于当事人对环境和自我的认识，如果不能得到及时缓解和控制，就会导致当事人情感、认识、行为方面的功能混乱，使心理内部环境出现巨大失衡以致不能自持甚至精神崩溃的状态，但这些均不符合任何精神疾病的诊断标准。第四，心理危机的本质是当事人心理系统的失衡。

心理危机干预又称危机调停，是一种从短程治疗基础上发展起来的急诊访问形式或劝导的形式，采取某些措施来干预或改善危机情景并解决当事人的问题，以防止伤害当事人及其周围的人们，并最终使之恢复心理平衡与动力，使其情绪、认知、行为等重新回到危机前水平或高于危机前水平。危机干预是以解决问题为目的的，不涉及人格塑造。在学科归属上，危机干预属于心理治疗的一种，它既是短程心理治疗，也是支持性治疗，还是聆听心理治疗。同时，心理危机干预也是紧张心理治疗的最好方案。

二、大学生心理危机表现和成因

（一）大学生心理危机表现

由于大学生群体是一个集中的群体，做到准确判断并不容易，除了依据大学生个人生

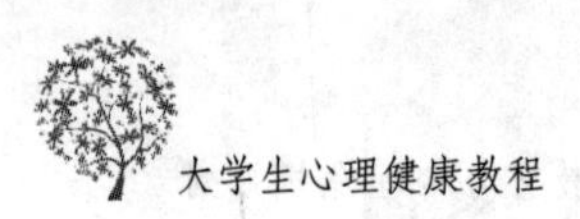

活史与性格特征，及是否存在急性应激事件来识别外，处于危机中的大学生有其具体的表现形式。一般有发展性心理危机、境遇性心理危机和存在性心理危机。

1. 发展性心理危机的表现

一般有难以适应新环境的焦虑心理、人际关系难以适应的抑郁心理、学习心理障碍、恋爱与性的烦恼、昂贵的学费和就业压力带来的自卑和彷徨心理等。

2. 境遇性心理危机的表现

一般有重大生活事件打击后应激障碍、心理创伤后应激障碍等表现。

3. 存在性心理危机的表现

一般有自我意识的模糊与困惑导致自卑心理、大学生的目标困境等表现。

(二)大学生心理危机的成因

第一，生理原因。大学生处于生理发育的基本成熟和部分心理发展相对滞后的特殊时期，处在人生观和世界观相对稳定而又不够稳定的关键时期，这种不协调会产生心理问题。

第二，社会环境的原因。多数大学生对心理健康方面的知识和心理活动规律缺乏正确的了解，对一些心理现象缺乏正确的认识，不懂得用科学的方法自觉地进行自我心理调适；对心理咨询活动缺乏正确的理解，常常把心理上遭遇的问题混同于人们忌讳的"精神病"，没有勇气自觉地走进心理咨询机构。

第三，家庭教育环境的原因。大学生群体暴露出的心理危机很多是个体在所处的家庭环境、小学到高中所受的教育中积累潜伏下来的。如独生子女在家庭中受到溺爱保护过多，缺乏独立生活、自我调节能力；中学教育重成绩、轻能力，缺乏对学生完善人格的培养等。这些问题往往在大学这个特定的学习、生活环境中逐渐暴露出来。

第四，学业上的困惑、困难。目前，学校、家庭以及社会对学生的评价体系中，学业仍然的最重要的依据。在高考的重压下成长起来的部分大学生往往伴随着的是人格塑造的缺陷与心理适应能力的欠缺。他们进入大学后各种问题扑面而来，学习方法不当，自主学习能力与创造学习能力低，专业选择不当，学习动力不足和部分重要考试的失败等都会使大学生缺乏成就感，自我形象降低，极易形成心理危机。

第五，大学生适应和人际交往方面。当前，很多大学生都是独生子女，在他们身上普遍存在独立性差依赖性强等缺点。他们在进入大学后面对新的学习和生活环境会感到不适应，如果这种不适应持续太长而没有得到缓解，容易产生心理危机。

第六，经济上的压力。高校中贫困大学生，由于正常的学习和生活费用得不到保证，人际关系显得困难。这容易使他们产生自卑心态、焦虑心理、忧郁心理、自我封闭心理、偏激心理、嫉妒心理、自责心理以及内心敏感等。

第七，择业求职焦虑。大学生在择业过程中出现的矛盾使大学生的择业观念相当混乱，心理问题也随之越来越严重。有的学生甚至一进校门就担心将来就业是否顺利，整天忧心忡忡，表现出严重的危机感。有的学生为适应市场经济的要求，不断给自己施压，花费大量的人力财力学习计算机、外语等，忙着各类证书考试，长期处于紧张状态。一旦他们失败，就容易产生迷茫、自卑、怯懦、焦虑等心理，有的产生怀才不遇、冷漠甚至攻击心理和行为。

另外，重大生活事件，如失恋、家庭变故等也会引起大学生心理危机。

三、大学生心理危机的处置

心理危机是高校危机管理的重要组成部分，与其他类型高校危机事件的管理有着共性，但又有其自身的独特性。它更多地涉及心理学知识、心理咨询学知识的应用。高校大学生心理危机管理大致可分为三个阶段：心理危机预防阶段、心理危机处理阶段、心理危机善后阶段。

四、大学生心理危机的预防和干预机制

（一）通过"四位一体"的创新思维方法服务学生，帮助大学生排遣心理困惑

"四位一体"的创新思维方法以服务学生、帮助大学生排解心理困扰、提高大学生的心理素质、促进大学生健康成长和全面发展为宗旨，以心理咨询中心、就业指导中心、职业生涯规划室、助学贷款中心为主体工作机构，以学习心理、就业心理、贫困生心理的优化建构为主要服务内容，以"工作联动、互通信息、相互协调、联手帮扶"为工作要求，和教学、后勤、二级学院密切联动，通过"四位一体"的学生学习支持体系，把教学管理人员、专业教师和班级辅导员、心理委员四支队伍有机结合起来，在学习、助困、助学、择业等方面为学生提供全方位的心理健康支持。

（二）建立和完善大学生心理健康三级预防网络

在心理健康教育日益受到学生、家长、学校和社会关注的今天，应建立和完善心理健康的三级预防网络，给予不同学生不同的关注。

一级预防的对象是正常、健康的学生，其主要内容是维护大学生心理健康水平和增强大学生自我调试能力。应立足于以"发展性咨询"为基础，通过书刊、报纸、网络、电影等各种媒介宣传和普及心理健康知识，通过讲座、课程、讨论、活动等多种互动形式使广大学生积极主动地掌握和提高心理健康自我保健的能力。

二级预防主要针对轻度心理异常的大学生，主要工作有心理咨询和心理治疗。大学生轻度心理异常主要表现为新生适应、考试焦虑、宿舍关系不良、人际冲突、恋爱矛盾、社交恐惧等。对这些学生，学校应首先通过定期的心理健康问卷普查，及时发现有心理健康困扰的学生；然后，会同专业咨询师和临床医生共同诊断，制定干预方案；最后，委派咨询师为其提供咨询和辅导，必要时与临床医生共同治疗。

三级预防则服务于严重的心理疾病患者，主要包括精神分裂症、心境障碍、人格障碍、进食障碍等。学校在本级预防中的作用不是直接治疗或干预，而是及时发现、迅速处理，对精神病患学生善于发现，密切注意，向同学、老师和家长全面搜集患者资料，及时联系家长、辅导员，将患者转介到专业医疗单位救治，同时做好对周围同学的解释和教育工作。

（http://lunwen.mingmw.com/wenyi/xinli/11667.html）

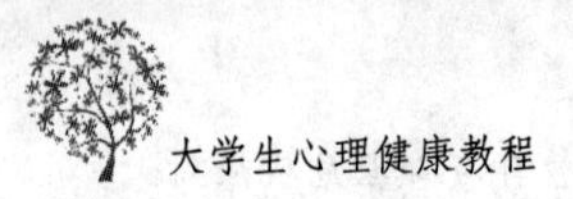

课后练习

学生个人写一篇珍爱生命，维护安全的短文。

教学方法与手段

采用课堂讲授、心理测试、角色扮演和小组讨论等方法。

第十章　大学生职业生涯发展心理

【目的与要求】

1. 了解职业生涯的概念、特性及各发展阶段的特点；
2. 学会规划自己的职业生涯，克服常见的择业心理困惑。

第一节　什么是职业生涯

一、职业生涯的概念及特性

(一)职业生涯的概念

职业生涯也称为事业生涯，是指一个人一生连续担负的工作职业和工作职务的发展道路；是一个人一生中所有与工作相联系的行为与活动，以及相关的态度、价值观、愿望等连续性经历的过程。

(二)职业生涯的特点

1. 方向性

职业生涯是生活中各种事态连续演进的方向。

2. 时间性

职业生涯综合了人一生当中依序发展的各种职业角色。

3. 空间性

职业生涯除了职业角色以外，还包括任何与工作有关的经验和活动，如承担该工作需要的资格和能力，以及工作中建立的与其他部门或社会成员的人际关系等。

(http://www.wysls.com/thread-216-1-1.html)

二、职业生涯发展的阶段

职业管理顾问认为，一个人的职业生涯发展可分作五个阶段，把握住每个阶段可能出现的问题，提前规划，才能让自己掌握主动权。

第一坎："青黄不接"阶段

工作1～3年是职业生涯最"青黄不接"的阶段。你既不像毕业生那么"单纯"，又不像

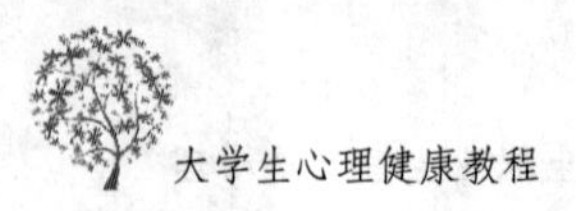

有四五年资历的那样能“独当一面”，正处于“一瓶不满，半瓶晃荡”的状态，这时候如果跳槽找工作，其难度可想而知。

这个阶段的主要疑问是：“我是谁？”“我能做什么？”迷茫的主要原因是缺乏自信和社会经验。

职业管理顾问的忠告和建议解决方案：这段时间最好不要轻易跳槽，相反，如果这段时间较为“安静”，往往能够积累到一生中第一次“从学习迈向工作”时段内宝贵的工作技能和坦然的就业心态。许多人“爱跳槽”的毛病往往是从这个阶段“稳不住窝”开始养成的。

第二坎：“职业塑造”阶段

工作3～5年后，你就会逐渐步入“职业塑造”阶段。逐渐熟悉组织文化，了解组织内情，建立初步的人际关系网。经过一段时期后，你的“职业性格特点”就暴露出来了：哪些是自己的特长，而哪些又是不足的地方，于是开始进入“职业塑造”阶段，对职业方向进行合理调整和矫正。

这个阶段的主要疑问是：怎样来进行“合理的调整与矫正”呢？

职业管理顾问的忠告和建议解决方案：不妨在工作的相关领域先适当地改换一下工作方式，比如在同一个公司内部的不同部门适当进行换岗，这样不仅能开阔视野，增添新鲜感，还能测试出究竟最适合做什么工种。如果发现自己的性格和特长与现有工作偏差太大，那么一定要当机立断马上改行，这时候千万不要贪恋现有工作薪水有多高，环境有多好。

第三坎：“职业锁定”阶段

工作5～10年，随着对自身优劣势及性格特点的日渐清晰和不断的实践锻炼，渐渐由“职业塑造阶段”走向了“职业锁定阶段”，开始认定“你是干哪一行的”了。

在这个阶段，有的人积累了比较丰富的经验，承担起工作的责任，发挥并发展自己的能力，为提升或进入其他职业领域打基础。

这个阶段的主要疑问是：“为什么这么多年来我一事无成？”“理想和现实不相符，我是不是需要重新选择？”迷茫的主要原因是个人的发展目标与组织提供的机会和职业通路不一致。

职业管理顾问的忠告和建议解决方案：如果依然愿意尝试这份工作，就应该首先端正态度，决不能整天愤世嫉俗，怨天尤人，而应该投入战斗，在战斗中快速磨炼和积极探索，不断修正下一步的工作流程和发展方向。即便是已经暂时“锁定”了职业种类，也千万不要每天得过且过地混日子。相反，还要更加勤奋地不断寻求自我突破，逼迫自己不断跨越新的高度。

第四坎：“事业开拓”阶段

工作10～15年，“职业”将成为终身的“事业”，意味着开始从前期“职业阶段”中的技能、经验及资金积累走向人生事业的开拓历程。可能在这个阶段仍然保持着原来的“职业”状态，仍然每天在为“老板的事业”而奔波，但年龄和阅历已经将你推向了事业发展的起跑线。并且，你的家庭开始逼迫你为他们着想，你的事业心和成就感都决定了你要开始考虑自我了。

这个阶段可能你会遇到的主要疑问是：“接下去的岁月，应该做些什么？”

职业管理顾问的忠告和建议解决方案：人到中年，很多人在机会面前不敢贸然决定，因为从心理上理解了人生的有限，而自己也开始重新衡量事业和家庭生活的价值。在大约 35 岁到 45 岁之间，会发生职业生涯危机。

第五坎："事业平稳"阶段

工作 15 年以后，你已经步入"不惑之年"，前期"职业阶段"和"事业开拓阶段"已经为你留下了许多积淀。在这个阶段，你所需要的是如何使自己事业能够在平稳的过程中持续上升。这期间你还要不断地去观察市场、了解市场，不能有丝毫的松懈，所以你可能会感觉很累、很辛苦，不过你见得多了，承受压力的能力也比较强，于是也就能游刃有余了。

曾经的一切豪言壮语和海誓山盟在这个阶段变为现实，你被推上了事业的巅峰，不过这一切美妙结果的前提就是你先要在前面几个阶段都很努力，也很用心。

(http://www.hustwenhua.net/jgsz/xsgzc/jyxxw/zqxt/sygh/201111/16623.html)

三、职业生涯规划

(一)职业生涯规划的定义

职业生涯规划(简称生涯规划)，又叫职业生涯设计，是指个人与组织相结合，在对一个人职业生涯的主客观条件进行测定、分析、总结的基础上，对自己的兴趣、爱好、能力、特点进行综合分析与权衡，结合时代特点，根据自己的职业倾向，确定最佳的职业奋斗目标，并为实现这一目标做出行之有效的安排。

(二)职业生涯规划的意义

(1)以既有的成就为基础，确立人生的方向，提供奋斗的策略。

(2)突破生活的格线，塑造清新充实的自我。

(3)准确评价个人特点和强项。

(4)评估个人目标和现状的差距。

(5)准确定位职业方向。

(6)重新认识自身的价值并使其增值。

(7)发现新的职业机遇。

(8)增强职业竞争力。

(9)将个人、事业与家庭联系起来。

(三)职业生涯规划制定的原则

1. 清晰性原则

考虑目标、措施是否清晰、明确？实现目标的步骤是否直截了当？

2. 挑战性原则

目标或措施是否具有挑战性，还是仅保持其原来状况而已？

3. 变动性原则

目标或措施是否有弹性或缓冲性？是否能依环境的变化而作调整？

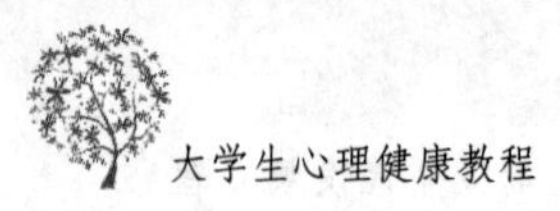

4. 一致性原则

主要目标与分目标是否一致？目标与措施是否一致？个人目标与组织发展目标是否一致？

5. 激励性原则

目标是否符合自己的性格、兴趣和特长？是否能对自己产生内在激励作用？

6. 合作性原则

个人的目标与他人的目标是否具有合作性与协调性？

7.全程原则

拟定生涯规划时必须考虑到生涯发展的整个历程，做全程的考虑。

8.具体原则

生涯规划各阶段的路线划分与安排，必须具体可行。

9.实际原则

实现生涯目标的途径很多，在做规划时必须要考虑到自己的特质、社会环境、组织环境以及其他相关的因素，选择确实可行的途径。

10. 可评量原则

规划的设计应有明确的时间限制或标准，以便评量、检查，使自己随时掌握执行状况，并为规划的修正提供参考依据。

(四)职业生涯规划的期限

职业生涯规划的期限，划分为短期规划、中期规划和长期规划。

短期规划，为三年以内的规划，主要是确定近期目标，规划近期完成的任务。

中期规划，一般为三至五年，规划三至五年内的目标与任务。

长期规划，其规划时间是五至十年，主要设定较长远的目标。

(五)如何做好职业生涯规划

1. 正确的心理认知

(1)认清人生的价值，包括经济价值、权力价值、回馈价值、审美价值、理论价值。

(2)超越既有的得失。后悔与抱怨对未来无济于事，自我陶醉则像“龟兔赛跑”中的兔子。人生如运动场上的竞技，当下难以断输赢。

(3)以万变应万变，任何“执着”都是一种“阻滞”前途的行为。

2. 剖析自我的现状

(1)个人部分

健康情形：身体是否有病痛？是否有不良的生活习惯？生活是否正常？有没有养生之道？

自我充实：是否有专长？经常阅读和收集资料吗？是否正在培养其他技能？

休闲管理：是否有固定的休闲活动？有助于身心和工作吗？是否有休闲计划？

(2)事业部分

财富所得：薪资多少？有储蓄、有价证券吗？有不动产吗？价值多少？有外快吗？

社会阶层：现在的职位是什么？还有升迁的机会吗？是否有升迁的准备呢？内外在的人际关系如何？

自我实现：喜欢现在的工作吗？理由是什么？有完成人生理想的准备吗？

(3)家庭部分

生活品质：居家环境如何？有没有计划换房子？家庭的布置和设备如何？有心灵或精神文化的生活吗？小孩、夫妻、父母有学习计划吗？

家庭关系：夫妻和谐吗？是否拥有共同的发展目标？是否有共同或个别的创业计划？家庭关系如何？是否常与家人相处、沟通、活动、旅游？

家人健康：家里有小孩吗？小孩多大？健康吗？需要托人照顾吗？配偶的健康如何？家里有老人吗？有需要你照顾的家人吗？

3. 人生发展的环境条件

(1)友伴条件：朋友要多量化、多样化，且有能力。

(2)生存条件：要有储蓄、发展基金、不动产。

(3)配偶条件：个性要相投，社会态度要相同，要有共同的家庭目标。

(4)行业条件：注意社会当前及未来需要的行业，注意市场占有率。

(5)企业条件：要稳定，则在大中型企业；要创业，则在小企业。公司有改革计划吗？公司需要什么人才？

(6)地区条件：视行业和企业而定。

(7)国家(社会)条件：注意政治、法律、经济(资源、品质)、社会与文化、教育等条件，及社会的特性和潜在的市场条件。

(8)世界条件：注意全球正在发展的行业，用"世界观"发展事业。

4. 人生成就的三大资源

(1)人脉：家族关系、姻亲关系、同事(同学)关系、社会关系。

(2)金脉：薪资所得、有价证券、外币、财产(动产)、信用(与为人和职位有关)。

(3)知脉：知识力、技术力、资讯力、企划力、预测(洞察)力、敏锐力。

5. 组织内部发展生涯的途径

(1)生涯甜筒取向

- 向内的；
- 垂直的；
- 水平的。

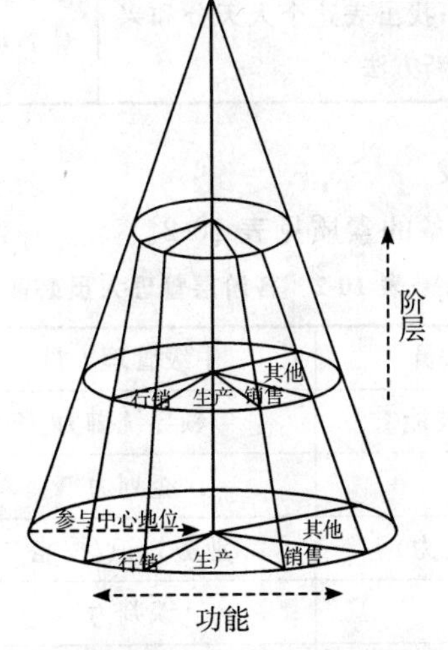

生涯甜筒：一个组织的三向度模式

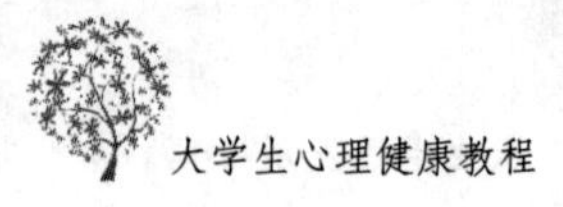

(2)生涯角色取向

个人生涯可能承担的专业角色及生涯发展的七阶段见表10-1。

表10-1 角色主要任务重大心理议题

	角色	主要任务	重大心理议题
阶段一	学生	发展及发现个人的价值、兴趣和能力，拟定明智的教育策略；经由讨论、观察及工作经验，找出可能的职业选择	接受个人抉择的责任
阶段二	应征者	学习如何找工作，如何磋商一场就业面谈；学习如何评估关于一个工作和一个组织的资讯；拟定实际且有效的工作抉择	果断地将自己呈现给别人；忍受不确定性
阶段三	储备人员	学习组织的诀窍；协助别人；遵循命令；获得认可	依赖他人；面对现实及组织真相所带来的震撼；克服不安全感
阶段四	同事	成为一个独立的贡献者；在组织找到一个担任专家的适当位置	根据新的自我知识和在组织内的发展潜能重新评估原始的生涯目标；独立；接受个人成败的责任；建立平衡的生活形态
阶段五	指导者	训练/指导其他人；介入组织的其他单位；管理小组专案计划	为别人承担责任；从别人的成就中获得满足；如果不是位居管理的角色，则接受现有的专业角色，并从横向发展中发现机会
阶段六	资助者	分析复杂的问题、影响组织的方向；处理组织的机密；发展新的想法；赞助别人具创意的专案计划；管理权力和责任	变得比较关心组织的利益；管理对高压力水准的个人情绪反应；平衡工作和家庭；对退休生活的规划
阶段七	退休者	适应生活标准和生活形态的变化；找出表达个人天分和兴趣的新方法	在个人过去的生涯成就中找到满足的同时，也对个人发展的新途径保持开放的态度

(3)主要职能的开发

各阶层管理人员必备的素质见表10-2。

表10-2 各阶层管理人员必备的重要素质

顺位	初级管理人员	中级管理人员	高级管理人员
1	业务知识/技能	领导统御力	领导统御力
2	统御力	企划力	先见性
3	积极性(行动力)	业务知识/技能	谈判力
4	谈判力	谈判力	领导魅力
5	企划力	先见性	企划力

续表

顺位	初级管理人员	中级管理人员	高级管理人员
6	指导培养部属能力	判断力	决断力
7	创造力	创造力	创造力
8	理解、判断力	积极性	管理知识、能力
9	管理实践能力	对外、调整力	组织革新力
10	发掘、解决问题能力	领导魅力	判断力

管理能力的结构见表 10-3。

表 10-3　管理能力的结构(模型)

第一级	在执行管理工作时，直接需要的能力	目标设定力 计划化力/组织化力 统制力	经由实践的过程可以学习到的领域
第二级	支持第一级的能力	战略的思考力 创造力/洞察力 协调力 解决问题能力	
第三级	要培养第一、二级能力所必要的知识、技能	与管理有关的知识和方法，有关本公司、本部门的知识等	OFFJT 所需要的领域
第四级	管理人员必备的人格特性	积极性、感情的安定性 自发性、责任感等	经由 OJT-OFFJT 可能改变的领域
		行动性、持续性等	很难改变的领域

研究人员的知识结构见图 10-2。

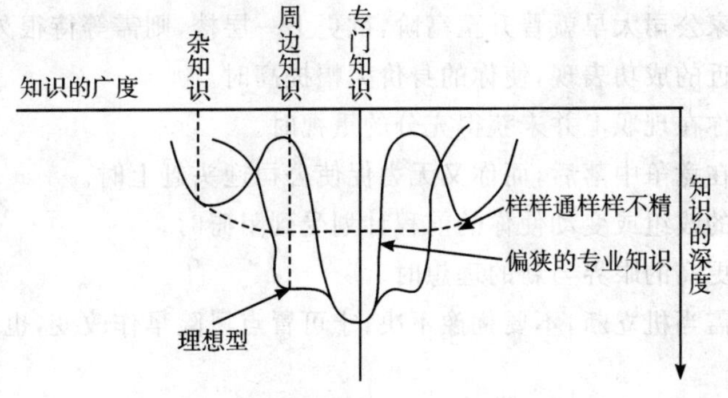

图 10-2　研究技术人员的知识结构

专门能力开发方法见表 10-4。

表 10-4　有效的专门能力的开发方法

开发方法	使用比例
1. 自我启发	46.0%
2. 企业内教育	11.0%
3. 企业外教育	13.6%
4. 同一部门内工作轮调	4.1%
5. 不同部门内工作轮调	8.0%
6. 派训关系企业	2.1%
7. 多种研究开发专题的经验	43.9%
8. 高度研究开发专题的经验	54.9%
9. 参与某个专案小组	40.5%
10. 参与公司外的专家交流	40.7%
11. 参与公司外的专家共同研究	29.9%
12. 其他	0.5%

(4)如何晋升

- 始终追随胜利者工作；
- 对公司要忠诚，但如果过度的忠诚会危害你的前途，也不妨考虑“骑驴找马”，另找明主。
- 懂得调和公司整体的利益与员工个人的需求，懂得毅然去做可能不受同事欢迎的决策。
- 如果上述这种决策使某些人受到伤害，要与受害者沟通。
- 延揽优秀的人才来弥补在专业知识及技术上的不足。
- 了解其他高级主管的优点及缺点。
- 力求发挥所长，使公司获益。

(5)更换工作的时机

- 如果在一家公司太早就晋升至高阶，欲更上一层楼，则需等待很久的时间时。
- 由于你最近的成功表现，使你的身价大幅提高时。
- 如果觉得你在现职上并未获得充分的重视时。
- 如果公司在竞争中落后，而你又无力促使公司迎头赶上时。
- 如果公司的改组或变动使你的前程计划受到阻碍时。
- 如果你有更高的眼界与新的理想时。
- 更换工作需当机立断，不要犹豫不决，宁可冒点风险早作改变，也比踌躇不定好，以免错失良机。

(6)如何管理职位与前程

- 对自己的雄心、长处及短处有实际的了解。
- 不要好高骛远。

- 尽早规划自己的前程发展计划。
- 谨言慎行,不要随便对别人推心置腹。
- 小心维护自己的名誉。
- 多了解组织中政治手段的运作情形。
- 建立个人的情报网,消息要灵通。
- 与现在担任你想要争取的职位的人士保持良好的关系。
- 参加相关的专业社团或联谊组织。
- 建立适当的形象。

6. 设定执行方案

(1)设定目标的原则:先有大目标,再补充小目标;亦可先有小目标,再定大目标。

(2)执行计划:人生计划—五年计划—年度计划—月计划—周计划—日计划。

(3)注意“轻重缓急”的原则。

(4)实施“时间管理”,不断奋斗。

(5)每年配合环境变化及既有成就,随时修改。

7. 生涯描绘

(1)自我评价

- 我的人生价值是什么?
- 我的人格特质是什么?
- 我这生最感兴趣的事情是什么?
- 我现有的技能和条件有哪些?

(2)自我探索

让自己从上述自我评价中找出自己可行的生涯方向,不要受人影响。

(3)锁定特定目标

设定一个旨在让自己值得而且愿意花最多时间去达成的目标。

(4)生涯策略性计划(可行性)

- 为什么这个目标对我而言是最可能的目标?
- 我将如何达成此一特定目标?
- 我将分别在何时进行上述每一行动计划?
- 有哪些人将会/应当加入此一行动计划?
- 对我而言还有什么不能解决的问题呢?

8. 总结:生涯定位

(1)给自己一个定位;

(2)拟定生涯发展策略;

(3)规划短程可行方案;

(4)检讨与修改。

(http://wiki.mbalib.com/wiki/%E8%81%8C%E4%B8%9A%E7%94%9F%E6%B6%AF%E8%A7%84%E5%88%92)

第二节　个人与职业匹配原理

一、个人与职业匹配过程和类型

人职匹配是指个人的能力、个性、兴趣、需要等与职业对人的要求之间的一致性。

(一)人职匹配的具体过程

人职匹配的过程具体包括以下三个步骤：

(1)特性评价。评价被指导者的生理、心理特性，职业能力测验，职业兴趣评价，人格测验，以及有关被指导者的家庭文化背景、父母职业、经济收入、学业成绩、闲暇兴趣等，从而获得全面的材料，做出综合评价。

(2)职业因素分析。指分析职业的各种因素，包括各类职业内容、特点，提出对从业人员的具体要求。

(3)个人特性与职业因素的匹配。根据被指导者特性评价与社会职业因素分析结果，对个人进行职业咨询与指导，从而达到人与职业的合理匹配。

(二)人职匹配的类型

人职匹配分为两种类型：

1. 因素匹配(活找人)

例如，需要有专门技术和专业知识的职业与掌握该种技能和专业知识的择业者相匹配；或脏、累、苦，劳动条件很差的职业，需要有吃苦耐劳、体格健壮的劳动者与之匹配。

2. 特性匹配(人找活)

例如，具有敏感、易动感情、不守常规、个性强、理想主义等人格特性的人，宜于从事审美性、自我情感表达的艺术创作类型的职业。

二、人职匹配原理的工作机制

企业要选拔到所需的人员，就必须建立起一套人职匹配的用人机制。

企业是人职匹配的组织者，为人职匹配提供良好的环境，建立人职匹配机制。实行竞聘上岗，评聘公开。从一般岗位到重要岗位，从重要岗位到一般岗位，建立能上能下的竞争机制，调动员工的积极性，增强员工的责任感、危机感、使命感。

实践中，一个人可以做几种不同的工作，一个工作也可以由不同的人来做，到底如何匹配呢？田忌赛马的原理对每个用人单位都有启示：要赢得全局胜利，不一定所有的职位都匹配最优秀的人。核心职位匹配最优秀的人，普通岗位匹配次优秀的人，这样，对挖掘人的潜力、提升人的动机、提高工作效率有重要意义：第一，可以为企业节约人力成本。第二，可以充分调动员工的积极性、主动性、创造性，使员工的发展空间更大，从而总体上提升企业员工的素质。第三，有利于形成整个企业你追我赶、奋力拼搏的企业文化。

在用人机制方面应建立“赛马”机制，不拘一格地选用人员。赛马是公开竞争，在统一的规则下，哪匹马跑得快，一目了然，用不着伯乐来“相马”，因为，“千里马常有，而伯乐不常有”。这样也可避免伯乐自身的偏颇之处。赛出的高级人才，组织自然会给予高薪。否则，企业按学历招来的人才，如果高分低能，坐高位，拿高薪，做不出突出贡献，对企业不仅是一种有形资本的损失（薪酬），也是一种无形资产的损耗（对员工进取心、工作积极性的打击）。

（http://wiki.mbalib.com/wiki/%E4%BA%BA%E8%81%8C%E5%8C%B9%E9%85%8D）

（一）帕森斯的“特性—因素匹配理论”

美国的帕森斯（Parsons）是职业指导实践探索的奠基人，被后人尊称为“职业辅导之父”。他在1909年撰写的《职业的选择》一书中，首次提出“职业指导”（vocational guidance）这一专门术语。其理论假设是人职匹配理论，假定所有的人在其发展和成长方面都存在着差异。那么，职业指导就是根据人的兴趣和能力以及社会所提供的工作机会相匹配的问题；职业指导的过程也就是基于自我认知、职业认知前提下的人职匹配过程。

帕森斯的模式主要基于心理学的角度，依靠直觉和经验，但它为提高劳动者的就业素质，增强人们适应就业市场竞争的心理承受状况和提高职业组织的生产绩效发挥了积极的作用。在帕森斯的启发下，布鲁姆菲尔德使用帕森斯的模式在哈佛大学设计并教授了职业辅导的第一门课程。19世纪末人们开始使用心理测量方法，目的是为了证明个体差异的存在。在两次世界大战中，应用于军人能力分类和合理分派的“alpha测验”和“beta测验”逐渐转向民间，并且在职业选拔中得以迅速推广，以至政府部门开发了“一般能力倾向测验（GATB）”，为就业指导提供了有效的工具。

与此同时，著名的职业指导专家威廉逊总结提升了测量心理学、工业心理学和工作分析的理论与方法，在继承帕森斯职业指导理论的基础上，发展和完善了帕森斯的职业指导模式，形成较为完备的特性因素匹配理论。所谓特性简言之就是人的生理、心理特质或总称为人格特质，而因素是指客观工作标准对人的要求。其实，职业指导的过程也就是使两个方面相互匹配的过程。

（http://www.ybzj.com/html/Admissions/Guide/2010/0821/620.html）

（二）霍兰德的“人格与职业类型匹配理论”

人格是用来描述个体心理差异的，指个体总的精神面貌，是人体心理特征的总和。由于人格差异，个体在各种不同的环境中表现出各自不同的稳定而持久的行为模式。人格包含性格、气质、能力、兴趣、爱好等成分。其中，性格表现人的态度和行为方面的特征，主要由于后天学习和生活锻炼而形成，是人格重要的组成部分。气质俗称“脾气”，主要指由于先天遗传，加上后天影响而形成的特征，如情绪体验的快慢、强弱以及动作反应的敏感迟钝，就属于气质范畴。由于人们的人格特征存在许多差异，于是就产生了人格类型的概念。

人格与职业类型匹配理论是美国约翰·霍普金斯大学心理学教授、著名的职业指导专家约翰·霍兰德(Holland)提出的,实质在于人格与职业的相互适应。

20世纪60年代,霍兰德在帕森斯观点的基础上,结合当时的人格心理学概念,认为职业选择是个人人格在工作世界的表露和延伸,即人们在工作选择和经验中表达自己的个人兴趣和价值。他认为人的人格类型、兴趣与职业密切相关,兴趣是人们活动的巨大动力,凡是具有使人产生兴趣的职业,都可以提高人们的积极性,促使人们积极、愉快地从事该职业,而且,职业兴趣与人格之间存在很高的相关性,每一特殊类型人格的人,便会对相应职业类型中的工作或学习感兴趣。

基于以上观点,霍兰德提出了四个核心假设和三个辅助假设。

1. 四个核心假设

(1)职业选择是个人人格的延伸和表现。

(2)个人的兴趣组型即人格组型。

(3)同一职业团体内的人有相似的人格,因此他们对很多的情境与问题会有相类似的反应方式,从而产生类似的人际环境。

(4)人可分为六种人格类型:现实型(简称R)、研究型(简称I)、艺术型(简称A)、社会型(简称S)、企业型(简称E)和事务型(简称C),个人的人格属于其中的一种。

现实型(R)的基本人格倾向是:喜欢以物、机械等为对象,从事有规则的、明确的、有序的、系统的活动。因此,这类人偏好的是以机械和物为对象的技能性和技术性职业。为了胜任,他们需要具备与机械、电气技术等有关的能力。他们的性格往往是顺应、具体、朴实的,社交能力则比较缺乏。

研究型(I)的基本人格倾向是:分析型的、智慧的、有探究心的和内省的,喜欢根据观察而对物理的、生物的、文化的现象进行抽象的、创造性的研究活动。因此,这类人偏好的是智力的、抽象的、分析的、独立的、带有研究性质的职业活动,诸如科学研究人员、医生、工程师等。

艺术型(A)的基本人格倾向是:具有想象、冲动、直觉、无秩序、情绪化、理想化、有创意、不重实际等特点,他们喜欢艺术性的职业环境,也具备语言、美术、音乐、演艺等方面的艺术能力,擅长以形态和语言来创作艺术作品,而对事务性的工作则难以胜任。文学创作、音乐、美术、演艺等职业特别适合于他们。

社会型(S)的基本人格倾向是:合作、友善、助人、负责任、圆滑、善于社交言谈、善解人意等。他们喜欢社会交往,关心社会问题,具有教育能力和善于与人相处的能力,适合这一类人的典型的职业有教师、公务员、咨询员、社会工作者等。

企业型(E)的基本人格倾向是:喜欢冒险、精力充沛、善于社交、自信心强。他们强烈关注目标的追求,喜欢从事为获得利益而操纵、支配他人的活动。由于具备优秀的主导性和人际交往能力,这一类型的人特别适合从事领导工作或企业经营管理的职业,如政府官员、企业领导、销售人员等。

事务型(C)的基本人格倾向是:顺从、谨慎、保守、实际、稳重、有效率、善于自我控制。他们喜欢从事记录、整理档案资料、操作办公机械、处理数据资料等有系统、有条理的活动,具备文书、算术等能力,适合他们从事的典型职业包括秘书、办公室人员、会计师、银行职员等。

人所处的环境也可以相应分为六种类型，也即现实型(R)、研究型(I)、艺术型(A)、社会型(S)、企业型(E)和事务型(C)，这六种类型按照一个固定的顺序可排成一个六边形(RIASEC)，如图 10-3 所示：

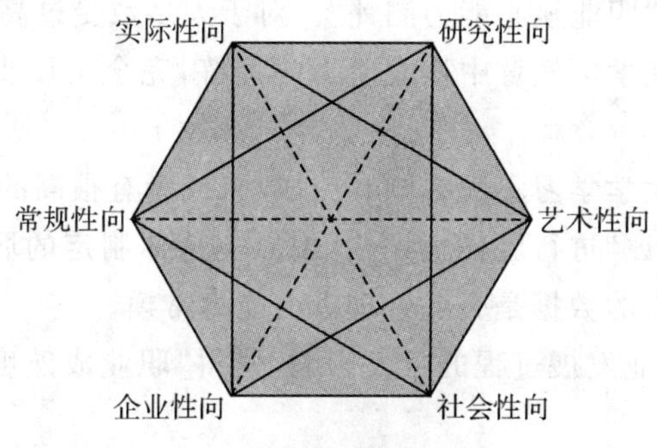

图 10-3　人格类型六边形

2. 三个辅助假设

(1)一致性：指类型之间在心理上一致的程度。如现实型(R)和研究型(I)存在某些有共通的地方，表现为不善交际，喜欢做事而不善与人接触等，我们称这两种类型的一致性高。反之，事务型(C)与艺术型(A)的一致性偏低，因为两者所具有的特点是完全不同的，如前者顺从性大，后者独创性强。各类型的一致性程度可以用它们在六边形上的距离表示：一致性高的，它们在六边形模型上的位置是相邻的，如 R-I、R-C 等；一致性中等的，它们在六边形模型上的相间的，如 R-E、R-A 等；一致性低的，它们在六边形模型上的位置是相对的，如 R-S 等。

(2)区分性：某些人或某些职业环境的界定较为清晰，较为接近某一类型，而与其他类型相似甚少，这种情况表示区分性良好；若某些人与多种类型相近，则表示他们区分性较低。

(3)适配性：指人格类型与职业类型的匹配程度。适配性的高低，可以预测个人的职业满意程度、稳定性及职业成就。如研究型的人需要有研究型的职业环境，只有这种职业环境才能给他所需要的机会与奖励。适配性是霍兰德三个辅助假设理论中最为重要的一个假设。

(http://blog.sina.com.cn/s/blog_418ac46f0100azso.html)

(http://www.cnzygh.com/web/ZYGHW/ShowArticle.asp? ArticleID=51)

第三节　职业生涯规划的步骤

一、职业生涯规划的方法和步骤

(一)职业生涯规划的方法

(1)职业规划的首要环节是“职业方向定位”，它是“最重要的”，是你职业生涯的“镜子

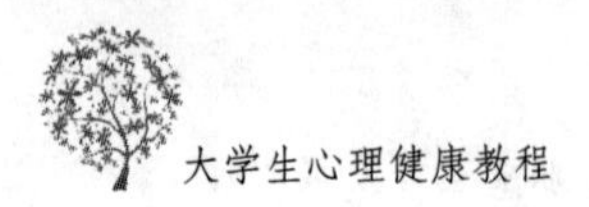

和尺子”，用于看清你的职业特质，指导你5～10年的职业积累和发展。

说它具有灯塔、航标等设施的照亮和引导作用，一点都不过分。事实上，职业方向为你聚拢心力和有限的资源，揭示出关键特质的程度差异。总之，对职业方向与职业特质的坚定把握，是从战略高度对职业成功的把握，是最有效的把握方式。

(2)另一把尺子就是“职业核心能力测评”。对于大多数受过高等教育的人来说，它并不是那么必需。大学正规学历教育中核心能力的训练，完全可以支持基本的职业发展目标。

如果你认为自己的大学学习不那么顺利或成功，或者有很高的职业发展期望，就有必要通过“职业核心能力测评”进行胜任力评估，用以支持你制定的职业目标并树立一个能力提升的方向与标准。它的数据是企业管理者的能力常模。

(3)组织环境对人职业发展过程的巨大影响，使得“职业成熟度测评”变成了“第二重要”的服务环节。

如果你并不掌握资源、权力，就不要试图去改造组织环境，因为个人并不具备这样的力量，这个想法过于理想化了。主动适应环境是个聪明的选择，不假他人之手，凭借自身努力就可以把握。

组织原则、职场规则、人际策略、方法视角、自我管理等都标志着你的“职业成熟度”水准，决定着你的回报速度。对于付出了巨大的努力仍然得不到认可，经常归罪于环境恶劣，不断忍气吞声或动辄冲冠一怒的人来说，“职业成熟度测评”是你经验丰富、老谋深算的良师益友。

(4)缺乏信息支撑的决策，是可怕的决策，正所谓“心中无数点子多，头脑糊涂决心大”。

职业规划注重方法论，是因为方法论与价值观一样，是“形而上”的“道”，是必需的前提。但如果不与“形而下”的“器”相结合，“道”亦成为在半空中漂浮的空谈。

因此职业规划最终必须体现为“职业决策”，而“职业信息库”恰恰是它的信息支撑。职业咨询师、分析师都会为此添砖加瓦，而其结构和内容历经反复设计与调整，而且还会继续。

(5)无法回避的是，在你历经思考和学习之后，仍然需要获得“确定性”支持。特别是遇到复杂情况时，取舍、策略、次序、轻重、缓急的筹划都需要专家的深度参与。

(二)职业生涯设计五大前提

1. 正确的职业理想，明确的职业目标

职业理想在人们职业生涯设计过程中起着调节和指南作用。一个人选择什么样的职业，以及为什么选择某种职业，通常都是以其职业理想为出发点的。任何人的职业理想必然要受到社会环境、社会现实的制约。社会发展的需要是职业理想的客观依据，凡是符合社会发展需要和人民利益的职业理想都是高尚的、正确的，并具有现实的可行性。大学生的职业理想更应把个人志向与国家利益和社会需要有机地结合起来。

2. 正确进行自我分析和职业分析

首先，要通过科学认知的方法和手段，对自己的职业兴趣、气质、性格、能力等进行全

面认识，清楚自己的优势与特长、劣势与不足，避免设计中的盲目性，达到设计高度适宜。其次，现代职业具有自身的区域性、行业性、岗位性等特点，要对该职业所在的行业现状和发展前景有比较深入的了解，比如人才供给情况、平均工资状况等，还要了解职业所需要的特殊能力。

3. 构建合理的知识结构

知识的积累是成才的基础和必要条件，但单纯的知识数量并不足以表明一个人真正的知识水平。人不仅要具有相当数量的知识，还必须形成合理的知识结构，没有合理的知识结构，就不能发挥其创造的能力。合理的知识结构一般指宝塔形和网络型两种。

4. 培养职业需要的实践能力

综合能力和知识面是用人单位选择人才的依据。一般来说，进入岗位的新人，应重点培养满足社会需要的决策能力、创造能力、社交能力、实际操作能力、组织管理能力和自我发展的终身学习能力、心理调适能力、随机应变能力等。

5. 参加有益的职业训练

职业训练包括职业技能的培训，及对自我职业的适应性考核、职业意向的科学测定等。可以通过“三下乡”活动、大学生“青年志愿者”活动、毕业实习、校园创业及从事社会兼职、模拟性职业实践、职业意向测评等进行职业训练。

(三)职业生涯规划八条原则

1. 利益整合原则

利益整合是指员工利益与组织利益的整合。这种整合不是牺牲员工的利益，而是处理好员工个人发展和组织发展的关系，寻找个人发展与组织发展的结合点。每个个体都是在一定的组织环境与社会环境中学习发展的，因此，个体必须认可组织的目的和价值观，并把他的价值观、知识和努力集中于组织的需要和机会上。

2. 公平、公开原则

在职业生涯规划方面，企业在提供有关职业发展的各种信息、教育培训机会、任职机会时，都应当公开其条件标准，保持高度的透明度。这是组织成员的人格受到尊重的体现，是维护管理人员整体积极性的保证。

3. 协作进行原则

协作进行原则，即职业生涯规划的各项活动都要由组织与员工双方共同制定、共同实施、共同参与完成。职业生涯规划本是好事，应当有利于组织与员工双方。但如果缺乏沟通，就可能造成双方的不理解、不配合以致造成风险，因此必须在职业生涯开发管理战略开始前和进行中，建立相互信任的上下级关系。建立互信关系的最有效方法就是始终共同参与、共同制定、共同实施职业生涯规划。

4. 动态目标原则

一般来说，组织是变动的，组织的职位是动态的，因此组织对于员工的职业生涯规划也应当是动态的。在“未来职位”的供给方面，组织除了要用自身的良好成长加以保证外，还要注重员工在成长中所能开拓和创造的岗位。

5. 时间梯度原则

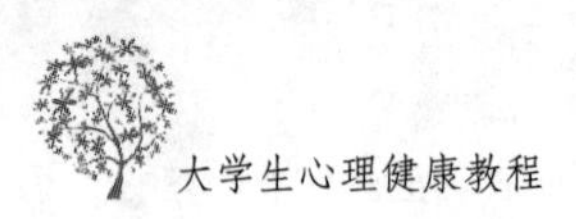

由于人生具有发展阶段和职业生涯周期发展的任务，职业生涯规划与管理的内容就必须分解为若干个阶段，并划分到不同的时间段内完成。每一时间阶段又有“起点”和“终点”，即“开始执行”和“达成目标”两个时间坐标。如果没有明确的时间规定，会使职业生涯规划陷入空谈和失败。

6. 发展创新原则

发挥员工的“创造性”在确定职业生涯目标时就应得到体现。职业生涯规划和管理工作，并不是指制定一套规章程序，让员工循规蹈矩、按部就班地完成，而是要让员工发挥自己的能力和潜能，达到自我实现、创造组织效益的目的。还应当看到，一个人职业生涯的成功，不仅仅是职务上的提升，还包括工作内容的转换或增加、责任范围的扩大、创造性的增强等内在质量的变化。

7. 全程推动原则

在实施职业生涯规划的各个环节上，对员工进行全过程的观察、设计、实施和调整，以保证职业生涯规划与管理活动的持续性，使其效果得到保证。

8. 全面评价原则

为了对员工的职业生涯发展状况和组织的职业生涯规划与管理工作状况有正确的了解，要由组织、员工个人、上级管理者、家庭成员以及社会有关方面对职业生涯进行全面的评价。在评价中，要特别注意下级对上级的评价。

(四)职业生涯规划六步走

1. 自我评估

主要包括对个人的需求、能力、兴趣、性格、气质等的分析，以确定什么样的职业比较适合自己和自己具备哪些能力。

2. 组织与社会环境分析

短期的规划比较注重组织环境的分析，长期的规划要更多地注重社会环境的分析。

3. 生涯机会评估

生涯机会的评估包括对长期机会和短期机会的评估。通过对社会环境的分析，结合本人的具体情况，评估有哪些长期的发展机会；通过对组织环境的分析，评估组织内有哪些短期发展机会。

4. 生涯目标确定

职业生涯目标的确定包括人生目标、长期目标、中期目标与短期目标的确定，分别与人生规划、长期规划、中期规划和短期规划相对应。首先要根据个人的专业、性格、气质和价值观以及社会的发展趋势确定自己的人生目标和长期目标，然后再把人生目标和长期目标细化，根据个人的经历和所处的组织环境制定相应的中期目标和短期目标。

5. 制定行动方案

把目标转化成具体的方案和措施。这一过程中比较重要的行动方案有职业生涯发展路线的选择、职业的选择，以及相应的教育和培训计划的制定。

6. 评估与反馈

职业生涯规划的评估与反馈过程是个人对自己的不断认识过程，也是对社会的不断认识过程，是使职业生涯规划更加有效的有力手段。

（五）规划方式

职业生涯目标规划，应从一生的发展起，然后分别定出10年、5年、3年、1年计划，以及1月、1周、1日的计划。计划定好后，再从1日、1周、1月计划实行下去，直至实现1年目标、3年目标、5年、10年目标。

未来发展目标：今生今世，你想干什么？想成为什么样的人？想取得什么成就？想成为哪一专业的佼佼者？

10年大计：20年计划太长，容易令人泄气，10年正合适，而且10年工夫足够成就一件大事。今后10年，你希望自己成为什么样子？有什么样的事业？将有多少收入，计划多少固定资产投资？要过上什么样的生活？你的家庭与健康水平如何？把它们仔细地想清楚，一条一条地计划好，记录在案。

5年计划：定出5年计划的目的，是将10年大计分阶段实施，并将计划具体化，将目标进一步分解。

3年计划：俗话说，5年计划看头3年。因此，你的3年计划，要比5年计划更具体、更详细，因为计划是你的行动准则。

明年计划：定出明年的计划，以及实现计划的步骤、方法与时间表。务必具体、切实可行。如果从现在开始制定目标，则应单独定出今年的计划。

下月计划：下月计划应包括下月计划做的工作、应完成的任务、质和量方面的要求、财务收支、计划学习的新知识和有关信息、计划结识的新朋友等。

下周计划：计划的内容与月计划相同。重点在于必须具体详细，数字化，切实可行，而且每周末提前计划好下周的计划。

明日计划：取最重要的三件至五件事，根据事情的轻重缓急，按先后顺序排好队，按计划去做，可以避免"捡了芝麻，丢了西瓜"。

（六）职业生涯规划案例分析

1.职场人发展规划设计

(1)分析角色加以定位。白玲工作室首席咨询师白玲说："制定一个明确的实施计划，首先要明确给自己定位。一定要明确根据计划你要做什么；应该清楚地知道自己的职业环境，自己将会有怎样的发展机遇；不论未来是就业或者创业，都需要为自己的未来预留发展空间。"

体现个人价值首先要明确个人价值。要清楚自己究竟想做什么，能做什么。所有的职场中人都应自问：我的定位是什么，核心竞争力有哪些，身价有多少？这些可以凭借自己的职业大环境来做评估，衡量并确定自己在该行业领域内的薪资价值。一般来说，衡量个人价值一方面根据自己的市场竞争力，另一方面则是市场需求。构成竞争力的基本要素是个人素质（包括知识、经验、技能、阅历及解决问题、处理人际关系的能力）、工作绩效、职位高低、知名度等。

(2)根据自己的特点和现实条件，确立自己的职业生涯目标。对于职场人来说，工作

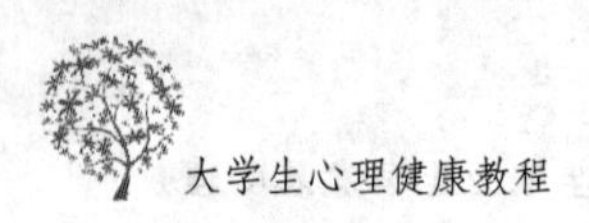

有连续性和阶段性之分。很多人在每年的过渡中都不会对自己的职业发展有清醒而详细的规划统筹。制定规划时，应从职业发展前景和职业环境入手。是否计划改变自己的职业环境，是否计划改善自己的职位，是否计划增长自己的薪资等问题都应该纳入自己的考虑范围，并做出详细指标。

(3)详细分解目标，制定可操作的短期目标与相应的教育或培训计划。从小职员一跃成为老总的可能性实在微乎其微，那么制定能逐步实现的阶梯性可操作目标，无疑是每个职场人士最切实可行的职业规划方案。按季度进行时间划分是操作最为便利的方式。同时要注意，制定细化目标是明智之举，但如果目标过于细碎，却并不利于职业前景发展的顺利操作。因为不可预知因素和其他职场上的旁枝琐节会打乱自己的发展计划。

(4)根据个人需要和现实变化，不断调整职业发展目标与计划。职场上常说，计划赶不上变化。对于自己碰到的问题和环境，需要及时调整发展规划，一成不变的发展计划有时形同虚设。

2. 求职者规划设计

对于计划找工作的人来说，制定可行的发展规划是必要的。

(1)直接瞄准招聘公司，从专业的招聘网站、报纸等媒体上挑选出那些适合自己的职位和企业。

(2)告诉熟人自己的职业计划，让他们帮助自己认识相关的人，并通过他们了解现存的空缺职位。如果是刚从学校毕业，或者即将毕业，尽可能与自己的老师探讨未来之路。

(3)不要轻视小公司。大部分空缺职位来自于规模小，但增长迅速的公司，尽管大公司通常在招聘员工时会大造声势，愿意花钱，但是去小公司而且是前景不错的小公司求职，成功率要高得多，个人发挥余地也相对大得多。所以，对正在迅速壮大中的小公司应予特别关注，它们不端架子，你也容易与公司高层接触。

(4)可以找一个求职伙伴。艰难、孤独的求职过程很容易让人感到失望、丧气。你必须面对“被拒绝”的窘境。但是，伙伴间可以互相鼓励、安慰。

(5)设计在线简历。求职者可以借助网络了解公司、行业现状，一则可以确定自己的求职方向，二则了解行业、公司的文化特色、用人要求。另外，无论个人目前是否急于换工作，紧跟行业的发展步伐在任何时候都是必需的。

(6)珍惜人事经理向你发出的每一次信息，让用人方对自己留下好印象。求职者甚至可以事先准备一份提纲，设想人事经理会对简历中的哪一部分感兴趣，把想要表达的内容有条理地罗列下来。

(7)总结挫败的原因。尽管大多数时候人事经理不会告知落选的原因，但是自己还得不断去反省自己的求职过程。聪明的办法是替自己设计多套求职方案，每一套方案有不同的侧重。在求职的过程中，许多意料外的小事会令你猝不及防，所以好的求职方法有时比自身能力还要重要。

(8)做份找工作的预算。求职的过程需要在收集招聘信息、车程甚至在职业咨询和着装上有所花费，所以，特别是还未找到工作时，计算一下手头的钱能够支持自己搜索工作多久。

3. 毕业生职业规划设计

告别校园走向社会，第一步就是为自己的职业生涯做一个科学合理的规划。职业生涯设计应结合主客观条件，遵循四个步骤：

(1)确定志向。有了明确的职业发展方向是毕业生走向社会就业的第一要素。明确方向也是事业成功的基本前提。确定自己想要什么，然后沿着这个方向去努力。

(2)准确自我评估和分析客观条件。毕业生职业规划中，进行准确的自我定位非常重要。这一工作其实并不是已经面对“临门一脚”的毕业生才应考虑的问题，所有在校大学生都应该注重这方面的观察和总结。对自己的评估应包括兴趣、性格、技能、特长、思维方式等，要将自我认识和他人评价相结合。外部要分析社会环境、各种职业环境和组织环境，应注意环境条件的特点、发展变化情况、自己与环境的关系、环境对自己有利与不利的因素等等。只有调整好自身条件与客观条件的接洽度，才能在职业发展规划中避害趋利，使职业生涯规划更具实际意义。

(3)职业目标制定要合理。从目前的就业环境来看，选择职业发展目标时，切忌贪高贪快。要保证目标适中，同时也不可过高或过低，并将长期目标和短期目标结合起来，通过不断实现短期目标最终实现长远目标。

(4)制定行动计划、考核措施，并进行评估、回馈和调整。确定了职业发展目标后，要通过一系列发展规划来确保目标实现。职业生涯发展中，会经常发生变化，考虑到影响职业生涯规划的因素很多，对职业生涯设计的评估与修订也很必要。修订的内容可以包括职业的重新选择、职业生涯路线的重新选择、人生目标的修正、实施措施与计划的变更等。

二、如何落实规划

制定好一系列的职业发展规划后，如何将其最终落实是每个规划制定者所必须考虑并面对的问题。做一个好的计划若没有实施上的细则，就无法保证计划顺利进行。

(一)角色分析

当一个初步的职业规划方案已经成型时，如果制定者目前已在一个单位工作，那么，对他来说进一步的提升非常重要。首先要做的是进行角色分析。反思一下这个职业环境对个人的要求和期望是什么，如何使自己在单位中脱颖而出。

大部分人在长期的工作中趋于麻木，对自己的角色并不清晰。但是，就像任何产品在市场中要有其特色的定位和卖点一样，在职者必须让自己有一些过人之处，让自己的价值和成绩得以体现并受到认可。

(二)应对职场变数

职业人在这个变化的职场中，如何保证自己始终顺风而行是大家关注的焦点。当职业人处在变数状态时该如何表现，将是职业人能否在明年及更长远的未来有足够发展原动力的关键。

面对变数，并会对其产生反应的职业人群往往是一些中层人士。他们会因为暂时的工作稳定性，对职场变化(尤其是职场价值体系变化)的敏感度不断降低。结果就是许多职业人在应对职场变化时，缺乏足够应变能力而造成职业发展困境的出现。

有些人遭遇薪资“封顶”，职业价值却处于下跌状态，发展下去危机四伏。另外更多的人对目前职业状况基本满意，但不能确定下一阶段该如何进一步发展，找什么样的平台更加适合自己，于是在犹豫和害怕间陷入了职业停滞状态。据调查，40%的职业人就是因为无法明确适合的职位目标，又在跳槽中遭遇过滑铁卢，最后不敢面对职场再竞争导致职业停滞的。

应对职场纷繁信息和变动选择，成功法则是必须建立有效的信息整理、分析和筛选系统，再结合自身竞争力合理规划职业生涯。这样才能在职业发展过程中凭借良好的职场敏感度达到职业成功的彼岸。

(http://wiki.mbalib.com/wiki/%E8%81%8C%E4%B8%9A%E7%94%9F%E6%B6%AF%E8%A7%84%E5%88%92)

第四节　择业心理困惑

一、人际关系障碍

增强人际沟通技巧：培养有效的倾听艺术，实现有效沟通。

有效倾听技能：倾听时目光接触，赞许性点头，恰当地运用面部表情，避免分心，并举动手势，进行提问、复述或记笔记。

二、自信心不足

增强自信心的方法：认清是信心的危机还是能力的危机；对内心的自我否定进行抨击；循序渐进地进行反馈；尝试着主动去做。

三、不合理的预期

有许多大学生对企业的薪资待遇不太满意。可能今天的薪资目标是1500元，一年以后的目标是2000元，两年以后可能又是3000元。而我们有一些大学生，一直在1500元的位置上不动，因为他经常在这个阶段频繁跳槽，好不容易转正拿到1500元了，又跳槽了。笔者的看法是，如果你在试用期跳槽，就永远拿试用期的工资。有时候在跳槽的时候一定要想清楚，新的岗位一定要比原先的岗位要好才能跳槽。

四、紧张与焦虑

焦虑是指一种预感到似乎即将发生不幸时的内心紧张心境。大学生就业焦虑则是指大学生对自身认为可能无法实现的就业目标所产生的紧张、焦躁不安的情绪体验。焦虑现象很普遍，几乎每个人都有过焦虑体验，个体只要感到自己的应对能力不能适应客观情势的要求时，焦虑就迅速产生。当大学生面临日益严峻的就业形势时，也自然会产生这种情绪，其具有保护性意义，往往能够促使他们鼓起勇气，调动自身能量去应对即将发生的危机。但是,当焦虑的程度及持续时间超过一定范围时,则会影响人的正常社会功能,妨碍人应对处理面前的危机,甚至妨碍正常生活,从而转化为焦虑性神经症(即一种具有持久性焦虑、恐惧、紧张情绪和植物神经活动障碍的脑机能失调,常伴有运动性不安和躯体不适感)。有很多大学生一想到找工作就忧心忡忡。部分大学生有紧张不安和忧虑的心境,有注意困难、记忆不良、对声音敏感和易激惹等心理症状,还伴发心跳过速、血压升高、吸气困难、胸闷等躯体症状,呈现焦虑性神经症的症状。

(参见附录一中的案例十九)

(一)指导大学生进行自我调适

解决大学生心理问题的根本对策,是帮助其学会自我调适。帮助学生正确认识和评价自我,是进行自我调适的基础。大学生要客观地分析自己的优势、劣势和发展潜力,了解职业要求,调整就业预期值,从而确立合理的就业目标,减少就业焦虑,学会理性决策。作为一名刚刚踏入社会的学子,要克服焦虑烦躁情绪,主要是要更新观念,打破事事求稳、求顺的传统思想,树立市场竞争的新观念。大学生求职、择业本身就是一种竞争,处在一个优胜劣汰的过程中。即使得到了比较理想的职业,如果没有竞争意识,不继续努力,也还可能丢掉这份工作。有竞争必定会有风险和失败,确立了竞争意识,不怕风险和挫折,焦虑的心理必定会得到缓解和克服。当然还应克服择业心切、急于求成的思想,否则就容易使择业失败,失败的体验又会强化沮丧、忧虑的情感。客观地分析自己,合理地设计求职目标,尽量减少挫折,增强求职的勇气,也会减轻心理焦虑的程度。

(二)做好充分就业准备,提高职业决策自我效能

利用各种机会以及社会实践等提升对社会及对工作职责的了解,储蓄成功经验。通过归因训练以及心理暗示等手段,提高自己的职业决策自我效能。进行积极的体育锻炼,增强体质。了解别人成功就业的例子,寻找自己的闪光点。通过以上的方法,都能一定程度的提高就业决策过程中的效能,有效降低就业焦虑。

(三)运用理性情绪方法消除就业焦虑

运用理性情绪方法来减缓和消除就业焦虑的基本程序是:

(1)找出使自己产生异常紧张情绪的诱发事件。

(2)分析自己对它的解释、评价和看法。从理性的角度去审视这些信念,并且探讨这些信念与所产生的紧张情绪之间的关系。

(3)扩展自己的思维视角,与不合理信念进行辩论,动摇并最终放弃不合理信念,学会用合理的思维方式代替不合理的思维方式。

(4)随着不合理信念的消除,紧张情绪开始减少,并产生出更为合理、积极的行为方式,进而促进合理信念的巩固,使情绪变得轻松愉快。最后,个人通过情绪与行为的成功转变,形成合理的思维方式,不再受异常紧张情绪的困扰。采用注意力分散法,在胡思乱想、坐立不安时,找一本有趣的书读,或从事自己喜爱的娱乐活动,或进行体育运动,达到乐而忘忧。大学生可以采用动静结合、一张一弛的办法,达到消除焦虑的目的。另外,可

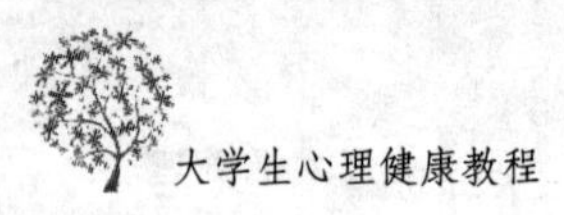

以主动将自己所遇到的烦恼讲给同伴、同学听，这既可把心中的烦恼、郁闷发泄出来，又可从朋友那里获得安慰，从而缓解焦虑心理。

面临严峻的就业形势，大学毕业生产生焦虑心理在所难免，但要实现顺利就业，就必须认清就业形势，正视就业现状，转变就业观念，调适就业心态，把握就业机会。

（http://www.bamaol.com/Salon/article-2-397.aspx）

（http://www.cqsdzy.com/xinhai/article/print.asp? id=290）

（http://www.03964.com/read/64f181c21df051add80839e0.html）

课后练习

制定一份个人职业生涯发展计划书。

教学方法与手段

采用多媒体课件教学，及课堂讨论、小组讨论方法。

附录一　大学生心理健康教育案例

一、我的生命里还有很多

霍金是一位可以与爱因斯坦齐名的杰出的英国科学家，对现代物理学有突出的贡献。但是他在 21 岁时就诊断出患肌萎缩性侧索硬化症（卢伽雷病），到后来全身只有几个手指能够活动。有一次，在霍金学术报告结束之际，一位年轻的女记者捷足跃上讲坛，面对这位已在轮椅上生活了三十余年的科学巨匠，在深深景仰之余，又不无悲悯地问道："霍金先生，卢伽雷病已将你永远固定在轮椅上，你不认为命运让你失去太多了么？"这个问题显然有些唐突和尖锐，报告厅内顿时鸦雀无声，一片静谧。霍金的脸庞却依然充满恬静的微笑，他用还能活动的手指，艰难地叩击键盘，于是，随着合成器发出的标准伦敦音，宽大的投影屏上缓慢而醒目地显示出如下一段文字：

我的手指还能动；

我的大脑还能思维；

我有终生追求的理想；

有我爱和爱我的亲人和朋友……

对了，我还有一颗感恩的心……

会场掌声雷动……

（摘自郑宏利主编《大学生心理素质训练教程》，上海交通大学出版社，2005 年 8 月）

二、活着就要做个对社会有益的人

张海迪，1955 年秋天在济南出生，5 岁患脊髓炎，胸以下全部瘫痪。从那时起，张海迪开始了她的独到人生。她无法上学，便在家自学完成中学课程。15 岁时，海迪跟随父母，下放到聊城农村，给孩子当起教书先生。她还自学针灸医术，为乡亲们无偿治疗。后来，张海迪自学多门外语，还当过无线电修理工。

在残酷的命运挑战面前，张海迪没有沮丧和沉沦，她以顽强的毅力和恒心与疾病作斗争，经受住了严峻的考验，对人生充满了信心。她虽然没有机会走进校门，却发奋学习，学完了小学、中学全部课程，自学了大学英语、日语、德语和世界语，并攻读了大学本科和硕士研究生的课程。1983 年，张海迪开始了文学创作，先后翻译了《海边诊所》等数十万字的英语小说，编著了《向天空敞开的窗口》、《生命的追问》、《轮椅上的梦》等书籍。

为了对社会做出更大的贡献，她先后自学了十几种医学专著，同时向有经验的医生请教，学会了针灸等医术，为群众无偿治疗超过万人。

1983 年，《中国青年报》发表《是颗流星，就要把光留给人间》的文章。张海迪名噪中

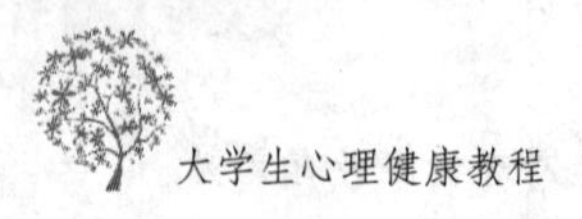

华，获得两个美誉：一个是“80 年代新雷锋”，一个是“当代保尔”。

（摘自郑宏利主编《大学生心理素质训练教程》，上海交通大学出版社，2005 年 8 月）

三、我真的有病吗

某大二男生，整天怀疑自己身体有问题，早上不参加早锻炼，经常逃课，辅导员问他怎么回事，他说自己病了，并拿出一大堆的病历和化验单给老师看，辅导员也被他弄糊涂了。后来到医院一打听，医生说他根本没有病但也不像是故意装病。他认为校医院的医生太“水”了，多次自费到武汉的几家大医院去检查，结果仍然让他不满意，并感叹：“现在的医生真是太不认真了。”虽然查不出什么结果，可他总是以病人的身份自居，不断有新的病种出现。今天说自己是白血病，明天说自己是皮肤癌。有一次从图书馆借书出来，在图书馆大厅里吐了一口浓痰，管理员抓住他要他弄干净。该男生不慌不忙地拿眼睛在大厅里扫了一遍，然后一脸正气地说：“这地方没有写不能吐痰呀！”那个管理员脸都气白了，转送到辅导员处，辅导员也拿他没有办法，又转手交给了心理咨询老师。

（摘自郑宏利主编《大学生心理素质训练教程》，上海交通大学出版社，2005 年 8 月）

四、宿舍就是我温暖的家

17 岁的枚枚经过努力，考上了一所自己满意的大学。刚入大学时，由于是第一次远离家乡，离开父母，孤身一人来到陌生的城市，面对的是来自全国各地，性格、经历、家庭条件、习惯各不相同的同学，有时觉得自己很孤单、很想家，就经常往家里打电话，诉说自己在学校里的感受和对家人的思念。经过一段时间的自我调节，枚枚很快适应了大学生活，并意识到搞好人际关系、培养人际交往能力的重要性，学会了尊重人、关心人和理解人，珍惜同学之间的友谊与交往，坦诚相待，结果和同学相处融洽。特别是宿舍的六名同学，学习上互相鼓励，互相帮助，生活上互相关心，相互支持，就像亲姐妹一样。生病时，有人会帮她补课；恋爱时，有人会帮她出谋划策；早上起床晚时，早饭会在桌上悄悄等她。大家都感到宿舍就像自己的家，非常温馨舒适。

（摘自郑宏利主编《大学生心理素质训练教程》，上海交通大学出版社，2005 年 8 月）

五、自学也能成才

李明是一位普通的高考落榜生，高考失利后，他并没有自暴自弃，紧接着，他参加了自学考试。过了一段时间后，李明对电脑学习产生了浓厚的兴趣，他开始自学电脑课程，并从中获得了很多乐趣。但他并没有从中满足，又及时给自己确定了考取微软电脑工程师资格证书的目标。为此，他开始没日没夜地学习，并靠坚强的意志力克服了看电视和玩游戏的诱惑。终于，经过不懈的努力，李明从对电脑一窍不通，到成为最年轻的获取微软资格认证的电脑工程师。

（摘自《北京文学》，2002 年第 5 期）

六、我该怎样实现我的目标

晓雯意识到自己在学习上出了问题，她每天都给自己制定出一套学习计划，可结果总是完不成。有时候想去学习吧,却总有杂七杂八的事情让自己分心,因此学习效果并不好。就拿今天来说吧,她正要去自习,可是在外地的高中同学打来电话,让她帮忙买一本书并寄过去。晓雯并不太情愿做这件事,因为这样会打破今天的学习计划,可是转念又一想,毕竟大家是曾在一起相处过三年的同学,算了,还是去吧。事情办完以后,晓雯的心情很糟糕,她今天的学习计划又泡汤了。类似的情形经常会发生,时间一天一天过去,越来越强的挫败感充斥着晓雯的心灵,她难受极了,不知道该怎么办。

(摘自聂振伟主编《心理健康教育》,北京师范大学出版社,2006 年 8 月)

七、学习效率与勤奋成正比吗

珍珍觉得老天爷真不公平。她是一个很踏实的学生,每天按时去上课,无论刮风下雨,从不缺课逃课,除了吃饭睡觉以外,珍珍几乎把所有的时间都用在学习上;而同宿舍的丽丽,每天花在学习上的时间可比自己少多了,但丽丽喜欢运动,经常去打球,跳健美操,平时也看些闲书,听听音乐,翻翻报刊,还时常参加社团活动。可是,每次考试下来,珍珍只能眼红、无奈地看着丽丽的分数总是比自己高出一大截,珍珍心中实在不平衡。她想不明白:为什么我比她勤奋得多,可却总是考不过她?

(摘自聂振伟主编《心理健康教育》,北京师范大学出版社,2006 年 8 月)

八、她该如何激发自己的学习兴趣

晓晨经常逃课。她本喜欢学中文,可父母说学中文以后不好找工作,硬是让她学习目前热门的法律专业,晓晨在父母苦口婆心的劝说下屈服了。可是真正开始学习法律后,她却很后悔,因为她觉得积极的浪漫主义特质跟冷冰冰的专业并不太合拍。晓晨想,既然已经选择了这个专业,爱好还是不要轻易放弃。说实在话,晓晨也想把法律学好,可她总是提不起学习的劲头,逃课也成了家常便饭。时间久了,她心中也很着急,她不知道该如何激发自己的学习兴趣。

(摘自聂振伟主编《心理健康教育》,北京师范大学出版社,2006 年 8 月)

九、我这是怎么了

期末考试即将来临,琳琳的心也吊得越来越高。琳琳平时学习很用功,可是却很害怕考试。每次大考之前,琳琳都会反复对自己说,考场上千万不要紧张,一定不要紧张。可是,真正踏进考场,她就会冷汗直冒,浑身发抖,脑子一片空白。

(摘自聂振伟主编《心理健康教育》,北京师范大学出版社,2006 年 8 月)

十、我想与人交往

小霞是一个来自农村的女孩,经过两年复读才考上大学。从第二年复读开始她就不敢与别人面对面地谈话,不敢与人四目相对,偶尔对视的那一瞬间,会马上脸红,心跳加快,甚至全身出汗,面对男孩子时尤为严重。上大学后依然没有改变,总感到别人的眼睛是那样的纯真、明亮、真诚,而自己的眼睛却是那样的无力、脆弱,好像是做了什么坏事而感到心虚似的。自己试着想改变这毛病,但没有效果。有时同不太熟悉的人交谈,开始还好好的，可突然一下，就会心跳加快，血往脸上冲，自己难堪不说，还叫别人莫名其妙，常常被别人笑话。她既渴望与别人交往，又不敢与人交往。

（摘自李进宏主编《大学生心健康教育》，武汉理工大学出版社，2005 年10 月）

十一、“一团和气”的小 B

小 B 是 2005 级刚入校的高职新生，来自农村，家庭经济状况并不富裕，在学校报到注册大厅认识了同专业的同学小强。小 B 觉得小强大方，活泼开朗，两人正好又被分在同一宿舍，自然成了好朋友。由于小强的家就在学校所在的城市，小强周末常常当小 B 的“导游”，两人共同度过了许多开心时光。小 B 暗自庆幸自己在陌生的环境中能有这样的朋友，然而，随着时间的推移，小 B 发现自己越来越无法忍受小强的一些语言、行为：小强老忘记买用完的牙膏、洗发水等生活用品，却一直用自己的；遇到没钱时，小强就到自己这里蹭饭……考虑到自己家的经济条件，小 B 多次想拒绝小强，又担心这样做会显得自己太自私了，会“伤和气”。小 B 只有省吃俭用，但心里又非常不痛快，心想小强应该会体谅自己的难处，慢慢会改变的……没想到小强不但没有丝毫的收敛，反而不止一次地抱怨他：“你怎么老买这些伪劣生活用品，一个月能用多少嘛……”小 B 非常困惑与不解：“我对他一再容忍、宽容，为什么他还一次次伤害我，却丝毫不在意？”小 B 只有尽量躲开小强，但同一宿舍，又怎能避得开？想换宿舍，又怕无法向小强解释，甚至想到放弃这份友谊，却不知怎么开口……为此，小 B 无所适从，心烦意乱……

（摘自聂振伟主编《心理健康教育》，北京师范大学出版社，2006 年 8 月）

十二、我该不该帮助他

“寝室 8 个人，我是寝室长。大家制定了值日表，可总有两个同学不遵守，不扫地，也不注意个人卫生。我想管，却闹得很不愉快。我想帮他们多干点也没什么。但时间长了，觉得心里特别不平衡。大家同在一个屋檐下，为什么他们就坐享其成呢？”

（摘自张大均，吴明霞主编《大学生心理健康》，清华大学出版社，2007 年 9 月）

十三、我想和大家在一起

小杨是大三的一名学生，一直以来，他都觉得周围的人都不喜欢他，都对他不满。三年来，几乎没有朋友，同学也鲜有来往。他很孤独，但从内心来讲却很想交朋友。一开始，小杨和同学们还是有来往的，一次在教室看到几个同学在忙碌，小杨便问有什么喜事，同学们说晚上有同学过生日，问是否愿意一起去，每人凑 30 元。小杨觉得没有能力承担，但这次以后，同学过生日再也没有人喊小杨了。还有一次，有一个同学因为小杨帮助了他，要请小杨吃饭。在饭馆等他的时候，小杨觉得很饿便自己先点了一份面条，结果这位同学来了以后非常生气，但小杨觉得饿了先吃一点，很正常，两人不欢而散。大二的时候，小杨忍受不了同寝室人的吵闹，就到校外租了房子。虽然清净多了，但是同学都不理他了。

（摘自张大均，吴明霞主编《大学生心理健康》，清华大学出版社，2007 年 9 月）

十四、我得罪了谁

进入大学以来，小涛能力出众，被老师委以重任……就在小涛暗自高兴时，室友却慢慢疏远了他。每当小涛回到宿舍,室友的谈话就戛然而止,问缘由,说:"你是名人,我们哪里能和你聊天。"小涛主动搭话,他们也总拿酸溜溜的话来刺激他。现在,室友们无视他的存在,几乎不和他说话,为此,小涛痛苦不已。

(摘自张大均,吴明霞主编《大学生心理健康》,清华大学出版社,2007 年 9 月)

十五、沐浴着爱情滋润的小许

小许是名即将高职毕业的同学,与其他同学不太一样的是,小许并不急于找工作,因为他凭着学习和综合考评的优异成绩已经被某大学的相应本科专业录取,继续本科教育的学习。但他的这条喜讯得到确认时,他首先将电话打向千里之外的某个军营。

小许是个来自边远山区的同学,由于当地教育水平落后,他所在的中学已经有几年没有学生考取过大学了。作为乡镇中学的领头鹰,小许被老师和乡亲们寄予了太重的期望。也许真是命运的捉弄,就在他参加高考的前两天,一场重病击倒了他,尽管他带着 39 度高烧勉强参加了考试并且也突破了省里的本科录取线,但是最终他只进入了高职学校。

这是一个让小许难以接受的现实。入学半年多来,他一直在颓废中混日子,既没有好好学习,也不愿意和从前的同学们联系。这时一封来自军营的信改变了他的生活,信是高中的一名同班女同学余敏写过来的。余敏高考后参军去了部队,集训完毕下到连队后听同学提起小许的情况,让她感到很惋惜。尽管和小许只是一般的同学关系,还没有多少深入的交往,但是小许的勤奋、努力和才华给她留下了深刻的印象。出于一个女孩的善良,一封充满了信任、鼓励和支持的信就邮到了小许的学校。

小许在信中感觉到了部队集训的辛苦,也感觉到了同学对自己的期望和鼓励,他觉醒了。在以后的日子里,在余敏不断地鼓励下,小许看到了自己未来的前途。辛勤没有白费,努力换来了自己学业的发展。余敏在他心目中的美丽形象也不断清晰。就在余敏被转为士官后不久,他们的恋爱关系也得到了正式确定。小许在和同学谈及自己学业成功的经验时说,正是因为有了爱情,才有了自己现在的成功。

(摘自聂振伟主编《心理健康教育》,北京师范大学出版社,2006 年 8 月)

十六、失败的玲玲

玲玲是个高职二年级的女生,父母都是中学教师。她聪明伶俐且漂亮时尚,同时还有一张很好的成绩单和在学生活动中很高的知名度。

玲玲对自己的条件非常自信,经过半年的比较和考验,终于在众多的追求者中选定了一个帅哥作为自己的男朋友,他风度翩翩,大方自信,并且还有一个有权势的爸爸。带着走进权力家庭的梦想,玲玲与男朋友的关系越来越近。

就在玲玲满怀希望准备进入这个家庭的时候,却得知男朋友的父母根本就不同意自己的儿子找一个普通家庭的姑娘。玲玲的男朋友一方面慑于父母的压力,另一方面也被另一位姑娘所吸引,终于放弃了玲玲,结束了这场持续了半年的恋爱。玲玲在发现自己的爱情到头来竟然是这样的结束时痛苦不已,但她又不愿意在众人面前表现出自己是个爱情的失败者,尤其是不能在那么多曾经追求过自己的男生面前表现出痛苦和失败。

痛苦虽然被埋藏起来了,可是在痛苦的折磨下,她再也无心学习,也没有了参加学生活动的兴趣。生活状态的低落更加加剧了她失败的感觉。她的自信开始丧失，聪明伶俐与才思敏捷似乎都已不再属于她，迷人的外形也失去了往日的回头率。

（摘自聂振伟主编《心理健康教育》，北京师范大学出版社，2006 年 8 月）

十七、子俊的矛盾

子俊虽然只是个刚上大学的新生，但是已经和家乡的女朋友谈过一年多恋爱了。两个人在一起时感觉很开心，彼此间也很谈得来，只是由于女朋友高考失利，没能和他一起考上大学，现在还在家中复读。

子俊是个家教很严的学生，女朋友也和他类似。因此尽管和女朋友关系很好，但是并没有做出什么过分的举动，只不过和女朋友拉着手逛过两次街而已，他甚至觉得拥抱和亲吻等想法都是对两人之间感情的亵渎。

这样过了半个学期后，子俊在一次社团活动中遇到了雅雯。这个活泼可爱的女孩子一下子就占据了他的心，一直在后来的几天内自己脑海中总是晃着她的影子和音容笑貌。一周后，社团再次活动时，子俊表达了想和雅雯交往的迫切愿望，而雅雯对子俊的似乎无所不知的才华也很欣赏，也就答应了他。

接下来的日子里，子俊与雅雯在一起的日子越来越多，相互之间交谈也越来越深，突然有一天子俊发现自己已经喜欢上了雅雯，总是想着和她在一起，甚至还想到了更多。但是，一股对女朋友的愧疚却冒了出来，他觉得自己不应该去喜欢雅雯，应该忠于女朋友，可是事实却是他真的很喜欢雅雯，子俊陷入了深深的矛盾与痛苦之中。

（摘自聂振伟主编《心理健康教育》，北京师范大学出版社，2006 年 8 月）

十八、爱情必须靠性来证明吗

小梅今年刚上大三，不久前刚和男朋友分手，这是一次剧烈争吵的结果，尽管之前两人间也出现过争执，但从来没有像这次这样无可挽回。其实每次的争吵没有大不了的原因，几乎都是些鸡毛蒜皮的小事，使双方心里都不痛快。每次男朋友都会做出自己并不爱他的结论，这种说法令小梅觉得很委屈。平心而论，小梅觉得自己真的喜欢男朋友，想和他在一起，男朋友对自己也很迁就。细细回忆起争吵的缘由，自己才明白，每次引起争吵的小事，只不过是些借口而已，矛盾的根本原因是男朋友几次提出想和自己做爱的愿望都被自己拒绝了。小梅虽然自己不是特别保守的女孩，但是确实还没有看到自己能和男朋友一定能长相厮守的未来，自己还没有准备好。自己坚守贞洁的想法真的错了么，难道自己对他的爱就一定要通过这种方式来证明么？

（摘自聂振伟主编《心理健康教育》，北京师范大学出版社，2006 年 8 月）

十九、招聘会面试

在应聘我就职的这家公司之前，我已经去了 9 场招聘会，投了 41 份简历，获得 15 个面试机会，4 次闯入最后一关，其中被 3 家公司“一笔勾销”，另外一家则迟迟没有回音，虽不至于对自己造成沉重打击，但是自信心却像沪深指数般一路走低。

2004 年 1 月，我收到我就职的这家公司最后一轮面试的邀请。尽管做了大量的准备工作，但是走进这家公司的会议室之前和走出会议室之后的48小时，我对自己的未来依然觉得很渺茫。与我一道参加面试的不乏西安交大、华中科大、中科院的研究生。

我的心一直忐忑难安，终于，有人过来喊我进去面试。会议桌对面坐着一排人，但每个人在我的印象中都很模糊。总经理仔细看了我的简历，提了几个简单的问题，我都很镇定地回答了。最后，他投来不屑的眼神，问我："每年来应聘我们公司职位的不乏清华、北大的学生，相对而言，你就读的学校似乎没什么名气，与他们相比，你有什么优势?"

是啊，我的优势在哪里？我一时竟然答不上来，足足有20秒的停顿，那一刻，时间好像凝固了，五年前我就在思考这个问题，为了解答这个问题我花了四年的时间。

五年前，当我接到就读的这所学校的录取通知书时的沉重心情至今还很难忘。对大学天堂般的憧憬一下子跌到地狱，尤其看到昔日同窗纷纷走进北大、北航、中大等"名门"，心绪更是无限惆怅。相对清华、北大的学生而言，我缺乏某些优势，但是劣势也可能变成竞争优势，前提是我必须"知劣而后勇"。

如何在激烈的竞争中脱颖而出呢？过去四年里我一直在努力完善，培养自己各方面的能力。我常常问自己是谁，要成为什么样的人，自己能做些什么。我从大一开始就已经在规划自己的学习和工作生涯，努力让自己成为素质全面、复合型的人才。每个学期我都制定详细的学习计划，除了学好专业课之外，我坚持每周读一本书，而且每本书我都作读书记录。四年积累下来竟然阅读了300多本书，内容涉及经济、管理、文史、哲学、科技、艺术等。虽然读得不精，但也丰富了自己在多个领域的见识。我掌握了牢固的专业知识和多种技能，能够应用市场营销、财务、生产运作、国际贸易等企业管理知识，对金融学、企业战略管理有较深入研究。大学阶段的兼职和实习经历，便我积累了一定的工作经验，对企业运作也有一定的了解，同时培养了细心、负责、严谨的工作态度。

但是，这些我都没在面试中表达出来，我的脑海中始终浮现着总经理那不屑的眼神，我知道自己完了，一直以来自我叮咛千万遍的"镇定、自信"的定律今天终于失守了。慌乱中我组织了一些语言草草收场，却不知道自己在说些什么。

从会议室出来之后，我觉得自己再也不可能踏入这家公司了。

中午，我在公司附近的一家面馆就餐，叫了一碗牛肉面。为了赶下午回学校的火车，我匆匆吃完面立即奔向火车站。走出面馆数百米远，我恍然想起自己刚才忘了买单，于是急忙返回面馆。当我把10块钱交给服务员的时候，她吓了一跳，以为碰到了傻子，她以为我无论如何是不会回来的，如果我不回来的话她就不得不自己掏腰包补上。钱不多，而且我也有足够的条件"逃离"现场，但我不会这么做。

我不知道，在餐厅的一个角落里，有个人一直在注视着我。

两天之后，我收到公司签订协议书的通知。

上班之后，副总向我提起这件事，我才知道角落里的那个人是他，面试的时候他就坐在总经理旁边。虽然我面试的表现不佳，但是他认为，一个诚实、勤奋的人能走得更远。

（摘自郅利聪主编《高职生心理健康教育》，西北大学出版社，2007年3月）

二十、坏脾气与钉钉子的故事

从前，有个脾气很坏的小男孩，常常爱发脾气。一天，他父亲给了他一大包钉子，要求他每发一次脾气就必须用铁锤在他家后院的栅栏上钉一个钉子。第一天，小男孩共在栅栏上钉了37颗钉子。过了几个星期，由于学会了控制自己的愤怒，小男孩每天在栅栏上钉钉子的数目逐渐减少了。他发现控制自己的坏脾气比往栅栏上钉钉子要容易得多……最后，小男孩变得不爱发脾气了。他把自己的转变告诉了父亲，他父亲又建议说："如果你能坚持一整天不发脾气，就从栅栏上拔下一个钉子。"经过一段时间，小男孩终于把栅栏上的所有的钉子都拔完了。父亲拉着小男孩的手来到栅栏边，对他说："儿子，你做得很好，但是，你看一看那些钉子在栅栏上留下的那么多小孔，栅栏再也不是原来的样子了。当你向别人发过脾气之后，你的语言就像这些钉子的孔一样，会在人们的心里留下伤痕，无论你说多少次对不起，那些伤口都会永远存在。其实，口头上对人们造成的伤害与伤害人们的肉体没有什么两样啊！"

（聂振伟主编摘自《心理健康教育》，北京师范大学出版社，2006年8月）

二十一、路蒙佳的故事

中国人民大学财政金融学院博士研究生路蒙佳，因得了神经源性无力症只能坐在轮椅上"行走"。身体上的缺憾注定她每取得一点成绩都要比常人付出更多的汗水和艰辛。为了坚持上完每一节课，她绑上带特制钢板的护腰支撑着不堪重负的腰部。7年间，无论烈日当头还是大雨倾盆，无论寒风凛冽还是大雪纷飞，她都坚持上课。她以优异的成绩完成了大学和硕士研究生学业，以惊人的毅力攻读博士学位。

（摘自张大均，吴明霞主编《大学生心理健康》，清华大学出版社，2007年9月）

二十二、在挫折中成长的洪战辉

父亲患有间歇性精神病，没有劳动能力，需要不断消耗医疗费用，母亲和弟弟离家出走，久无音信，与他相依为命的妹妹小他13岁。当年毅然挑起家庭重担的孩子如今考进了大学，为了不耽误学习，为了更好地照顾妹妹，他带着妹妹上大学。在学校卖起了电话卡、圆珠笔芯。在怀化电视台"经济E代"栏目组拉过广告，并且给"步步高"电子经销商做起了销售代理，为的是让妹妹到大学附近的一所小学借读。他从未打过一份荤菜，为的是省下钱寄给家里；他拒绝了所有的捐款，因为"还有比我更需要帮助的人"。他就这样用惊人的毅力和闪光的道德战胜了生活中的挫折。他就是洪战辉，一个也许大家都已经熟知的大学生。

（摘自张大均，吴明霞主编《大学生心理健康》，清华大学出版社，2007年9月）

二十三、不被贫困压倒的姜效雷

姜效雷同学是三门峡技术学院城市园林设计专业2003级学生，家住河南省周口地区一个贫穷落后的农村。由于家庭困难，他报到前东拼西借才凑到700多块钱。其中100多块是姜效雷平时抓幼蝉、捡蝉蜕、打零工、省吃俭用积攒下来的，有600块钱是临时从亲戚那里借来的。报到时，他把600块钱交了学费，把仅剩的100多块钱留作自己的生活费。由于初来乍到，还没有机会求得一个勤工俭学的岗位，于是，他习惯于多年来每天就咸菜、啃馒头、喝水充饥的生活。为了节省每一分钱，他每顿饭只买一个馒头，喝一碗开水。紧张的军训使他常常感到头晕目眩。为了减少体力消耗和饥饿带来的痛苦,他坚持每天晚上早早休息,白天训练尽量少活动。但是尽管如此,一周之后他还是晕倒在了军训现场。细心的辅导员从档案中得知他的家庭贫困情况,好心的部队教官从同学那里得知他入学后的生活状况,都不约而同地向他伸出了援助之手,向他捐款捐物,帮助他度过了大学生活一开始最为艰难的日子,也使他更加坚定了不怕困难、自强不息的人生信念。从此,他在学院开始了勤工俭学、以工养家的特殊求知生涯。

姜效雷的家境非常贫寒,父亲姜红迎身患肝病,不能参加重体力劳动,还得常年吃药打针治疗。母亲车玉梅有支气管炎哮喘病,也不能干重体力活,还要经常看病吃药,一遇阴天下雨,就得让人照顾。这样的情况,对于一个一般的家庭来说已是十分不幸,更何况姜效雷还有一个身患肺病的奶奶和一个年老力衰、生活不能自理的爷爷。一个三代8口之家,生活在农村而没有劳动能力,仅有的几亩责任田也不得不租与别人耕种。一年四季,一家人的生活只能靠租地换得的一点粮食和亲戚们的接济过日子。因此,姜效雷从小就养成了勤俭节约的好习惯。为了能够买点药给他的爷爷、奶奶和母亲治病,他的父亲卖掉了家里能卖的一切;为了能够上学和买点油盐酱醋贴补家用,姜效雷夏天经常晚上带着妹妹拼命挖抓幼蝉,捡蝉蜕,白天到镇上去卖,春秋季节他利用一切机会捡卖破烂。时间长了,村子周围的人都忘记了他的名字,都叫他“卖破烂儿的小男孩儿”。就这样,一个“卖破烂儿的小男孩儿”从小就主动担负起了照顾四位老人和两个妹妹、一个弟弟的重任。小学毕业要上初中时,由于没有钱,村里人劝姜效雷在家里照顾老人和弟弟、妹妹。可姜效雷实在是太想上学了,他背着家人,谎称到三四公里远的集市上卖破烂,而到学校里听课。老师在教室里讲,其他同学在教室里听,他就蹲在教室门外听,在地上画。几天之后,老师和学校领导发现了他,也为他的举动所感动,于是就免费收下了他这个特殊的学生。为了减轻家里的负担并给妹妹和弟弟创造学习条件,他一边学习,一边坚持课余时间在学校的食堂里做杂工,以求有一碗饭吃。有时食堂分给他一点儿好吃的东西,他自己还不舍得吃,便兴奋地送回家让病中的老人吃。好不容易熬过了三年,就在姜效雷参加完中招考试、想方设法要上高中的时候,他的奶奶突然病情恶化离开了人世。这种不幸的打击对姜效雷一家人来说无疑是雪上加霜。他忍着悲痛,在村里人的帮助下安葬了奶奶,又在好心人的帮助下,仍然采用课余时间到食堂干杂活的办法在乡镇读完了高中。这样艰苦的生活,锻炼了他坚韧不拔的意志,养成了他敢于面对现实、热爱生活、关心他人、尊老爱幼、刻苦学习等良好品德。

当他踏入学校的大门开始新的大学生活的时候,学校领导的关心和同学、老师的热心使他坚定了学习成才的信心;当他的生活遇到了困难和家庭的贫寒境况被细心的辅导员发现的时候,一次次耐心的谈话使他更加坚定了做好人的决心,鼓起了敢于做事的勇气;当他因长期营养不良晕倒在军训场上的时候,老师和部队教官的爱心使他进一步增强了自力更生、改变困境、自强不息努力成为社会有用之才的恒心。这是姜效雷在三年后的今天,面对即将离别母校老师所表达的心声,也是他三年来敢于面对现实、自强不息走出困境的精神写照。

由于姜效雷的贫困和他特殊的人生经历,学院在军训一结束就把地安排在了学院餐厅勤工俭学,以解决他的基本生活问题。从那之后,姜效雷每天早晨都要早早起床,快速

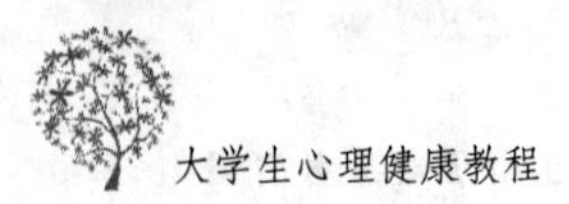

洗刷之后，跑步到餐厅帮助洗菜、做饭、打扫卫生。中午和下午放学，他要在其他同学到餐厅就餐前急急忙忙跑到餐厅，穿上工作服开始帮厨，烧水，煮面，端菜，卖饭，擦桌，洗碗，整灶具，拖地板，什么活他都抢着干。当学院领导关心地问他累不累，还有没有其他困难时，他无不激动地说："学给了我创造价值的舞台，我用自己的劳动解决了吃饭问题，总比坐在那里让人救济要好。"他习惯了这样的生活，虽然课余的工作使他在精神上显得有些紧张，但他用自己的劳动解决了首要的吃饭问题；虽然工作占去了他的一些学习时间，但他坚持每天在别人休息的时间里把学习补回来。他在后来的日记中写道："我总是想，我不能老是'喝别人的血'，不能成为社会的'吸血虫'，不能成为社会的累赘，我要想方设法自己'造血'。我不能因为贫困而碌碌无为，甘拜下风，而要以自己的实际行动和结合自身的实际情况做一些力所能及的事，为社会也为我的家庭减少一些压力……"姜效雷同学是这样说的，也是这样做的。紧张的工作并没有影响他的学习成绩，反而使他在实践中增强了积极参与各种竞争的意识，养成了自己特有的学习习惯和方法。转眼一个学期过去了，他不仅以优异成绩被评为班级的学习标兵，而且还被评为"大学生青年志愿者活动先进个人"和"身边可爱的共青团员"，受到了学院团委的表彰。他坚持积极参加学生团体活动，认真学习党的基本理论知识，不仅在学期末被评为"邓小平理论和'三个代表'重要思想研究会优秀会员"，而且还向党组织递交了入党申请书。

寒假的到来使姜效雷同学暂时失去了餐厅帮工这个勤工俭学的岗位。当同学们都纷纷准备行囊，预定车票，高高兴兴回家过年的时候，姜效雷同学却陷入了深深的矛盾之中。他虽然得到了学院的部分资助，但学费毕竟还欠着一个不小的数目；他虽然兜里揣着老师们资助他回家的路费，但又深知家里人过年的艰辛；他虽然也十分挂念家里的亲人，但痛惜往返的路费。经过一番痛苦的思想斗争之后，他做出了这样一个决定：把老师资助自己的路费寄回家里，让家里人过个年，在邮单上注明自己不能回家的原因，然后，自己留下来到市里打工或者找家教，一来解决假期的生活问题，二来收入多了还可以补交一部分学费。决心已定的姜效雷同学就这样开始了自己到校外寻找临时工作的历程。

三门峡的冬天特别的寒冷，学院离市区还有一段较远的距离。为了节省从学院到市区的往返车费，姜效雷不得不每天步行十多公里的路程。第一天，他用一块纸板写了一个"做家教干零活"的牌子放在三门峡百货大楼前的地上，自己站在那里期待着雇主的到来。站累了就蹲在地上歇一会儿，冷了就在原地活动一会儿，看着来来往往的人群和人们脸上带着的过年喜悦，他的心里很不是滋味。一天过去了，除有个别人问了问他的情况之外，他没有半点的收获，留给他的只是饥饿、寒冷、劳累与无奈。当他迈着沉重的步伐，沿着夜幕下的黄河大道向学院走去的时候，天上又飘起了鹅毛般的雪花。为了不把仅有的一双棉布靴弄湿，姜效雷干脆把靴子脱掉夹在腋窝下，光着脚往回跑。路上，他像个傻子，走一走，跑一跑，摔倒了爬起来再走、再跑。这样，平常一个多小时的路程，他却走了两个多小时。回到学校后，虽然他被摔的屁股上感到有些疼痛，但他感到好像驱走了寒冷。当他带着饥饿的身躯到餐厅值班室打开水，准备泡包方便面充饥的时候，已经熟知他情况的值班员给了他两个馒头，让他激动不已。就这样，他又一次度过了一生中难以忘怀的一天。

第二天早上，姜效雷换了双球鞋，拿着头天晚上自己没舍得吃而预留下来的一个馒头，再次来到三门峡百货楼前。今天的姜效雷改变了昨天的做法，他在人群中主动寻找着有可能需要补课的中小学生，并主动上去和他们搭话，以期引起家长的注意。当有人问他要做什么的时候，他就十分诚恳地说明自己的情况，这样，他一连坚持了好几天。在这几天的时间里，他忍受了饥饿的煎熬，倍感艰难。几天里他奔波于三门峡百货大楼和体育馆等人员比较集中的场所之间，主动热情地和一切家里可能有中小学生的人打招呼，寻求他们的帮助。可能是他的诚意感动了上苍，也许是上天的有意安排，当姜效雷等到第四天傍晚的时候，终于有一位好心的男子来到他的面前，详细询问了他的情况，并告诉姜效雷明天在这里等他。于是，即将陷于绝望的姜效雷终于有了希望。翌日，那位男子如约而至，驱车把已经等候在那里的姜效雷接到了他家。从此，姜效雷总算有了一份儿“工作”。后来姜效雷才知道，这一家人在姜效雷寻找家教的几天里就一直注视着他，并已经从询问中知道了自己的情况。

新的工作来之不易，姜效雷特别珍惜，做得也特别认真。他像对待自己的亲弟弟那样用真情感化着这家的小主人；他像对待朋友一样，用自己的身世感动着那位聪明的小男孩；他像教师对待学生一样，用爱心启迪着那位顽皮小男生极强的逆反心理。姜效雷虽然只有一个学生，但他每天晚上都要认真准备第二天的课程，仔细琢磨解决每一个问题的方法。短短几天的时间，那个补课的小男生不仅完全接受了姜效雷，而且学习上已经有了明显的进步，这使小男孩儿的父母十分高兴。于是几天之后，经那个小男孩儿的父母介绍，姜效雷的学生从一个发展到了三个、四个。这既是姜效雷十分高兴的事情，也使得姜效雷更加充满信心地投入到了家教之中。

一个紧张而充实的寒假就这样过去了。姜效雷不仅用坚强的毅力解决了假期的吃饭问题，而且还为今后的勤工俭学开辟了新的途径。尽管他最初给补课的小男生因父亲工作调动而举家前往了洛阳，但毕竟三门峡市区还有几个他正在补课的学生。新学期一开学，姜效雷就坚持白天课余时间在餐厅帮厨，晚上和双休日到市区给补课的几个学生辅导。为了不影响自己的学习和其他同学的休息，经常是做完家教回到学校后，在宿舍的卫生间里借助长明灯完成一天的作业并进行新课的预习。姜效雷所特有的、紧张而又充实的大学生活，既保证了他的基本生活，还使他每一个月都能取得一定的劳动收入。他决心用自己的劳动所得补上学院对自己学费减免后的欠缺。

几个星期过去了，突然有一天，姜效雷最初补课的小男生的父亲专程驱车从洛阳到学院找到了他，要求姜效雷每周双休日到洛阳给孩子补课。这让姜效雷很为难，然而，一家人的真情使姜效雷还是答应了下来。他把自己双休日在三门峡市区的家教工作让给了生活上有困难而又能够做家教的其他同学，自己每个双休日都由那个小男生的父亲接往洛阳做家教。这样，姜效雷每周星期一被送回学校以后，除了学习、帮厨之外，又多了一份指导其他同学做家教的任务。为此，他在辅导员的指导下，发动其他一些家庭困难的同学一起成立了学生家教协会，使更多的贫困学生加入到了勤工俭学的行列。

转眼一个学年过去了。当姜效雷正筹划着暑假做家教的计划时，洛阳那位小男生的父母又把他接到了他们的老家洛宁县，并联系到了十多名补课的学生，这使姜效雷的家教办成了班，也使姜效雷的整个暑假过得很愉快，很有收获。从那以后，姜效雷的勤工俭学做家教活动就形成了平时个别辅导与假期集中辅导相结合的模式，这不仅为与他有着同样贫困家境的更多的同学提供了勤工俭学岗位，也为更多需要补课的学生提供了学习机会。就这样，姜效雷坚持了一年。就在他紧张的大学生活刚刚有所转机的时候，一个不幸使他再一次陷入了无比的痛苦之中。2005年夏天，他父亲的肝病开始恶化成肝癌。他想给父亲治病，可那需要很多的钱。他想回家照顾父亲，可那只会伤父亲的心。左思右想、反复考虑之后，他还是给父亲寄了封信和一点钱，让父亲安心养病，自己却怀着无比沉痛的心情在学校办暑期家教辅导班。他想多挣一点钱为父母治病，就只能自己多辛苦一些，少休息一点。他从老师那里借来灶具，支在学校给他提供的教室里自己做饭吃。白天在教室里给学生补课，晚上住在教室里护楼。一个暑假过去了，他把办班的全部收入寄回了家里，想倾全力留住父亲的生命。但是，无情的病魔还是最终夺去了他父亲的生命。2005年冬天，姜效雷不得不带着无比悲痛的心情回家安葬了父亲。这是他入学三年来第一次回家，也是他返校后更加刻苦学习、更加努力工作、更加坚定用奋斗改变家庭困境的新起点。从那以后，姜效雷更加珍惜每天的学习时间，更加珍惜每一项工作，更加珍惜每一份劳动所得的每一分钱。

就这样，姜效雷每天坚持5:00起床，早读一个小时，然后到餐厅帮厨；中午干完活、吃完饭从不休息，或做作业，或到图书馆查阅资料，或为参加校内的各种活动以及晚上的家教作一些准备；下午一放学，他紧张地干活，紧张地吃饭，紧张地赶往市区做家教，夜里又紧张地赶回学校后，还要预习第二天的课才休息。这样的安排实在是太紧张了，但姜效雷一坚持就是三年，即使假期，他也都用来办家教辅导班了。这样的大学生活实在是太苦了，但姜效雷却感到充实，因为他以顽强的意志战胜了经济上的困难，用自己的劳动解决了自己的基本生活问题；他以坚韧的毅力克服了精神上的压力，用勤劳和智慧实现了大学生活的价值。

（摘自郅利聪主编《高职生心理健康教育》，西北大学出版社，2007年3月）

二十四、向贫困挑战的刘默涵

北京大学历史系2003级学生刘默涵，出身贫寒，通过做兼职赚取生活费。她规定自己一天只吃3元钱的饭菜。最辛苦的时候，曾备课到凌晨4点，睡一个小时，早上5点出发到国家博物馆做义务讲解员，傍晚顾不上吃饭又匆匆赶去做家教，一直到晚上10点。凭着这种坚强与毅力，获得了一等奖学金，对学习和生活应付自如，不仅解决了自己上大学的费用，每年还带回千余元补贴家用。她利用假期在县里举办爱心救助讲座，采用收门票的方式（贫困生免票）来资助贫困生，成立"默涵助学金"，资助那些无经济来源但品学兼优的学生。

（摘自张大均，吴明霞主编《大学生心理健康》，清华大学出版社，2007年9月）

二十五、网络中的婚恋

20岁的小朋是北京某市属大学三年级的学生，是个超级网虫，每天都要在网上泡10多个小时。半年前，小朋在网上结识了一个17岁的女孩，两人很快进入了"网恋"，一个月后两人在某网站进行了"结婚"注册，并在网上建立了"家庭"——一个共同的网页。对于这个"家"，依照小朋妈妈的说法，有点儿太像过家家了。两人用文字和图片堆砌的家庭不但有像模像样的家具和房间布置，还有每天三顿饭的菜谱，甚至还有他们虚拟"夫妻生活"

的描述！小朋和那个女孩“结婚”不到3个星期，网站通知他，说他的“爱人”怀孕了，小朋大喜，每天抱书通读孕产妇注意事项。6个星期后又通知他，说他们已经拥有了一个小宝宝，小朋更是兴奋得睡不着觉。15个星期后，网站又告知小朋，他的“妻子”、“儿子”均病重，小朋于是整天无精打采。到第18个星期的时候，网站宣布：因医治无效，他的妻儿双双“去世”，他的婚姻结束了！这个像养电子宠物一样的婚姻游戏到此为止，但此时的小朋因为太投入，竟然受不了打击，一病不起。到现在，好好的大学上不了，每天起床要做的第一件事情就是到网上的墓地去怀念他的“妻小”。然后垂头丧气，喃喃自语。小朋的妈妈看在眼里急在心里，她实在不懂，这孩子怎么啦。她也实在担心：小朋会不会得了什么精神疾病？小朋确实已经患有一种精神性的思维障碍，如果按医学的分类，他患的是抑郁症。

（摘自郅利聪主编《高职生心理健康教育》，西北大学出版社，2007年3月）

二十六、在共同的网络中成长

小芳在网上聊天认识了阿强。因为都热爱摄影，他们就在网上创建了一个DV摄影圈，很多网友都在这儿自由交流，随心谈论。通过线下商务资源参加了DV摄影大赛，并共同将其整理成了一段剧本（小芳拍摄，阿强文案），让网友们争相传播，口碑很好，小芳和阿强也觉得受益匪浅。

（摘自张大均，吴明霞主编《大学生心理健康》，清华大学出版社，2007年9月）

二十七、网络成瘾症

大二学生小何说：“我喜欢看着我的网络游戏人物逐渐成长，变得更强大，那种感觉真的好棒。”他沉迷网络，不断游戏，不断PK，不断升级。上课时精力无法集中，满脑子飞舞着游戏里痴狂的场景和动作，右手即使不握鼠标，食指也总是不停地有节奏地点击着。为使他远离网络，父亲禁闭了他两天，之后他病了，医生说他得了“网络成瘾症（Internet Addiction Disorder，IAD）”。

（摘自张大均，吴明霞主编《大学生心理健康》，清华大学出版社，2007年9月）

二十八、网络爱情的苦果

某高校女大学生小娜晚上没课时喜欢上网聊天，在聊天室她认识了峰，聊了几次后，峰约她见面。见面后，她和峰及峰的几个朋友在一饭店吃饭，不胜酒力的她，饭后被带到一洗浴中心强暴。

（摘自张大均，吴明霞主编《大学生心理健康》，清华大学出版社，2007年9月）

二十九、从自信走向自卑

在同学们的眼里，小李是一个学习成绩好、工作能力强的大学生，可小李却处处对自己感到不满意：他的学习成绩在班上一直名列前茅，曾被评为校级三好学生，获得二等奖学金，可他总觉得凭自己的能力完全可以拿到一等奖学金；作为班长，每次当他组织班上同学开展活动时，总有少部分学生不那么热心，甚至找理由不参加，让他对自己能否胜任

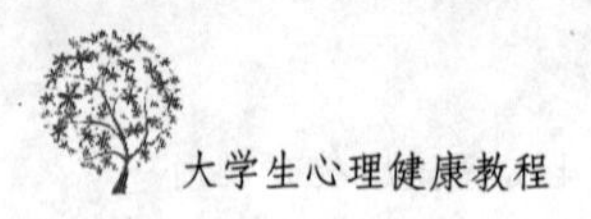

班长这个职务产生了怀疑；由于当班长，在工作中有时难免会"得罪"一些同学，他和班上部分同学的关系相处的并不是很融洽，以至于他对自己的人际交往能力也产生了怀疑……久而久之，小李越来越没有自信了。

（摘自李进宏主编《大学生心理健康教育》，武汉理工大学出版社，2005 年 10 月）

（http://www.jxgcxy.com/jpkc/xinlizixun/jdal/02.htm）

附录二　教与学的心理案例

一、"身心疾病"之说

【现象实例】

心理学或行为医学有这方面解释：一个孩子，由于种种原因害怕去上学，那么在这种对学校的恐惧心理之下，就会常常在要去上学的时候突然"生病"，或是头痛，或是胃痛等。而作为父母，总是关心孩子的健康的，所以一旦孩子表现出了如"胃痛"这类的病症，也许就会把孩子留在家里。而这样，作为这个孩子，为了摆脱对学校的恐惧，他的胃有时也会真的就不舒服起来。长大以后，他也就会在无意识中，尤其是在面对某种心理压力的情况下，犯起胃痛的老毛病来，因为那已是童年时代多次被强化了的行为。

【心理点评】

身心之间的相互影响以及心理因素在人的健康生活中所起的作用，已经较为突出地反映在所谓的"身心疾病"中。许多比较常见的疾病，如关节炎、哮喘，支气管炎、肥胖症、湿疹和溃疡甚至癌症等，都已被认为是属于"身心疾病"的范畴。人的生活压力，人的情绪等心理因素，对"癌症"的发病和病变均有着直接的影响。可见，不能忽视心理因素对人疾病的影响，从心理方面考虑有关人的疾病和健康问题应给予高度重视。

二、看心理医生正常吗

【现象实例】

1988 年的暑假，一位美国临床心理学家来到中国讲学，主题是关于"心理健康与心理咨询"。他向与会者讲述了这样一个故事：一位男生与女生第一次约会，但男的迟到了 10 分钟，他向那位女生说："对不起，我迟到了，我是去看我的心理医生，在那里耽搁了一点时间。"故事很简单，那位临床心理学家接着向与会者提问，问大家如何看待那位迟到的男生，如何评价他们关系进一步的发展。请问，你又是如何评价呢？

【心理点评】

当时对这位临床心理学专家的问题，大部分与会者认为，那位男生"有问题"，本来迟到了就不对，还说去看"心理医生"，是不是心理不正常或脑子不对劲呢？而这样，他们的关系可能一下子就会告吹。

当时，那位美国临床心理学专家解释说，如果同样的事情发生在美国，那么去看心理医生的理由是成立的，那位女生大概会这样想：(1)去看心理医生，说明他受教育的层次高，知道心理健康的意义和作用；(2)去看心理医生，说明他的经济条件有保障(美国看心理医生收费是很高的)；(3)直说自己去看心理医生，说明他诚实，而若这样，他们的关系会有很好的发展。

对此事，为何有完全不同的解释和理解呢？这反映了当时在我国人们对心理健康和心理学的观念还很淡薄。一听说去看心理医生，就认为问题严重，心理肯定有问题。对正常人看心理医生不能接受，即对心理咨询、心理学的实际作用尚未真正认识和理解。随着时代的发展，人们的意识观念已有所改变。

三、关注心理健康

【现象实例】

1991 年 11 月 1 日，美国中部的衣阿华大学发生了一起震动世界的重大谋杀案。几分钟内，4 位美国一流的空间物理学家（其中一位还是美国太空总署的顾问）和一位优秀的中国博士后留学生被人枪杀。杀人者——一位学业非常优秀的中国博士留学生也饮弹自尽。造成这个重大悲剧的原因非常简单，杀人者认为，美国老师和自己的中国同学故意和自己过不去，联合起来与自己作对，孤立自己。于是他感到"是可忍，孰不可忍"，不惜与人同归于尽，使无辜的人失去了生命，毁掉了自己的大好前程，造成了令人痛心的悲剧。

1968 年 8 月 15 日，美国西海岸，圣迭戈的加利福尼亚州立大学，又发生类似的事件。不同的是，开枪杀死自己导师的是一个美国学生——36 岁的弗雷德里克·戴维森，他在又一次进行毕业论文答辩时，没有答辩论文，而是开枪杀死了自己的教授。被枪杀的包括两个美国教授和一个来自中国的助理教授，原因也是学生怀疑老师有意和自己过不去。

无独有偶，在我国浙江省金华市，一名 17 岁中学生因不能忍受学习重负，与望子成龙的母亲发生冲突，而将母亲活活砸死。

【心理点评】

面对这些令人震惊和痛惜的事件，人们禁不住要问：这些学生到底怎么啦？如果心理素质好一些，能够自我调整一下或及时向别人倾诉一下，悲剧也许不会发生。然而，没有这样，悲剧终于发生了。"心"力可以置人于死地，这就是人们不得不关注的"心理问题"。虽然这是严重的个别事件，但今天在我国大学校园里自杀、他杀、犯罪已不是天方夜谭。中学生也同样存在这些问题。自杀、离家出走发生率上升。据有关资料，在我国，20 世纪 80 年代中期，23.25％大学生有心理障碍，90 年代上升到 25％，近年来已达 30％，有心理障碍的人数正以 10％的速度递增。广州儿童体质健康研究会于 1993 年底对广州市 4 个城区 6 所中学 1664 名学生进行抽样调查。结果发现，心理健康欠佳的占 16.9％，患有精神障碍的占 4.5％。他们的典型表现是：心理脆弱，依赖性强，自我封闭，对环境适应能力差，遇到挫折或心理冲突时，往往不能解脱。可见我国青少年的心理问题应引起关注，开展心理健康教育，进行心理辅导，提高青少年学生的心理素质刻不容缓。

四、克服自卑

【故事传说】

传说有一位王子，长得十分英俊，但却是一个驼子，这个缺陷使他非常自卑。有一天，国王请了全国最好的雕刻家，刻了一座王子的雕像，刻出来的雕像没有驼背，背是直挺挺的。国王将此雕像竖立于王子的皇宫前。当王子看到此雕像时，他心中产生了一种震撼。

几个月之后，百姓们说："王子的驼背不像以往那么严重了。"当王子听到这些，他内心受到了鼓舞。有一天，奇迹出现了，当王子站立时，背是直挺挺的，与雕像一样。

【心理点评】

故事给我们的启示是，关照自己的内心，克服自卑，为自己树立目标，全神贯注于你所期望的目标上，并时时加以留意，有一天你将看到自己内心所期望的成果。自卑，使人意志消沉，长此以往，肯定会陷入生活的深谷，摔得更惨，倒不如保持勇气一搏。生活中，树立目标，绘制期望的蓝图，全心全意投入你的心理图景中，你将会获得自信与成功。

五、你，就是你

【现象案例】

在一部世界著名的电影《蝴蝶梦》中，有这样的情节：一位天真朴实的平民姑娘与显赫的曼德里庄园主邂逅，正是这姑娘自己的天真朴实，打动与吸引了曼德里庄园主，但是这姑娘自己却没有意识到这一点。在结婚后作为曼德里庄园主夫人的最初一些日子里，她刻意去模仿原来的庄园主夫人，希望自己像她一样高贵，像她一样有知识和教养，而完全忽略了自己的可贵品质，完全没有意识到如何保持自己的本性，因而整日生活于恐慌与自责之中。只是后来她发现了问题所在，勇敢地接受自己，坦然地表现自己的时候，才是自己生活得最为轻松，也是她为曼德里庄园主带来真正幸福的时候。

【心理点评】

"自我接受"是自信中的主要内涵，它本身的意义是指一个人对自己能否有一种基本的承认、认可，以及自己接受自己的态度。我们每一个人都是一个独立而特殊的存在。认识自己的特殊性，认识自己的自我本性，并且接受自己作为一种独立而特殊的个体存在，便是自我接受的含义。唯有接受自己，我们才能"相信"自己，才能尊重自己，才能体会到我们自我存在的价值。有位哲人说得好："假如我是因为生来如此，你是因为生来如此，那么我是我，你是你。但是，假如因为你而我是我，因为我而你是你，那么我不是我，你也不是你。"请做一个真正的我。

六、以"自我激励"为伴

【现象实例】

1944 年，美国洛杉矶郊区一个没有见过世面的 15 岁少年约翰·戈达德在"一生的志愿"的表上填上这样一些项目：到尼罗河、亚马逊河和刚果河探险；登上珠穆朗玛峰、乞力马扎罗山和麦特荷恩山；骑乘大象、骆驼、鸵鸟和野马；探访马可·波罗和亚历山大一世走过的道路；主演一部《人猿泰山》那样的电影；驾驶飞行器起飞降落；读完莎士比亚、柏拉图和亚里士多德的著作；谱一首乐曲，写一本书……写完，他把每一项都编上号。当时别人都认为他疯了。可戈达德在经历了 18 次的死里逃生和无数次难以想象的艰难困苦之后，到现在，127 个目标已经完成了 106 个。

戈达德的成功超出了常人的能力和想象。这使人情不自禁地回想起他曾制定的那张奋斗蓝图。心中的目标在不断地激励着他，他几乎时刻在做迎接新挑战的准备。用戈达德自己的话说："一有机会到来，我总是已准备完毕。"

【心理点评】

戈达德那超出常人的能力和成功，其动力来源是他经常处于一种被目标所激励的状态。这在心理学上叫作“受激发状态”。强烈的愿望能激发人的潜在能力，如果你不断地激励自己，就能尽量挖掘蕴藏于自身的神妙能力。“激励”是针对动机而产生的。动机是推动行为的原动力或指标。它不仅是人们行为的能量，而且是引导人们力量指向的“目标”。怀着强烈的愿望去争取成功，你就没有时间去失败。在漫长的人生旅程中，无论你的相貌如何，际遇怎样，都需要有“自我激励”为伴；追求某个目标，要有信念和力量鼓励你迈步；生活遇到不幸，事业遭到挫折，都需要重新鼓起生活的信心和勇气。扬起生命的风帆，需要不断地激励自我。自我激励不仅能帮助你渡过难关，而且能够超常发挥你的潜能，实现你心中的理想。

七、请悦纳自己

【现象实例】

有位电车公司的服务小姐，年方 18 岁，她做梦都想当个职业歌手，可是她容貌不够漂亮，嘴巴宽大，更要命的是，她竟是暴牙。后来，一个偶然的机会，她到一个俱乐部去演唱，首次展现自己的容貌与歌喉。她感到十分紧张，唯恐观众发现她不雅观的牙齿，于是将上嘴唇紧紧抿着，极力摇晃身体，希望借此引开观众的注意力，结果弄巧成拙。在观众席中，有位乐师听了她的歌声，认为她具有歌唱才能，乐师在演出后对她说：“刚才在台上你所做的一切动作我都看得清清楚楚。你尽量抿着嘴唇不使暴牙露出来，你真的认为自己的牙齿不好看吗?”听罢，姑娘羞得满脸通红。乐师又说：“那有什么值得羞耻呢？暴牙又不是你的罪过，何必隐瞒呢？为此矫揉造作，肯定不会成功，顺其自然吧，放声唱吧，你会得到观众的喜爱的。”这位小姐终于听从了乐师的劝告，悦纳自己。此后，每逢表演，她都尽情地张开嘴巴，开怀歌唱，不久，便成了深受观众欢迎的歌星。后来很多演员也学起她的舞台形象来。

【心理点评】

上面实例告诉我们，认识自己，悦纳自己，你也就突破了迈向成功时可能有的第一大障碍。在人的一生中，你用不着羡慕别人的容貌和姿态，用不着为别人的大肆宣传所蛊惑，也不用慑于别人的威名，人云亦云，亦步亦趋，而应做的是接受自己，保持本性。自我接受并不意味着你应该完全顺从你目前所处的状态，而是说不管怎样，接受自己，不要自我欺骗，不要自我贬低，更不要为自己感到耻辱难堪。自我接受也意味着接受那些改变自己，使自己更接近所希望的更高境界的所有优点和潜力，从而建立一套属于自己的标准和令自己创造“成功”的方法。

八、无主见者的悲哀

【现象实例】

有一则寓言故事，说的是父子两个人赶一头驴到集市去，途中有人批评他们太傻，驴子不骑却赶着走。父亲觉得有理，便让儿子骑驴，自己步行。走不远，有人便批评儿子不孝，自己骑着驴，却让老父亲走路。父亲听了，也觉得不错，于是改由自己骑。再走一段路，另一些人批评父亲不懂得照顾孩子，自己骑驴，让可怜的孩子走在后头追赶。父亲觉得自己确实太过分了，于是两人一起骑。可是过了不久，又有人批评他们不仁慈，两个人骑在驴背上，驴子都快压死了，于是父子两人便决定绑着驴子，用扁担抬着走，过桥时，愤怒的驴挣扎，使他俩坠入河中。

【心理点评】

这个故事告诉我们，生活和生命是自己决定的，你无法讨好每一个人，或者变成别人。每个人都要忠实于自己。生活中，有些人总是千方百计地模仿别人，把自己的本色也放弃了。别人怎么做就跟着怎么做，甚至要费尽心机去忖度别人觉得自己怎么样，完全失去自我，实在令人感到悲哀。你就是你，你在世上仍然是独一无二的。如果我们首先不能接受自己，保持本性，将会失去自己。

九、现代“神童”

【人物故事】

2001 年 2 月 14 日，加拿大总理率领的商务代表团到达我国上海，其中一位团员尤为引人注目，他就是 12 岁的“电脑神童”——Cyberteks Design 公司的总裁兼首席执行官凯斯·佩雷斯。

他 5 岁时开始玩电脑，9 月开始学习网络程序。他经常上网冲浪，浏览动画和音乐网站，下载软件、游戏，和自己喜欢的冰球运动员聊天。渐渐地，他觉得自己能做得和其他网站一样好，甚至可以把自己的想法卖出去。10 岁的凯斯从父母那里拿到了第一笔创业资金，成立了 Cyberteks 网页设计公司。公司迅速赢利让父亲看到了凯斯在商业方面的潜力。2000 年 1 月爸爸辞了职，担任儿子公司的销售和市场部经理。

凯斯同时还是当地一家天主教学校八年级的学生。虽然每周要花掉 25～30 小时回复公司的电子邮件，处理公司的业务，他的学习成绩依然在班上名列前茅。他还为自己班里的同学设立了“科技奖学金”。他开发互动工具，设计的动画中有很强的游戏成分。凯斯说：“我们的设计可以给死气沉沉的互联网环境带来生命，在抓住访问者好奇心，激发他们的想象力方面，我们特别擅长。”凯斯觉得“放手去做”是成功的唯一的秘诀。在他刚刚开办自己的公司时，除了父母，谁都不支持他，不相信他能行。其实，在任何事物开始之前，失败的预言对我们毫无意义。没有问题解决不了，也没有挫折不能克服。

【心理点评】

人的能力有大小，尤其反映在人们能力发展水平上的个别差异。古今中外有不少智力超常的儿童，人们通常称之为“神童”。超常儿童的智力发展水平极高，他们以其小小年纪所表现出来的非凡才华、成就而引人注目。然而，他们出众的才能往往与他们从小良好的教育和实践有关，也与他们进取、勤奋、自信等良好的个性品质有关。同时，也说明早期教育的重要作用。上面实例就是一个极为有力的说明，它给我们的启示是深刻的。

十、勤奋出天才

【人物故事】

被人们誉为“书圣”的东晋书法家王羲之，7 岁时开始练字，结识书法名家，博采众长，几十年如一日，刻苦练笔从不间断。他在绍兴兰亭临池学书法时，因每天洗笔砚，使清水池变成了“墨水池”。正因如此才练出“入木三分”的笔力，形成丰富多彩的书体，真是笔笔刚健，字字飞龙，终于成为划时代的书法家。后来他的儿子王献之向他询问学习书法的秘诀，王羲之指着家里的18缸水说：“秘诀全在这些水缸里，你把18缸水写完就知道了。”

【心理点评】

人的能力发展和才能不是天生的，也不是靠一时的兴趣或一时爆发的灵感而形成的。从王羲之的成才之路可见，成才要靠本人的勤奋、刻苦。正如被称为天才发明家的爱迪生所说：“天才是百分之一的灵感，而百分之九十九是汗水。”要想成就任何一番事业，都不是轻而易举的。凡有成就者，都离不开“勤奋、耐心和坚持”。

十一、成功者的恒心

【人物故事】

爱迪生晚年曾遇到一次大挫折：一场大火把他多年来研究和改进有声电影的许多宝贵资料和电影样片化为灰烬。他的妻子难过地失声痛哭，爱迪生反而安慰妻子说：“别难过，不要看我67岁了，从明天早晨起，一切都将重新开始。”果然，第二天，他又沉迷在有声电影的工作中。无独有偶，我国明末清初一位叫谈迁的穷秀才也曾遭遇大难，但他并未因此而一蹶不振。谈迁在29岁开始写作《国榷》一书，在穷困之中奋斗了27年，写就了500多万字史书书稿时，已年届56岁。不幸书稿被人窃走，在心痛之余，他下决心开始重新写作，夜以继日，又用了10个严冬和酷暑，再次完成了一部我国史学领域的重要书稿。此时此刻的他自豪地说：“虽死而瞑目矣。”

【心理点评】

爱迪生和谈迁都勇于战胜失败和挫折而成为有恒心的人，从而在事业上获得重大成就。综观古今中外，凡有成就者，无不是长年累月持之以恒地奋斗而取得的。科学家、学者都看重恒心在事业成就中的作用。牛顿说：“一个人如果没有恒心，他是任何事也做不成的。”英国物理学家哈密顿认为，“在物理学中，只要四体灵活，感觉敏锐，有耐心，即或智力中下也会有所发现”。现今，尤其是青少年，更应该培养锲而不舍的恒心。凡事应有明确的目标。若坐这山，望那山，人而无恒，即将一事无成。

十二、自信是成功的秘诀

【人物故事】

海伦·凯勒(1880—1962)，美国女学者，生于亚拉巴马州的小镇塔斯康比亚，1岁半时突发疾病，致其既盲又聋且哑。在如此难以想象的生命逆境中，她踏上了漫漫的人生旅途……

人们说海伦是带着好学和自信的气质来到人间的，尽管命运对幼小的海伦是如此不公，但在她的启蒙老师安妮·莎利文的帮助下，顽强的海伦学会了写，学会了说。小海伦曾自信地声明：“有朝一日，我要上大学读书！我要去哈佛大学！”这一天终于来了，哈佛大学拉德克利夫女子学院以特殊方式安排她参加入学考试。只见她用手在凸起的盲文上熟练地摸来摸去，然后用打字机回答问题。前后9个小时，各科全部通过，英文和德文得了优等成绩。四年后,海伦手捧着羊皮纸证书,以优异的成绩从拉德克利夫学院毕业,赢得了世界的赞扬。她先后完成了《我生活的故事》等 14 部著作,产生了世界范围的影响。她那自尊自信的品德,那不屈不挠的奋斗精神被誉为人类永恒的骄傲。

【心理点评】

1 岁半就又聋又哑的海伦,若没有强烈的与命运挑战的勇气和信心,是不可能成长为受世人赞誉的人的。人生会面对一个接一个的挑战,我们如何面对挑战?倘若自我毫不畏缩,知难而上,并且最终战而胜之,那么,自我将会更加完善和成熟。在挑战面前,首先要肯定自己,肯定就是力量,就是对自己充满信心;自信可以促使人自强不息,迎难而上,可以发掘深藏于内心的自我潜能。海伦就是一个强有力的实证。海伦曾说,"信心是命运的主宰",培养自信的气质是十分重要的。但自信并非天生的,它是在个人生活、实践中逐渐形成、发展的。认真地总结我们的长处和成功经历吧,让自信给我们力量去迎接人生的挑战,向海伦学习。

十三、人的悲与喜

【现象实例】

宋朝范仲淹所著《岳阳楼记》写道,登上斯楼,看见霪雨霏霏会产生悲怆之情。可是,也在宋朗,欧阳修却因一场大雨欣喜若狂,叹之咏之,叹颂之余还写了一首《喜雨亭记》,以志其庆。同是下雨,同是一个性质相似的自然现象,为什么会引起迥然相异的情感?这是因为欧阳修当时主管的地方,适逢天旱,他多么渴望有几阵豪雨,以救庄稼,得解民困,那场大雨正符合他的需要。

【心理点评】

喜、怒、哀、惧是人的情感表现。它们是由外界事件引起的。什么事引起喜,什么事物引起悲?同一事物,又是在什么情况下、什么条件下令人喜或令人悲,是与人的需要相适应的,也就是说能够满足他的需要的,他就会高兴愉快,爱之慕之。反之,可能会为此而悲、而怒。人的需要是极其复杂的。同时人的情感与人的认识也有着密切的关系。以上实例正因两人所处情境不同,需要不同,而悲喜不一。

十四、"爱"是不能缺少的心理营养

【实验研究】

1963 年就任的美国心理学会主席哈洛用恒河猴做实验研究。他选择了一只出生不久,正急于寻找母亲的小猴子。他用铁丝精心编制了一个象征性的猴子妈妈,上面挂了一个奶瓶,可提供机体营养(食物与水,包括香蕉等猴子爱吃的食物)。同时,哈洛用棉布编制了另一个象征性的猴子妈妈,不能提供食物,但是能提供温暖,提供关怀和温柔的感觉和感受。在哈洛的实验过程中,他细心地观察用来做实验的小猴子,看它更喜欢哪一个猴子妈妈,更愿意和哪一个猴子妈妈在一起,尤其是在受到惊吓的时候(故意安排的实验情境),小猴子是向哪一个猴子妈妈寻求保护。通过为期 3 年的实验研究,哈洛得出了结论:大多数时间都是抱住棉布猴子妈妈寻求关怀和温暖,尤其是在受到惊吓的时候,总是跑向棉布猴子妈妈以寻求保护。这意味着,小猴子对温暖与关怀的需要远远超过了其对于食

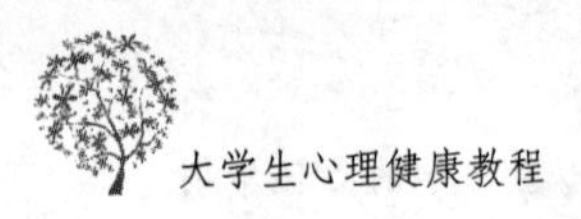

物的需要。在小猴子的生长过程中，代表温暖和关怀的母亲，比单纯代表食物的母亲，更具有本质性的意义。

【心理点评】

哈洛的实验引起了强烈的反响，心理学家们根据哈洛的设想与理论进行了对人类儿童发展的观察和研究，也得出了同样的结论。在我们人类婴幼儿发展的过程中，其最为需要的，不是人们所普遍认为的充分的食物，而是爱与关怀；得到充分爱与关怀的婴幼儿，其身心都更加健康，其抵御疾病的能力也会增强；虽得到充足食物，但得不到爱与关怀的婴幼儿，则会产生焦虑与不安的情绪，更容易哭泣和生病。可见爱是不能缺少的心理营养。在婴幼儿成长中，要注意多给予温暖与关怀，使婴幼儿心理健康发展。

十五、个性与疾病

【现象实例】

在临床心理学的文献中，有这样的一个用来测验和鉴别人们心理倾向与患病之间关系的故事：在一个美好、清新而宁静的早晨，你坐在公园的长凳上，沐浴着初升的阳光，欣赏着湖中的游鱼，聆听树上的鸟鸣……这时，有一个与你同样年龄、同样身材、同样性别的陌生人向你走来。他走到你的面前，什么也没说，竟然踢了你一下。那么，在这种情景下，你会怎么办呢？你会作出什么样的反应呢？

【心理点评】

经鉴别，通常人们的反应可归纳为三种类型：

1. 认为必须以牙还牙，对于其挑衅行为给予及时的报复。做这种类型反应的人会说，“我会以同样的方式来对待他”，或者是“我会比他更加凶狠地来对付他”。心理学家将这种反应类型的人称作“过分性反应型”，并且临床发现，该类型的人容易患冠心病、慢性关节炎和胃溃疡等。

2. 认为不必大惊小怪，可当作什么事情也没有发生。以这种方式反应的人，没有意识到任何气愤或恐惧，可能平时就经常控制或抑制自己的感受。心理学家将这种反应类型的人称作“欠缺性反应型”，并且发现，这种类型的人容易得过敏性皮炎、风湿性关节炎和溃疡性结肠炎。

3. 意识到了气愤或恐惧，但是不敢或很少表现出来。这种类型的典型反应是：“我应该反击他。”但是由于自己的谨慎或胆怯，很少做出实际的表现。心理学家将这种反应类型的人称作“抑制性反应型”，并且发现，这种类型的人容易得哮喘、糖尿病、高血压以及周期性偏头痛等。

这个故事的测验和鉴定表明：人的个性与疾病有关，就人们感染疾病的原因而言，情感、个性行为等心理因素起着不容忽视的重要作用，即所谓“心理模式”的作用。

十六、心理定势的影响

【心理现象】

看下图，中间是什么？人们从横向看，认为是数字“13”，从纵向看，认为是字母“B”。同一个字为什么从横向、纵向看它所得的结果不一样呢？

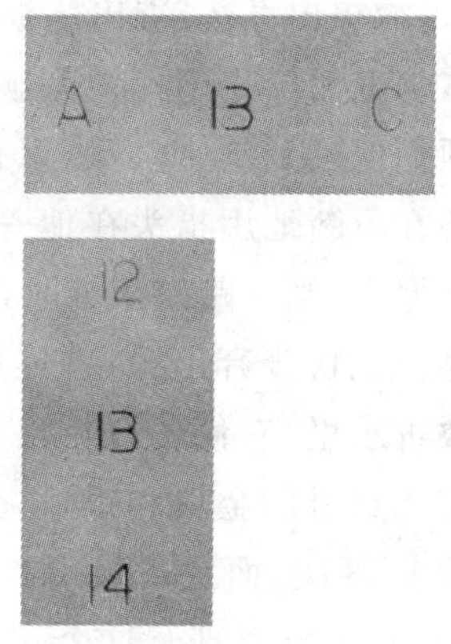

【心理点评】

看图所得到的结果不一样，这主要是心理定势的作用。心理定势是指主体已经形成的对一定活动的特殊的心理准备状态，它影响或决定同类后继心理活动的趋势。通俗地说，定势就是人们按照一种固定了的倾向去反映现实，从而表现出心理活动的趋向性。定势在人的知觉、记忆、思维及一些行为活动中都有所表现。定势受人的知识经验（包括刚刚发生过的和以往的经验）和人的一些心理因素（如需要、情绪、习惯、态度、信仰、兴趣爱好、文化修养等）的影响。

十七、原型启发

【故事传说】

据说邮票诞生在英国，最初四周没有齿孔，剪开比较麻烦。一次，一位新闻记者在酒店发稿，一时借不到剪刀把邮票剪开。他急中生智，取下衣襟上的别针，在邮票中间的空隙里扎了一串孔洞，然后轻轻撕开了。有心的青年亚瑟·亨利在场看到了这个举动，大受启发，不久就设计了邮票打孔机，后被政府正式采用。

【心理点评】

人们的创造活动大多借助了原型启发的作用。传说鲁班受到茅草割破皮肤的启发而发明了锯子；受飞鸟的启发，人们发明了飞机。上述事例也是如此。人们受到某种类似事物的启发而在头脑中对旧有表象进行较大的改造，从而形成了新形象，解决了新问题，这就是原型启发。原型启发的机遇只垂青那些有心人和懂得怎样追求它的人。借助先有事物和知识，悟出与创造目的的共同之点，从而构成新想象，再运用新的知识或从新的角度对现有事物和发明进行分析处理，启迪出新的创造性设想。这就使原型真正起到了启发作用，也是创造想象的途径。总之，原型启发对创造想象具有不可低估的作用。做个有心人吧，没有什么东西是无用的。

十八、阿基米德的灵感

【人物故事】

大约在公元前 250 年，古希腊叙拉古斯国的国王希罗给珠宝工匠一锭称过重量的金子，叫他制作一顶皇冠。皇冠制成后，希罗怀疑珠宝匠盗去了部分黄金而掺进了等量的白

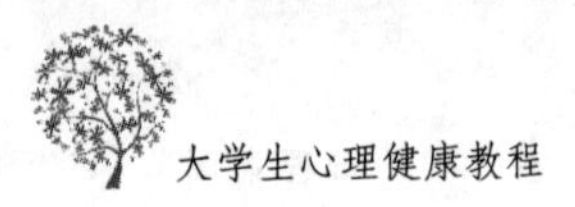

银，于是，他委托宫廷科学家阿基米德想出办法，查出这桩舞弊案。

阿基米德苦苦思索了好多天，仍毫无结果。他被满脑子皇冠、金子、银子弄得神魂颠倒。其家人唯恐他节外生枝，就硬把他拉到澡堂洗澡，以让他轻松下来。然而，直到家人把他“骗”到浴池边时，阿基米德还在不断地用指头在他一丝不挂的身上比划着各种几何图形。突然，阿基米德大叫起来。原来，当他跨入浴缸时，他发现水外溢。这下，他的思维顿悟爆发了，竟忘了自己赤身裸体。他快步奔出澡室，连声高喊：“我想到了，我找到啦。”原来，阿基米德想到了任何物体放进水里，它们各自排出相等体积的水。于是，原来困扰他的问题有了答案。他把皇冠、相当重量的金块和银块，分别放进水里，看它们各自排出的水的体积。他发现银块最多，皇冠其次，而金块最少。由此，他断定皇冠中掺进了银。在此基础上，阿基米德进一步发现了浮力原理。这个定律，即世人所称的“阿基米德定律”。

【心理点评】

灵感是人脑进行分析与综合的产物，是创造思维的凝聚。它的基本特征是打破人的常规思路，突然达到一个新境界。当灵感降临的时候，智力水平超出创造者的平时水平，即所谓的“超水准发挥”，犹如瓜熟蒂落，水到渠成，正是“众里寻他千百度，蓦然回首，那人却在灯火阑珊处”。另外，灵感具有突发性和瞬间性的特点。

灵感的创造性，其作用和意义是很大的。我们能捕捉到灵感吗？灵感的光临是需要一定条件的。这就是你必须对你所研究的问题有着坚定不移的目标，孜孜地追求。无平时日日夜夜艰辛探索的努力，灵感是不会光临的。阿基米德日夜苦思“皇冠之谜”，一旦看到人进水溢这个常人所忽略的现象时，就极其敏锐地联想到自己寻找的答案。灵感并不是虚无缥缈的不可捉摸的东西，更不是天才的专利品，只要长期辛勤劳动，总会有一天“功到自然成”。

十九、茅以升“桥的梦”

【人物故事】

少年时代的茅以升一次因发烧未去文德桥看龙舟，可就在那次，文德桥被挤塌，不少人被淹死了。茅以升马上想，长大后一定给大家造牢固而又美观的大桥，让大家放心地在上面看龙舟比赛。从此，他就迷上了各种各样的桥，平时见到有关桥的文字或插图都收集起来。就这样，他认真学习，考取了清华学堂的留美官费研究生，并毫不犹豫地选择了桥梁专业。毕业后，经过极其艰苦的努力，他终于在 1937 年 9 月建成了令国人骄傲，使外国人信服的钱塘江大桥。这是我国自建的第一座铁路公路两用双层桥，茅以升的少年壮志终于实现了。

【心理点评】

在人的创造想象中，有一种特殊的形式，这就是幻想。幻想是指一种与生活愿望相结合并指向未来的想象。少年时代茅以升的“桥之梦”正属于这种幻想。当然他的幻想是积极有益的，是一种符合现实发展规律，通过努力有实现可能性的理想，而非空想。茅以升正是以其远大的理想作为学习和工作的动力，通过对未来的想象，寄托自己的愿望，激起对美好事物的向往，从而积极努力投入自己的创造性学习和工作中。可见人的愿望和理想是多么重要，可以说伴随着一个人一生的成长。茅以升正是在少年时代“桥的梦”的激励下，经过艰苦努力，成长为著名桥梁专家，为我国桥梁事业作出了巨大的贡献。

二十、谁更富有想象力

【故事传说】

传说，古代一个画家教三个弟子，最后以“深山藏古寺”命题作画考核他们。第一位学生画的是四面高山，悬崖峭壁，其间有座完整的寺院；第二位学生画了峰峦起伏，松柏挺立，并有古寺一角；第三位学生既不画山，也不画寺，只画了数小节石阶和一条小溪边一个挑水的和尚。你猜，这三位学生中，是哪位的画被评为佳作呢？你知道为什么吗？

【心理点评】

这个故事的结果是第三个学生的画被评为佳作，因为第三位学生的创作想象独特而深刻。画面与“深山藏古寺”的命题相符，古寺“藏”而不画，给人留下想象的空间，妙处是使各位看画的人，从那数小节台阶和挑水的和尚，对深山古寺充满了各种各样的联想，把人的“想象”都调动起来了，充分发散了“藏的含义”，故留给人的印象是非常深刻的。可见这位学生作画的想象力是多么丰富。

二十一、高斯的创造性思维

【人物故事】

德国数学家高斯在上小学时，教师出了一道数学题：“1＋2＋3＋…＋98＋99＋100＝?”同学们忙按部就班地做起来，而此时高斯，在运算时通过认真的思考，发现了其规律性。他没有采用按部就班、机械相加的“笨”方法，而是采用“1＋100＝101，2＋99＝101……”这样首尾相加的办法运算，正好是50个101，很快就算出结果是5050。正因为高斯在学习上极力追求“独到”和“最佳”，他在中学时代就发现了某些数学公式。

【心理点评】

创造性思维不只是求得问题的解决，最重要的是寻求最简捷、最巧妙的解决办法。从高斯的解题，我们可以看到“智慧的光芒”，它给我们的启示是，在学习时，当学生通过不同途径和方法解决了某个问题之后，要指导他们回过头来，对经历的途径、采用的方法进行分析比较，从而发现那些不必要的迂回曲折，找到简捷的途径和巧妙的方法。同时，要注重学生发散思维能力的训练与培养，减少“笨办法”，而使其思维更灵活。

二十二、别忘了反向思维

【人物故事】

有一则寓言，说的是有一个阿拉伯大财主，一天他把两个儿子叫到跟前，对他们说：“你们赛马跑到沙漠里的绿洲去。谁的马跑得慢，我就把财产给谁。”这真是一道难题，要使马慢，那就慢慢走吧！可是沙漠的酷日，弄不好，累死也到不了绿洲，况且两个人一起慢慢来，也赛不出高低，干脆找个地方停下来吧，那同样不行，因为始终无法到达目的地。你能想出办法帮他们吗？

【心理点评】

解决的办法是:兄弟俩换马比赛。因为,慢与快是相对的,对方的马快了,不就等于自己的马慢了吗?他们骑着对方的马跑得越快,自己的马也就慢了。这样既可以避免沙漠的酷日可能造成的不测,又能赛出对方水平的高低而达到目的。这就是反向思维的成功之处。任何事物都有其正反两面,正反是相对的。思维的灵活性正体现在解决问题时能从正反方向以及多角度思考,而不是沿着一个方向去思考。许多问题,当你解决不了时,不妨换个方向,换个角度试试,问题就会迎刃而解了。

二十三、善于"变通"的孙膑

战国时期,孙膑初到魏国,魏王要考察一下他的本事。一天,魏王召集众臣,当面考查孙膑的智谋。

魏王对孙膑说:"你有什么办法让我从座位上下来吗?"

庞涓出谋:"可在大王座位下边生起火来。"

魏王说:"不可取。"

孙膑捻捻胡须道:"大王坐在上边嘛,我是没有办法让大王下来的。"

魏王问:"那你怎么办?"

孙膑道:"如果大王在下边,我却有办法让大王坐上去。"

魏王得意洋洋地说:"那好。"说着就从座位上走了下来。"我倒要看看你有什么办法让我坐上去。"

周围的群臣一时没有反应过来,也哄笑孙膑无能。忽然,孙膑却哈哈大笑起来,说:"我虽然无法让大王坐上去,却已经让大王从座位上下来了。"

这时,大家才恍然大悟,对孙膑的才华连连称赞。

【心理点评】

看了上面的故事,谁会不称赞孙膑的聪明呢?孙膑之所以聪明,这与他善于"变通"的思维品质是分不开的。在解决问题时,人们较多按常规去思考(即从魏王如何下来这一方面去思考)。而孙膑则能从"让魏王坐上去"反向思维,而巧妙地解决了问题,即能从另一个角度、另一个侧面去思考。这种思维具有发散性。

不少心理学家认为,发散思维与创造力有直接联系。因此,应有意识地培养、训练学生的发散性思维,即从思维的独创性、变通性、流畅性入手,逐渐养成学生多方向、多角度认识事物、解决问题的习惯,使学生的学习更具创造性。

二十四、协同记忆诀窍

【研究实例】

1981 年心理学家巴纳特等以大学生为测试对象,研究了三种听课方法的效果。他们把大学生分为三组,同时听一段含有 1800 个词的美国公路史的录音。其朗读速度是每分钟 120 个词,但三个组被测试者是分别以不同的方法听录音的。A 组是一边听,一边作笔记,摘出要点;B 组是在听时能看到已列好的要点,但自己不动手写;C 组单纯听讲,听完后进行回忆测验。结果 A 组成绩最好,B 组次之,C 组成绩最差。

【心理点评】

以上研究说明，记忆时，若采用多通道协同记忆法，记忆效果会好。这种方法是指各种感官互相配合的记忆方法，即耳听、眼看、手写、口念等并举。这样可加强输入信息的强度，使头脑中所形成的联系是广泛的，多方面的。学习时调动的感官越多，记忆的效果就越好。A组不仅听，还动手并动脑摘出要点，经过用心想、动手写，效果自然会好。B组除了听外，还能看一看，故比C组单纯听效果又好些。可见，学习和记忆需要讲究好的方法。

二十五、视错觉的妙用

【现象实例】

在运动员跳高训练中，有经验的教练员会将跳高架的两根支撑架尽量摆的开些，以增加横杆的长度感，高度就会错觉成矮些了，或者把沙地里的沙堆得高高的，或把海绵垫放高些，在这样的背景衬托下，横杆的高度会被错觉成矮了。这种错觉会减少或消除运动员过杆时的恐惧心理，增加相对平静和轻松的心理，会使运动员的爆发力和技巧得到最好的发挥。

【心理点评】

人在感知外界事物时，有时会发生所感知到的与客观事物不相符的情况，这就是错觉。在视觉、听觉、嗅觉、味觉、触觉等领域内，视错觉最常见。错觉既然是普遍存在的现象，聪明的人也就"将错就错"地加以利用。上面实例，就是将错觉现象巧妙地应用于体育训练之中。错觉的原理还可以应用于服装、工艺、布景、建筑等方面的设计上以及军事上的伪装等。因此，不能认为错觉完全是消极的，有时需要防止错觉产生，有时需要制造错觉，能动地加以利用。

二十六、有趣的知觉现象

请看下图，你说它是什么？有人说它是一个下面开口的立体玻璃罩，有人说它是一个上面开口的金鱼缸，有人把它看成是一个铁丝框架，有人把它看作是冰块、透明的立方体、四方积木等。

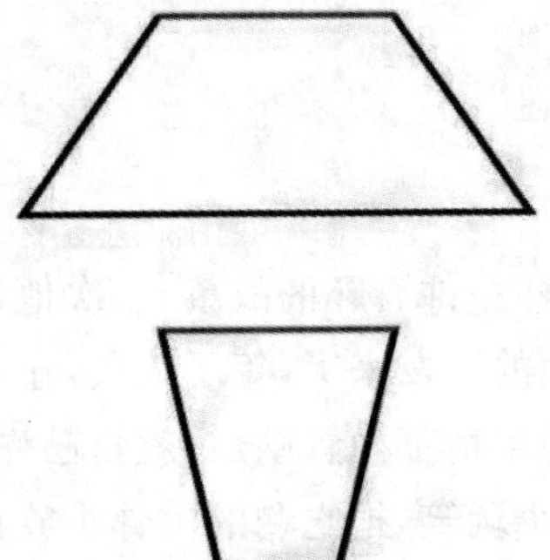

【心理点评】

在正常人的视网膜中，对图中所留下来的印象是一样的。如果我们将所见到的视觉印象用笔照画下来，我们大多都会画出像中那样的图形。这说明我们的视觉过程是一样的，白色背景、黑色线条作用于视觉分析器引起图的印象，这是正常人所共有的视觉现象，把图看成是玻璃罩或金鱼缸、冰块等，则是知觉现象。知觉和感觉一样，都是大脑直接作用于分析现象物的反映，但它们又有不同。知觉是在感觉基础上产生的，感觉反映的是事物的个别属性（如图的白色背景、黑色线条），而知觉反映的则是事物的整体或事物各部分之间的关系（如把图看成是什么，各线条间构成什么关系等）。

从上面的实例中，我们还可以看到，人的知觉有选择性、理解性等特征。在实际生活中，个人的知识经验不同，理解不一，故会对同一图会作不同的解释。人们总是有选择地把某事物作为知觉的对象，其他事物则作为知觉的背景，把对象从背景中分出，这就是知觉选择性的表现。在知觉过程中，对象和背景是可以互相转换的，在上例中若把底部作为重点知觉对象时，可知觉为下面开口的玻璃罩，把上面作为对象时，可知觉为上面开口的鱼缸。同时受经验影响，人们也就会作出不同的选择。

二十七、注意与分心之别

【故事传说】

古时候有个全国闻名的象棋大师奕秋，他有两个徒弟，一个徒弟用心听弈秋的教导，专心致志地向他学棋艺，另一个则不然，看样子也在听奕秋讲解棋艺，却“一心以为有鸿鹄将至，思援弓缴而射之”。所以两个徒弟虽然在一起学习，而后者远远不如前者。

【心理点评】

注意是学习和工作的重要条件。在学习上，一个徒弟是专心致志，注意力集中。另一个徒弟虽然也坐在那里，实际上是心不在焉，心里总想着射大雁，其差别就在这里，也就是他们有注意与分心之别。为什么专心致志地听讲学习效果就好？因为人在觉醒状态时，大脑皮层普遍处于一定的兴奋状态，当集中注意某对象时，可在相应的区域形成一个优势兴奋中心，在优势兴奋中心上，对客观事物认识得最清晰、最完全。因而当人聚精会神时，就会听声音最准确，看东西最清楚，记事物最牢靠，思考问题最有效果。若是漫不经心或“走神”，不但不可能产生如此效果，而且对该注意的对象注意力不集中或转移了目标，起到了分散的作用，故影响学习效果。这就说明了为什么我们学习时，必须专心致志，而不能心不在焉。

二十八、科学家牛顿的“入迷”

【人物故事】

英国科学家牛顿曾有过这样一件有趣的故事，一次他请朋友来家吃饭，但因在实验室专心研究，竟把这件事忘了。他的朋友来了，等了很久，还不见牛顿出来，猜想他准是被什么有趣的问题吸引住了，把其他事情都抛置脑后，就自己先吃了饭。他还跟这位专心致志于工作而废寝忘食的朋友开了个玩笑，把吃剩的鸡骨头放在牛顿位置上的盘子里，然后悄悄离去。又过了好些时候，牛顿才做完实验出来，看到空盘子和鸡骨头自言自语地说：“我怎么又饿了，我不是已吃过饭了？”

还有一次，牛顿要煮鸡蛋，却把自己的挂表放在锅里，煮了半天居然到处找表看鸡蛋熟了没有，真是研究科学到了入迷的程度。

【心理点评】

科学家牛顿对科学如此的"入迷"，有力地证明了注意的指向性与集中性的两个特征。注意的指向性，表明人们的认识活动是有选择的。注意的集中性，表现为只是对自己所操作的对象得到鲜明、清晰的反映，并离开一切与自己操作无关的事物，抑制了对与自己的操作无关的事物的注意和记忆，亦即对其他一切事物可"视而不见"、"听而不闻"。正如牛顿已把全部注意集中与指向于科学研究，不仅把请人吃饭的事置之脑后，就连自己是否吃过饭也搞不清楚了。这有力地说明人们不管进行任何活动，都需要集中注意，才能达到预期的效果，学习、创造、研究更是如此。向牛顿学习吧，你会有收获。

二十九、兴趣的魔力

【人物故事】

达尔文小的时候并不是一个天资聪颖的孩子，甚至有人认为他很愚钝，根本成不了大器。但是达尔文从小就对各类昆虫感兴趣，把各种各样的昆虫捉回家制成标本。他对昆虫的爱好甚至达到了痴迷的程度。有次他在草丛里搜集昆虫标本，突然发现两只从未见过的小昆虫，他马上一只手捉住一只。接着他又发现了第三只，两手不够用，情急之中，干脆将一只昆虫含在嘴里。此时，昆虫在他的口里动起来，他感到又涩又恶心，但还是忍着没有吐出来，一直坚持回到家中才小心翼翼地将其吐出来。这样，他才松了一口气，终于将其制成标本。

由于达尔文从小对昆虫就有一种矢志不渝的兴趣和痴迷，再加上他的仔细观察、勤奋努力，他身上被别人认为的某些"先天不足"也消失了。达尔文在年轻的时候就成为英国乃至全世界的著名生物学家，他在 1859 年发表的《物种起源》一书，被公认为生物学发展史上的一座里程碑。

【心理点评】

兴趣一旦被激发，人们会伴随愉快紧张的情绪和主动的意志努力，去积极地认识事物。达尔文对昆虫的兴趣激发他自觉地探索和研究，为人类作出了巨大的贡献。这类事例很多。牛顿对苹果为什么会落地发生兴趣，才发现了万有引力定律。瓦特看到蒸汽对周围的物体产生动力，对此他非常好奇，经过潜心研究，终于发明了蒸汽机。爱迪生一生当中有 1300 多项发明，都离不开他广泛的爱好和对研究的兴趣。当诺贝尔在实验中发明了炸药的配方时，他的十指和脸被炸得血肉模糊，他却兴奋地叫道："我找到了！"可见，兴趣对个人的成才是非常重要的，人类的许多发明创造都离不开兴趣。请记住：兴趣是学习和创造的动力，是成才的伴侣。

三十、"剥夺感觉"如何

【现象实例】

美国普林斯顿大学做了一个实验，他们将 55 名自愿被试者分别孤单一人地关闭在几乎隔音的暗室里。为了尽量剥夺感觉，被试者的手上套上长至肘部的棉手套，蒙上眼罩。他们的头套在一个 U 形枕头里以降低听觉刺激，同时空气调节器发出单调的声音，以限制听觉。这些被试者就这样没日没夜地躺在小床上，或者百般无聊地昏睡，或者胡思乱想，所有的人都感到难以忍受的痛苦，有的还产生幻想。4天以后对放出来的被试者进行了各种测验，发现他们的各种能力都受到了损害。而他们要恢复正常状态，则需要1天左右的时间。心理学家在其他大学做了类似的剥夺感觉实验，其情形也是如此。

【心理点评】

感觉虽然是一种简单的心理活动，但却十分重要。首先，感觉向大脑提供了内外环境的信息。通过感觉人可以了解外界事物的各种属性，保证机体与环境的平衡。感觉是认识的开始，是知识的源泉。而以上实验可以证明刺激和感觉对于任何人来说都是必不可少的。对于一个正常人来说，没有感觉的生活是不可忍受的。

三十一、“孟母三迁”的启示

【人物故事】

孟子小时候，他的母亲非常注意他的教育问题，曾经为了选择居住的人际环境，连续搬家三次。汉朝刘向的《列女传》有这段记载：孟母带着幼年的孟子，起初住在一所公墓附近。孟子看见人家哭哭啼啼地埋葬死人，他也学着玩。孟母说：“我的孩子住在这里不合适。”就立刻搬家，搬到了集市的附近。孟子看见商人自吹自夸地卖东西赚钱，孟子又学着玩。孟母说：“我的孩子住在这里也不合适。”就又立刻搬家，搬到学堂的附近。这时，孟子学习礼节和要求上学了。孟母说：“这里才是适宜我的孩子居住的地方！”于是就在那里居住下来。

【心理点评】

孟母为了给孩子创造一个良好的学习环境而搬家三次。从环境对人的心理影响看，是有道理的。人所处的社会环境、地理环境对人心理的发展有决定性的作用。人们的学习往往可分成两种，一种是通过抽象的理论思维能力，一种是靠耳濡目染的形象直观接受能力。这后一种学习又是在潜移默化中习得的，要特别注意。尤其是年幼的儿童，模仿性很强，这是他们这阶段的主要学习思维方式，故给孩子创设一个良好环境对他们的学习是很重要的。当然过分夸大环境的作用的所谓“环境决定论”的观点是片面的。我们不能忽视人的主观能动性，即人的心理不是外界影响的消极产物，它对自身的行为活动具有指引和调控作用。

三十二、伍子胥的白发

【故事传说】

传说春秋时代吴国大夫伍子胥为了报父兄之仇，躲避楚平王的追捕，打算逃亡国外，忽见关口上已重兵把守，戒备森严，搜索甚紧，他忧虑得很，一夜之间，竟然须发全白。真是愁一愁，白了头。

【心理点评】

伍子胥的白发，正如俗话说的“笑一笑，十年少；愁一愁，白了头”，是由忧愁而造成的，可见情绪是影响健康的重要因素。为什么情绪会影响身体健康呢？因为情绪可引起生理机能的变化，比如心情紧张、恐惧或愤怒，会引起肾上腺素分泌增加，心跳加快，外周血管收缩，血压增高。严重的就会导致冠状动脉痉挛，产生心绞痛、心律失常等。情绪不好，引起生理机能的异常，生理机能异常，又反过来使人产生不舒服的感觉，常常会使情绪更为不好。反复如此就会生病，得了病如果仍不控制自己的情绪，不良的情绪与恶劣的病变发生恶性循环，身体就会越来越差。可见经常保持良好的情绪是十分重要的。

三十三、早期教育的“奇迹”

【现象实例】

日本木树久一著的《早期教育造就英才》一书，谈到德国著名法学家卡尔·威特成才的故事。卡尔·威特在婴儿期像是个“傻子”，他父亲曾悲伤地说：“因为什么样的罪孽，上天给了我这样的傻孩子呢？”邻居们尽管口头上常常劝他父亲不要为此而忧愁，但心里都认为他是个白痴，背后也这样议论。但他父亲并没有失望，而是踏踏实实按自己的计划对他进行教育。起初连妻子也不赞成，说：“这样的孩子，教育他也不会有出息，只是白费力气。”可是，这个“痴呆儿”不久就使邻居大为吃惊。他八九岁时就熟练地掌握了德、法、英、意大利、拉丁和希腊等6种语言，9岁考入莱比锡大学，1914年4月不满14岁就发表了数学论文，被授予博士学位，16岁时又被授予法学博士学位，并被任命为柏林大学法学教授。

【心理点评】

不少心理学家把人生的早期看作智力发展的关键期。早期教育具有特别重要的意义。要发展智力，要培养人才，就要抓紧早期教育，早期教育不仅对早慧的儿童不可缺少，对一般儿童，甚至对被认为是愚笨的儿童也是必要的。上面实例有力地说明了这一点。这位被认为“傻子”的孩子，由于父亲并不因此而放弃对他的期望，而是踏踏实实地对他施以教育，奇迹出现了。使一个“痴呆”的人有如此成就足见早期教育有何等大的作用，何等大的威力。

三十四、心理发展的临界期

【现象实例】

奥地利动物学家劳伦兹(K. Lorenz)通过对小雁、小鸭、小鹅等动物行为的研究，发现它们出生数小时就能跟随自己的母亲，而且这种行为的形成还有一个关键期。在这个关键期，如果将小动物与其他动物放在一起，不久小动物就会将其他的动物当作自己的母亲而紧紧跟随，甚至还能跟随任何移动的物体。如关键期的小鸭同电动鸭放在一起，不久，这只小鸭便将电动鸭当作自己的母亲，甚至不惜越过障碍，紧紧地跟随着。然而，如果在这一时期，把小动物与其母亲分开，它跟随母亲的行为就再也不会形成了。劳伦兹将这种情况叫作“印刻”，印刻的时期就叫关键期，也即临界期。如小鸡的“母亲印刻”的关键期是出生后10～16小时，小狗的“母亲印刻”的关键期是出生后3～7周，小猫区别物体形状和颜色能力发展是出生后4～5天。

【心理点评】

动物印刻行为的研究给人以很大的启发，心理学家将此结果应用到早期儿童发展的研究上，发现儿童很多行为的形成也有所谓的关键期。例如2～3岁是儿童学习口头语言的关键期，4～5岁是学习书面语言的关键期。有人认为学习外语最好在10岁以前开始，弹钢琴如果不从5岁开始，拉小提琴如果不从3岁开始，就无法精通。著名的瑞士心理学家皮亚杰就指出，人的智力发展的关键期是从出生到4岁；我国一些心理学家则认为是1～7岁，也有的说5岁前或9岁前是人的智力发展的关键期。大多数心理学家实际上都把人生的早期看作智力发展的关键期。美国心理学家布鲁姆甚至曾形象地说，如果把人在17岁时达到的智力水平看作100%，那么人的智力50%在4岁前获得，80%在8岁前获得，即智力的大部分得之于人生的早期。由此可见，人生早期对智力发展有决定性作用，早期教育具有特别重要的意义。有人做过粗略的统计，在历史上有杰出成就的科学家和艺术家有80%以上是受过良好的早期教育的。但是值得注意的是，人跟动物不一样，不能认为智力发展错过了关键期就不可挽回。某些行为即使错过了关键期，只要经过一定的再学习，仍可形成，尤其是智力发展，影响其因素是多方面的。人的主观能动性也起重要作用，通过个人的努力及充分利用各种有利因素，智力同样可以得到很好发展。

三十五、与世隔绝的王子

【现象实例】

1828年5月26日，德国纽隆贝尔克城的街头，市民发现一位穿着古怪的服装，神情疲倦而摇摇晃晃向前移动的青年。这位青年是谁呢？后来才知道他是在1812年德国出生的当时巴登大公国的王子——卡斯巴·豪瑟。他出生时被争夺王位的宫廷阴谋家同普通婴儿进行了调换，然后被当作人质扣押了起来。三四岁以后他就被关入了地牢，每天由一个他看不见的人给他送面包和凉水，不能与任何人接触，不准做任何活动。直到17岁，他继承王位已经不可能时，才放了出来。此时，他身高只有144 cm，智齿还未长出来，目光呆滞，表情如同幼儿，膝盖变形，双腿似乎支撑不住身体的重量，因而走起路来摇摇晃晃，如同刚学步的孩子，智力如同幼儿。例如，他看到镜子里自己的影像却以为镜子后面还有一个人；不能区别生物和非生物、自然的东西和人造的东西；语言能力很有限，只能讲6个词和几句简单的拉丁语，并只能使用第三人称。他放出来后过正常人的生活并经过学习，才逐渐恢复普通人的智力水平。

然而卡斯巴·豪瑟最后还是没有逃脱阴谋家的魔掌。1833年12月14日，他遭暗杀，死时22岁。死后对他进行尸检，发现他的整个脑袋比一般人的要小，脑的沟回呈萎缩状态，然而大脑皮层的视觉区发展得比较充分。卡斯巴·豪瑟的脑的这种状况同他13年的地牢生活是有直接关系的，而他的这种特殊脑又限制了他的心理的正常发展。

【心理点评】

社会环境、实践对人的心理起着制约的作用。人的实际生活过程不同，心理活动也就有所不同，人的心理具有不同的水平和特长。长期与世隔绝的生活造成了王子与众不同的特殊的脑，而他的这种特殊的脑反过来又限制了他心理的正常发展。一个人从事社会实践的领域越广，更多地接触现实，他的心理生活才会越丰富，智力发展更好；反之，脱离现实的人（更不用说与世隔绝了）不可能有丰富的心理生活，而且容易形成各种不正常的心理，甚至形成怪癖。我们提倡青少年接触社会实践，在社会实践中，在与人交往中学习和发展，不断丰富和深化心理生活，切记不要把自己“封闭”起来啊！

三十六、人怎会变成“狼”

【现象实例】

历史记载，1920 年在印度发现了 8 岁狼孩卡玛拉(女性)，其身体外形与人不同，特点是：四肢长得比一般人长，手长过膝，双腿的拇指也稍大，两腕肌肉发达，骨盆细而扁平，背骨发达而柔弱，但腰和膝关节萎缩而毫无柔韧性。她有明显的动物习性：吞食生肉，四肢爬行，喜暗怕光，白天总是蜷缩在阴暗的角落里，夜间则在院内外四处游荡，凌晨 1 时到 3 时像狼似地嚎叫。给她穿衣服，她却粗野地把衣服撕掉。她目光炯炯，嗅觉敏锐，但不会说话，没有人的理性。

【心理点评】

人们不禁会问，这位 8 岁的女孩，她原来是人呀，怎不具人的禀性变成“狼孩”了呢？这一实例有力地说明了社会生活对人心理发展的决定性意义。由于这位女孩自幼落到狼群中，由狼群喂养长大，有长达 8 年的时间在狼群中生活。虽然她有人的遗传素质，具有人的一切外貌特征、生理机构和感觉器官，确确实实是由人生育出来的，但她没有一般人的心理机能和理性思维能力。这是因为她自幼脱离了人的社会生活，虽然生下来就具备说话的神经机构，但没有同人们接触，没有同人们进行交往，所以不懂得人类的语言；虽然她有人的脑，以及各种感官神经机构，但没有在社会中生活，没有受到社会文化环境的熏染，没有得到正常的发展与训练，所以无法形成人的心理现象和精神世界。相反，由于她长期过着野兽的生活，在兽群的生活环境中，原有的那些人的神经机构发生了萎缩，身体的特征也发生了一些变化，时间越长，其狼的习性就越多，这就是使她慢慢变成“狼”的原因。类似的猪孩、羊孩、熊孩也如此。可见，仅有人健全的脑，若离开人的社会生活环境，人的心理也不可能正常发展。狼孩卡玛拉被带回人群中生活后，经精心护理和培养，逐渐恢复了正常人的心理状态。

三十七、“无脑儿”之谜

【现象实例】

医学上有这样一个病例：一个婴儿生下来后一直昏睡不醒，没有任何心理活动表现。当时找不出原因，在他死后进行尸体解剖时才发现，原来他的身体各部分都健全，就是缺少了脑这个器官，是一个无脑儿，这就解开了婴儿昏睡之谜。

【心理点评】

婴儿身体各部分都健全，为何会一直昏睡，没有任何心理活动的表现呢？原来是因为没有脑这个器官，是个无脑儿。这个病例有力地证明了脑是产生心理的器官，没有脑就没有心理活动。医学上还有脑不健全，心理活动随之发生障碍的记载。脑的某部分先天缺损或后天遭受病害，与这部分相应的心理活动就会立即消失或不能正常进行，如脑的视神经中枢有毛病，会导致视力有问题；脑的语言中枢有毛病，会造成失语症等。有健全的脑，才有正常的心理活动。脑和脑的活动是产生各种心理现象的物质基础。

三十八、一个具有历史意义的实验

【现象实例】

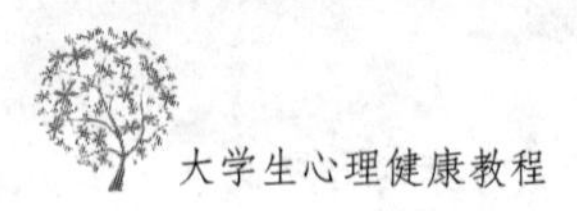

心理学的诞生总是默默无闻，未曾有一丝张扬。这天，在莱比锡大学一栋叫作孔维特(寄宿性的招待所)的破旧建筑物三楼的一间小屋子里，一位中年教授和两位年轻人正张罗着一些器具准备实验。他们在一张桌子上装了一台测定仪(一种铜制的，像一座钟一样的机械装置，上面吊着一个重物，还有两块圆盘)、"发声器"(一个金属架子，上面升起一只长臂，有只球会从这里落下来，掉在一平台上)和报务员的发报键、电池及一台变阻器。然后，他们把这五件东西用线连接起来，这套电路比今天开始电气培训的初学者用的那套不会复杂到哪里去。

那位中年教授是威廉·冯特，一位47岁的男人，脸长长的，一身简朴装束，满脸浓密的胡须；两位年轻人是他的学生，德国人马克斯·弗里德里奇，及美国人G·斯坦利·黑尔。这套电路是为弗里德里奇做的，他要用这套东西收集博士论文所需要的数据。他的博士论文题目是"知觉的长度"，即受试者感知到他已经听到球落在平台上的时候，到他按动发报键之间的时间。随着那只球"砰"地一声落在平台上，随着发报键"嗒"地一响，随着测定器记录下来所耗费的时间，现代心理学的时代就到来了。

【心理点评】

这就是1879年的一个具有历史性意义的实验。这次实验的房间，以后冯特称之为"私人研究所"。几年之后，这个地方成了想当心理学家的人必去的圣地，而且得到了大规模的扩建，最后成为这所大学正式的心理学研究院。这是冯特在世界上创立的第一个心理学实验室。心理学作为一个有其自己身份的科学领域确立下来，很大程度上是因为这间研究所。冯特被认为不仅仅是奠基人之一，而且是现代心理学最主要的创始人。正是在这里，他进行了自己的心理学研究，并以他的实验方法和理论培训了许多研究生。他亲自指导了近200名博士的论文答辩，把他们送往欧洲和美国的大学机构。他写作了一系列的学术论文和著作，对心理学作出了巨大的贡献。

三十九、西方心理学的源头

【故事传说】

在传说中，古希腊的奥林匹斯山是西方诸神所居住的地方，那里有西方的主神宙斯，以及他统治的众神氏。斯芬克斯是众神氏之一，她是传说中的一个奇特的生物——"狮身人面"。现在的埃及还有她的一座雕像，与那雄伟的"金字塔"一样著名。在古希腊的神话传说中，她作为神的使者，带着神对人类的忠告——"人，认识你自己"，从奥林匹斯山来到了人间——古希腊的忒拜城堡。经过细心的筹划，她把那句神的箴言化作了一段"谜语"，来盘问她所遇到的所有人。"什么东西早晨用四条腿走路，中午用两条路走路，晚上用三条腿走路?"这就是斯芬克斯的谜语，每个路过的人都必须面对她来猜一猜她的谜语；而且，富有挑战和特殊意义的是，凡是猜不中的，都会为此而丧生，被斯芬克斯毫不留情地吃掉。后来，青年俄狄浦斯来到了斯芬克斯面前，并且解答出了斯芬克斯的谜语——那就是人，那就是人本身！人小时候用"四条腿"走路，即在地上爬，长大了能够站立，用两条腿走路，老了用根拐杖帮助自己走路，即变成了"三条腿"。俄狄浦斯答出了斯芬克斯的谜底，斯芬克斯也就完成了自己的使命。

【心理点评】

这个传说，通过这样的一个谜语来告诫人类要对自己或自身进行认识。作为人，你必须要认识你自己！斯芬克斯的谜语是富有内涵的，也正因为如此，斯芬克斯也就与心理学结了缘。《新大英百科全书》里将“心理学”作为一个词条来解释的时候，作者就作了这样的引述：在古希腊奥林匹斯山上，有一座特耳菲神殿，神殿里有一块石碑，上面写着：“人，认识你自己。”《新大英百科全书》中的作者接着说，“就是这么一句话，经过了漫漫几千年的演化，形成了我们今天的心理学”。实际上，也就是这么一句话，“人，认识你自己”，成为西方心理学家所公认的心理学的源头，同时也成为历代心理学家为之奋斗的目标。例如，著名心理学家弗洛伊德为了维护他所创立的精神分析体系，曾定做了7枚“戒指”，分别给予他自己和他所器重的6位忠实追随者，而在统一的7枚“戒指”上，都刻上一个斯芬克斯的头像，以表示他本人对自己所从事的心理学的理解和期望。他还有一个鲜为人知的心愿，他曾告诉自己的女儿，要求他死后，在他的墓碑上刻上这样一句话：“他揭开了斯芬克斯的谜语，他是本领高强的人。”

心理学是研究人的心理现象的科学，研究的对象就是人本身。“人，认识你自己。”简单而朴素的语言，是我们对心理学的一种普遍理解，也成为我们为之奋斗的目标。

四十、“魂不附体”现象

【现象实例】

《红楼梦》里写道：“凤姐吓得魂不附体，不觉大声地‘咳’了一声，却是一只大狗。”在一些地区，当小孩受到惊吓时，便点燃一堆火，拿着孩子的衣服，边烤边为孩子“喊魂”。人真的有灵魂附体吗？心理——灵魂有道理吗？

【心理点评】

“魂不附体”用来形容人的恐惧万分的心理状态，从语言角度看，其合理性是毫无疑义的，但从科学角度分析，就不同了。若说心理即灵魂，人受惊吓灵魂即心理真会离开身体而使人变成失去知觉的空架子，这就是对心理现象科学性的否定了。在远古时代，由于生产力、科学水平低及种种条件限制，人们无法理解自己身体的结构和机能，对自身的知觉、思维、喜、怒、睡眠、觉醒和梦等生理、心理现象缺乏正确的认识，认为有一个灵魂在主宰人的这些活动：灵魂附体时，人就有思想意识；灵魂暂离开身体时，人就睡眠；人死时灵魂永远离开人体。这种认识，实际上成为长久以来存在着关于人死变鬼、人间有鬼神的迷信的根源。古代希腊、罗马以及欧洲中世纪的哲学家都以灵魂为研究的对象，尽管他们对灵魂各有不同的看法，但一般来说，他们都把灵魂看作一个超自然的实体，它能主宰身体的一切活动，这就是所谓的“灵魂说”。它是与科学的心理相违背的。只有把具体而客观的行为作为心理学研究的对象，才能清除心理学神秘和思辨的氛围。辩证唯物主义心理学认为心理是脑的机能，是对客观现实的反映，而不是灵魂附体。

(http://www.jxgcxy.com/jpkc/xinlizixun/jdal/jdal.htm)

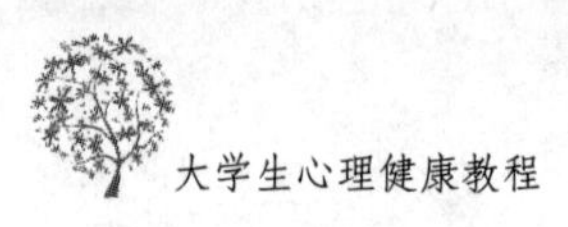

附录三　常用心理测量量表

中华人民共和国劳动和社会保障部制定的心理咨询师国家职业标准对心理咨询员制定技能要求，在智力测验方面，要求能进行韦氏测验、瑞文测验、比奈西蒙测验；在人格测验方面，要求能进行 MMPI-2 测验、16PF 测验、EPQ 测验、CPAI 测验、UPI 测验；在心理评定量表方面要求能进行 SCL-90 测验、SAS 测验、SDS 测验。

一、艾森克人格测验(EPQ)

艾森克人格测验(Eysenck Personality Questionnaire，EPQ)，是英国心理学家艾森克(H. J. Eysenck)等人编制的一种有效的人格测量工具，对分析人格的特质或结构具有重要作用。目前，已被广泛应用于心理学研究与实际应用、医学、司法、教育、人才测评与选拔等诸多领域。下面介绍陈仲庚主持修订的成人 EPQ 版本。

(一)量表内容

EPQ 是一种自陈式人格问卷，有 85 个题目，含三个维度四个分量表(见附录 1)。E 量表：21 个条目，主要测量外显或内隐倾向；N 量表：24 个条目，测神经质或情绪稳定性；P 量表：20 个条目，测潜在的精神特质，或称倔强；L 量表：20 个条目，为效度量表，测受试者的掩饰或防卫。下面是对 EPQ 各分量表高分和低分特征的一般性描述，可供解释时参考。

1. E 量表：外向—内向，表示性格的内外倾向。

高分特征：人格外向，可能是渴望刺激和冒险；情感易于外露、冲动；喜欢参加人多热闹的聚会，好交际；开朗、活泼。

低分特征：人格内向，好静，离群，富于内省；除了亲密朋友之外，对一般人缄默冷淡；不喜欢刺激、冒险和冲动，喜欢有秩序的生活方式，很少进攻，情绪比较稳定。

2. N 量表：神经质或情绪稳定性。反映的是正常行为，并非指病症。

高分特征：可能常常焦虑，紧张，担忧，郁郁不乐、忧心忡忡；情绪起伏较大，遇到刺激，易有强烈的情绪反应，甚至可能出现不够理智的行为。

低分特征：倾向于情绪反应缓慢且较轻微，即使激起了情绪也很容易恢复平静。通常表现得比较稳重，性情温和，善于自我控制。

3. P 量表：精神质，也称倔强性，并非暗指精神病。它在所有人身上都存在，只是程度不同。但如果某人表现出明显程度，则易发展成行为异常。

高分特征：可能孤独，倾向于独身；不关心他人，难以适应外部环境，缺乏同情心，感觉迟钝；对人抱有敌意，与他人不能友好相处，固执、倔强，喜欢寻衅，具有攻击性，且不顾危险。

低分特征：能与人相处，能较好地适应环境；态度温和，不粗暴，善解人意。

4. L 量表：测定被试的掩饰、假托或自身隐蔽，或者测定其社会性朴实幼稚的水平。高分者，示有掩饰，也可能较成熟老练。它本身代表一种稳定的人格功能。

(二)评分方法

EPQ 问卷共有 85 个题目，每一题都对应着"是"或"否"两个备选答案，被试者根据自己的情况进行选择，主试者根据附录 1 的计分题号，分别计算被试在各个分量表上的原始分数。

值得注意的是，有的题目是被试者回答"是"时，计 1 分，有的题目是被试者回答"否"时，计 1 分。例如，E 量表中，第 1、5 等题，回答"是"时，计 1 分；第 26、37 题，回答"否"时，计 1 分。如果第 5 题回答"否"、第 26 回答"是"时，就都不计分。然后分别将各分量表的实得分数相加，就是被试在这个分量表上所得的原始分数。

计算出各分量表的原始分数以后，可根据附录 2 将其转化为标准分数。余类推，可计算出被试在每个分量表上所得的原始分数及标准分数。

(三)分析指标

对测验结果的分析主要是依据标准分来进行的。标准分的平均分为 50，标准差为 10。根据统计学理论，标准分在 40～60 分之间大约包括 68.46％的常模群体，标准分在 30～70 之间大约包括 95.45％的常模群体。一般认为，如果某个被试的标准分大于 60 或小于 40，就可认为该被试在某量表上具有高分或低分的特征，如果其标准分大于 70 或小于 30，那么这些特征就更明显了。

附录 1　EPQ(成人)问卷各量表题号

分量表	得分题号		计(项)	共计(项)
E	答"是"得分	1,5,9,13,16,22,29,32,35,40,43,46,49,53,56,61,72,76,85	19	21
	答"否"得分	26,37	2	
N	答"是"得分	3,6,11,14,18,20,24,28,30,34,36,42,47,51,54,59,63,66,67,70,74,78,82,84	24	24
	答"否"得分		0	
P	答"是"得分	19,23,27,38,41,44,57,58,65,69,73,77	12	20
	答"否"得分	2,8,10,17,33,50,62,80	8	
L	答"是"得分	12,31,48,68,79,81	6	20
	答"否"得分	4,7,15,21,25,39,45,52,55,60,64,71,75,83	14	

附录 2　EPQ(成人)各量表原始分—标准分转换表

原始分	P		E		N		L		原始分
	男	女	男	女	男	女	男	女	
24					80	78			24
23					78	76			23
22					76	74			22
21			75	79	74	72			21
20	93	100	73	77	72	69	62	73	20
19	90	96	71	74	69	67	60	70	19
18	87	93	68	72	67	65	58	67	18
17	84	90	66	69	65	63	56	64	17
16	81	86	64	67	63	61	55	62	16
15	78	83	62	65	61	59	53	59	15
14	75	79	59	62	59	57	51	56	14
13	72	76	57	60	56	54	50	53	13
12	68	73	55	57	54	52	48	50	12
11	65	69	52	55	52	50	46	47	11
10	62	66	50	52	50	48	44	44	10
9	59	62	48	50	48	46	43	42	9
8	56	59	46	48	46	44	41	39	8
7	51	56	43	45	43	42	39	36	7
6	50	52	41	43	41	39	37	33	6
5	47	49	39	40	39	37	36	30	5
4	44	46	37	38	37	35	34	27	4
3	40	42	34	35	35	33	32	24	3
2	37	39	32	33	33	31	30	22	2
1	34	35	30	31	30	29	29	19	1
0	31	32	27	28	28	26	27	16	0
原始分	男	女	男	女	男	女	男	女	原始分
	P		E		N		L		

附录3　艾森克人格问卷(成人)

说明:请回答下列问题。回答“是”时,就在“是”的后面打“√”;回答“否”时,就在“否”的后面打“√”。每个答案无所谓正确与错误。这里没有对你不利的题目。请尽快回答,不要在每道题目上太多思索。回答时不要考虑应该怎样,只回答你平时是怎样的。每个题都要回答。

1. 你是否有广泛的爱好? …………………………………… 是(　　)　否(　　)
2. 在做任何事情之前,你是否都要考虑一番? ……………… 是(　　)　否(　　)
3. 你的情绪时常波动吗? …………………………………… 是(　　)　否(　　)
4. 当别人做了好事,而周围的人却认为是你做的时候,你是否感到洋洋得意? …………………………………… 是(　　)　否(　　)
5. 你是一个健谈的人吗? …………………………………… 是(　　)　否(　　)
6. 你曾经无缘无故地觉得自己“可怜”吗? ………………… 是(　　)　否(　　)
7. 你曾经有过贪心使自己多得分外的物质利益吗? ……… 是(　　)　否(　　)
8. 晚上你是否小心地把门锁好? …………………………… 是(　　)　否(　　)
9. 你认为自己活泼吗? ……………………………………… 是(　　)　否(　　)
10. 当你看到小孩(或动物)受折磨时是否感到难受? ……… 是(　　)　否(　　)
11. 你是否时常担心你会说出(或做出)不应该说(或做)的事情? …………………………………………………… 是(　　)　否(　　)
12. 若你说过要做某件事,是否不管遇到什么困难都要把它做成? …………………………………………………… 是(　　)　否(　　)
13. 在愉快的聚会中,你通常是否尽情享受? ………………… 是(　　)　否(　　)
14. 你是一位易激怒的人吗? ………………………………… 是(　　)　否(　　)
15. 你是否有过自己做错了事反倒责备别人的时候? ……… 是(　　)　否(　　)
16. 你喜欢会见陌生人吗? …………………………………… 是(　　)　否(　　)
17. 你是否相信参加储蓄是一种好办法? …………………… 是(　　)　否(　　)
18. 你的感情是否容易受到伤害? …………………………… 是(　　)　否(　　)
19. 你想服用有奇特效果或是有危险性的药物吗? ………… 是(　　)　否(　　)
20. 你是否时常感到“极其厌烦”? ………………………… 是(　　)　否(　　)
21. 你曾多占多得别人的东西(甚至是一针一线)吗? ……… 是(　　)　否(　　)
22. 如果条件允许,你喜欢经常外出(旅行)吗? …………… 是(　　)　否(　　)
23. 对你所喜欢的人,你是否为取乐开过过头的玩笑? ……… 是(　　)　否(　　)
24. 你是否常因“自罪感”而烦恼? ………………………… 是(　　)　否(　　)
25. 你是否有时候谈论一些你毫无所知的事情? …………… 是(　　)　否(　　)
26. 你是否宁愿看些书,而不想去会见别人? ………………… 是(　　)　否(　　)
27. 有坏人想要害你吗? ……………………………………… 是(　　)　否(　　)
28. 你认为自己“神经过敏”吗? …………………………… 是(　　)　否(　　)
29. 你的朋友多吗? …………………………………………… 是(　　)　否(　　)
30. 你是个忧虑重重的人吗? ………………………………… 是(　　)　否(　　)

31. 你在儿童时代是否立即听从大人的吩咐而毫无怨言？
……………………………………………………………… 是（　　） 否（　　）
32. 你是一个无忧无虑、逍遥自在的人吗？……………………… 是（　　） 否（　　）
33. 有礼貌、爱整洁对你很重要吗？……………………………… 是（　　） 否（　　）
34. 你是否担心将会发生可怕的事情？ ………………………… 是（　　） 否（　　）
35. 在结识新朋友时，你通常是主动的吗？……………………… 是（　　） 否（　　）
36. 你觉得自己是个非常敏感的人吗？ ………………………… 是（　　） 否（　　）
37. 和别人在一起的时候，你是否不常说话？…………………… 是（　　） 否（　　）
38. 你是否认为结婚是个框框，应该废除？……………………… 是（　　） 否（　　）
39. 你有时有点自吹自擂吗？ …………………………………… 是（　　） 否（　　）
40. 在一个沉闷的场合，你能给大家添点生气吗？……………… 是（　　） 否（　　）
41. 慢腾腾开车的司机是否使你讨厌？ ………………………… 是（　　） 否（　　）
42. 你担心自己的健康吗？ ……………………………………… 是（　　） 否（　　）
43. 你是否喜欢说笑话和谈论有趣的事？ ……………………… 是（　　） 否（　　）
44. 你是否觉得大多数事情对你都是无所谓的？ ……………… 是（　　） 否（　　）
45. 你小时候曾经有过对待父母鲁莽无礼的行为吗？ ………… 是（　　） 否（　　）
46. 你喜欢和别人打成一片，整天相处在一起吗？……………… 是（　　） 否（　　）
47. 你失眠吗？ …………………………………………………… 是（　　） 否（　　）
48. 你饭前必定先洗手吗？……………………………………… 是（　　） 否（　　）
49. 当别人问你话时，你是否对答如流？ ……………………… 是（　　） 否（　　）
50. 你是否宁愿有富余时间喜欢早点动身去赴约会？ ………… 是（　　） 否（　　）
51. 你经常无缘无故感到疲倦和无精打采吗？ ………………… 是（　　） 否（　　）
52. 在游戏或打牌时你曾经作弊吗？…………………………… 是（　　） 否（　　）
53. 你喜欢紧张的工作吗？ ……………………………………… 是（　　） 否（　　）
54. 你时常觉得自己的生活很单调吗？ ………………………… 是（　　） 否（　　）
55. 你曾经为了自己而利用过别人吗？ ………………………… 是（　　） 否（　　）
56. 你是否参加的活动太多，已超过自己可能分配的时间？
……………………………………………………………… 是（　　） 否（　　）
57. 是否有那么几个人时常躲着你？…………………………… 是（　　） 否（　　）
58. 你是否认为人们为保障自己的将来而精打细算勤俭节约所费的时间太多了？ …………………………………… 是（　　） 否（　　）
59. 你是否曾经想过去死？ ……………………………………… 是（　　） 否（　　）
60. 若你确知不会被发现时，你会少付给人家钱吗？…………… 是（　　） 否（　　）
61. 你能使一个联欢会开得成功吗？…………………………… 是（　　） 否（　　）
62. 你是否尽力使自己不粗鲁？ ………………………………… 是（　　） 否（　　）
63. 一件使你为难的事情过去之后，是否使你烦恼好久？ …… 是（　　） 否（　　）
64. 你曾否坚持要照你的想法办事？ …………………………… 是（　　） 否（　　）
65. 当你去乘火车时，你是否最后一分钟到达？ ……………… 是（　　） 否（　　）

66. 你是否“神经质”？ …………………………………… 是(　　) 否(　　)
67. 你常感到寂寞吗？ …………………………………… 是(　　) 否(　　)
68. 你的言行总是一致的吗？ ……………………………… 是(　　) 否(　　)
69. 你有时喜欢玩弄动物吗？ ……………………………… 是(　　) 否(　　)
70. 有人对你或你的工作吹毛求疵时，是否容易伤害你的积极性？
…………………………………………………………………… 是(　　) 否(　　)
71. 你去赴约会或上班时，曾否迟到？ ……………………… 是(　　) 否(　　)
72. 你是否喜欢在你的周围有许多热闹和高兴的事？ ……… 是(　　) 否(　　)
73. 你愿意让别人怕你吗？ ………………………………… 是(　　) 否(　　)
74. 你是否有时兴致勃勃，有时却很懒散不想动弹？ ……… 是(　　) 否(　　)
75. 你有时会把今天应做的事拖到明天吗？ ……………… 是(　　) 否(　　)
76. 别人是否认为你是生机勃勃的？ ……………………… 是(　　) 否(　　)
77. 别人是否对你说过许多谎话？ ………………………… 是(　　) 否(　　)
78. 你是否对有些事情易性急生气？ ……………………… 是(　　) 否(　　)
79. 若你犯有错误，是否都愿意承认？ ……………………… 是(　　) 否(　　)
80. 你是一个整洁严谨、有条不紊的人吗？ ………………… 是(　　) 否(　　)
81. 在公园里或马路上，你是否总是把果皮或废纸扔到垃圾箱里？
…………………………………………………………………… 是(　　) 否(　　)
82. 遇到为难的事情，你是否拿不定主意？ ………………… 是(　　) 否(　　)
83. 你是否有过随口骂人的时候？ ………………………… 是(　　) 否(　　)
84. 若你乘车或坐飞机外出时，你是否担心会碰撞或出意外？
…………………………………………………………………… 是(　　) 否(　　)
85. 你是一个爱交往的人吗？ ……………………………… 是(　　) 否(　　)

二、大学生人格问卷(UPI)

指导语：以下问题是为了解你的健康状况并为了增进您的身心健康而设计的调查。请你按题号的顺序阅读，在最近一年中你常常感觉到或体验到的项目上作“O”选择。为了使你顺利完成大学学业，身心健康地去迎接新生活，请你真实地选择。

1. 食欲不振。
2. 恶心，难受，肚子痛。
3. 容易拉肚子或便秘。
4. 关注心悸和脉搏。
5. 身体健康状况良好。
6. 牢骚和不满多。
7. 父母期望过高。
8. 自己的过去和家庭是不幸的。
9. 过于担心将来的事情。
10. 不想见人。

11. 觉得自己不是自己。
12. 缺乏热情和积极性。
13. 悲观。
14. 思想不集中。
15. 情绪起伏过大。
16. 常常失眠。
17. 头痛。
18. 脖子、肩膀酸痛。
19. 胸痛憋闷。
20. 总是朝气蓬勃。
21. 气量小。
22. 爱操心。
23. 焦躁不安。
24. 容易动怒。
25. 想轻生。
26. 对任何事都没兴趣。
27. 记忆力减退。
28. 缺乏耐性。
29. 缺乏决断能力。
30. 过于依赖别人。
31. 为脸红而苦恼。
32. 口吃、声音发颤。
33. 身体忽冷忽热。
34. 常常注意排尿和性器官。
35. 心情开朗。
36. 莫明其妙地不安。
37. 一个人独处时感到不安。
38. 缺乏自信心。
39. 办事畏首畏尾。
40. 容易被人误解。
41. 不相信别人。
42. 过于猜疑。
43. 厌恶交往。
44. 感到自卑。
45. 杞人忧天。
46. 身体倦乏。
47. 一着急就出冷汗。
48. 站起来就头晕。

49. 有过昏迷或抽风。

50. 人缘好,受欢迎。

51. 过于拘泥。

52. 对任何事情不反复确认就不放心。

53. 对脏很在乎。

54. 摆脱不了毫无意义的想法。

55. 觉得自己有怪气味。

56. 别人在自己背后说坏话。

57. 总注意周围的人。

58. 在乎别人的视线。

59. 觉得别人轻视自己。

60. 情绪易被破坏。

61. 至今,你感到自身健康方面有问题吗?

62. 至今,你曾觉得心理卫生方面有问题吗?

63. 至今,你曾接受过心理咨询与治疗吗?

64. 你有健康或心理方面想咨询的问题吗?

标准解释:

大学生人格问卷是 University Personality Inventory(UPI)的简称。UPI 的主要功能是为了早期发现、早期治疗有心理问题的学生而编制的大学生精神健康调查表。

UPI 是以大学新生为对象,入学时作为精神卫生状况实态调查而使用,以了解学生中神经症、心身症、精神分裂症以及其他各种学生的烦恼、迷惘、不满、冲突等状况的简易问卷。

UPI 总分的计算规则是将除测伪题以外的其他 56 个题的得分求总和,总分最高为 56 分,最低为 0 分。

UPI 的筛选规则:

UPI 的筛选标准视研究需要和使用者的具体情况而定,国内高校普遍采用的筛选标准如下:

第一类筛选标准:

满足下列条件之一者应归为第一类:

(1)UPI 总分在 25 分(包括 25 分)以上者;

(2)第 25 题作肯定选择者;

(3)辅助题中同时至少有两题作肯定选择者;

(4)明确提出咨询要求者(由于此条选择人数较多,有时不用)。

第二类筛选标准:

满足下列条件之一者应归为第二类:

(1)UPI 总分在 20 分至 25 分(包括 20 分,不包括 25 分)之间者;

(2)第 8、16、26 题中有一题作肯定选择者;

(3)辅助题中只有一题作肯定选择者。

第三类筛选标准:

不属于第一类和第二类者应归为第三类。

其中第一类为可能有较明显心理问题的学生,应尽快约请进行咨询。

UPI结果的评价与分类:

在来咨询的第一类学生中,通过进一步的诊断被认为确有心理卫生问题的学生称为A类学生,该类学生需要进行持续的心理咨询。没有严重心理卫生问题的学生称为B类学生,该类学生可作为咨询机构今后关注的对象。没有任何心理卫生问题的学生称为C类学生。

关于A、B、C三类如何判定,主要是根据咨询员的经验。下面的特征可供诊断时参考:

A类:各类神经症(恐怖症、强迫症、焦虑症、严重的神经衰弱等),有精神分裂症倾向,悲观厌世,心理矛盾冲突激烈,明显影响正常生活、学习者。这类学生可立即预约下次咨询时间,每周或隔周面谈一次,直至症状减轻。

B类:存在一般心理问题,如人际关系不协调,新环境不适应等。这类学生有种种烦恼,但仍能够维持正常学习和生活。对他们提供帮助的同时请他们有问题时,随时咨询。

其余为C类,对他们通过面谈可以起到预防的作用。他们的症状暂时不明显或已经解决,以后出现症状,知道咨询机构可以提供帮助。

三、焦虑自评量表分析系统(SAS)

"焦虑自评量表分析系统"是根据Zung于1971年编制的"焦虑自评量表(Self-Rating Anxiety Scale,SAS)改编而成的。

该系统集心理学、精神病学、多元统计学、人工智能、计算机网络技术于一体,准确、迅速地反映伴有焦虑倾向的被试的主观感受,为临床心理咨询、诊断、治疗以及病理心理机制的研究提供科学依据。本测验应用范围颇广,适用于各种职业、文化阶层及年龄段的正常人或各类精神病人,包括青少年病人、老年病人和神经症病人。

要求:(1)独立、不受任何人影响地自我评定。(2)评定的时间范围,应强调是"现在或过去一周"。(3)每次评定一般可在十分钟内完成。

1. 我觉得比平常容易紧张和着急(焦虑)。

①没有或很少时间　②少部分时间　③相当多时间　④绝大部分或全部时间

2. 我无缘无故地感到害怕(害怕)。

①没有或很少时间　②少部分时间　③相当多时间　④绝大部分或全部时间

3. 我容易心里烦乱或觉得惊恐(惊恐)。

①没有或很少时间　②少部分时间　③相当多时间　④绝大部分或全部时间

4. 我觉得我可能将要发疯(发疯感)。

①没有或很少时间　②少部分时间　③相当多时间　④绝大部分或全部时间

5. 我觉得一切都很好,也不会发生什么不幸(不幸预感)。

①没有或很少时间　②少部分时间　③相当多时间　④绝大部分或全部时间

6. 我手脚发抖打颤(手足颤抖)。

①没有或很少时间　②少部分时间　③相当多时间　④绝大部分或全部时间

7. 我因为头痛、颈痛和背痛而苦恼(躯体疼痛)。

①没有或很少时间　②少部分时间　③相当多时间　④绝大部分或全部时间

8. 我感觉容易衰弱和疲乏(乏力)。

①没有或很少时间　②少部分时间　③相当多时间　④绝大部分或全部时间

9. 我觉得心平气和,并且容易安静坐着(静坐不能)。

①没有或很少时间　②少部分时间　③相当多时间　④绝大部分或全部时间

10. 我觉得心跳很快(心悸)。

①没有或很少时间　②少部分时间　③相当多时间　④绝大部分或全部时间

11. 我因为一阵阵头晕而苦恼(头昏)。

①没有或很少时间　②少部分时间　③相当多时间　④绝大部分或全部时间

12. 我有晕倒发作或觉得要晕倒似的(晕厥感)。

①没有或很少时间　②少部分时间　③相当多时间　④绝大部分或全部时间

13. 我呼气吸气都感到很容易(呼吸困难)。

①没有或很少时间　②少部分时间　③相当多时间　④绝大部分或全部时间

14. 我手脚麻木和刺痛(手足刺痛)。

①没有或很少时间　②少部分时间　③相当多时间　④绝大部分或全部时间

15. 我因为胃痛和消化不良而苦恼(胃痛或消化不良)。

①没有或很少时间　②少部分时间　③相当多时间　④绝大部分或全部时间

16. 我常常要小便(尿意频数)。

①没有或很少时间　②少部分时间　③相当多时间　④绝大部分或全部时间

17. 我的手常常是干燥温暖的(多汗)。

①没有或很少时间　②少部分时间　③相当多时间　④绝大部分或全部时间

18. 我脸红发热(面部潮红)。

①没有或很少时间　②少部分时间　③相当多时间　④绝大部分或全部时间

19. 我容易入睡并且一夜睡得很好(睡眠障碍)。

①没有或很少时间　②少部分时间　③相当多时间　④绝大部分或全部时间

20. 我做噩梦(噩梦)。

①没有或很少时间　②少部分时间　③相当多时间　④绝大部分或全部时间

四、卡特尔16种人格因素问卷(16PF)

本测验有许多关于个人兴趣与态度的题目,每个人对这些题目会有不同的回答,这些回答无对错之分。请凭直觉反应选择适合自己的答案,不要迟疑不决,尽量不选中性答案。请先写下您的姓名、性别、出生日期、职业、文化程度。

请您回答下列问题,将答案(可写①或②或③)写在题目后的括弧内。

1. 我很明了本测验的说明。(　　)

①是的;②不一定;③不是的。

2. 我对本测验的每一个问题都能做到诚实地回答。(　　)

①是的;②不一定;③不是的。

3. 如果我有机会的话,我愿意(　　)。

①到一个繁华的城市旅行;②介于①③之间;③游览清净的山区。

4. 我有能力应付各种困难。(　　)

①是的;②不一定;③不是的。

5. 即便是关在铁笼里的猛兽,也会使我见了惴惴不安。(　　)

①是的;②不一定;③不是的。

6. 我总是不敢大胆批评别人的言行。(　　)

①是的;②有时如此;③不是的。

7. 我的思想似乎(　　)。

①比较先进;②一般;③比较保守。

8. 我不擅长说笑话、讲趣事。(　　)

①是的;②介于①③之间;③不是的。

9. 当我见到亲友或邻居争吵时,我总是(　　)。

①任其自己解决;②介于①③之间;③予以劝解。

10. 在群众集会中,我(　　)。

①谈吐自如;②介于①③之间;③保持沉默。

11. 我愿做一个(　　)。

①建筑工程师;②不确定;③社会科学教授。

12. 阅读时,我喜欢选读(　　)。

①自然科学书籍;②不确定;③政治理论书籍。

13. 我认为很多人都有些心理不正常,只是他们不愿意承认。(　　)

①是的;②介于①③之间;③不是的。

14. 我希望我的爱人擅长交际,无须具有文艺才能。(　　)

①是的;②不一定;③不是的。

15. 对于性情急躁爱发脾气的人,我仍能以礼相待。(　　)

①是的;②介于①③之间;③不是的。

16. 受人侍奉时我常常局促不安。(　　)

①是的;②介于①③之间;③不是的。

17. 在从事体力或脑力劳动后,我总是需要比别人有更多的休息时间才能保持工作效率。(　　)

①是的;②介于①③之间;③不是的。

18. 半夜醒来,我常常因为种种惴惴不安而不能入睡。(　　)

①常常如此;②有时如此;③极少如此。

19. 事情进行得不顺利时,我常常急得涕泪交流。(　　)

①从不如此;②有时如此;③常常如此。

20. 我认为只要双方同意可以离婚,不要受传统观念的束缚。(　　)

①是的;②介于①③之间;③不是的。

21. 我对人或物的兴趣都很容易改变。(　　)

①是的;②介于①③之间;③不是的。

22. 在工作中我愿意(　　)。

①和别人合作;②不确定;③自己单独进行。

23. 我常常会无故地自言自语。(　　)

①常常如此;②偶然如此;③从不如此。

24. 无论是工作、饮食或外出游览,我总是(　　)。

①匆匆忙忙,不能尽兴;②介于①③之间;③从容不迫。

25. 有时我怀疑别人是否对我的言行真正有兴趣。(　　)

①是的;②介于①③之间;③不是的。

26. 如果我在工厂里工作,我愿做(　　)。

①技术科的工作;②介于①③之间;③宣传科的工作。

27. 在阅读时我愿意阅读(　　)。

①有关太空旅行的书籍;②不太确定;③有关家庭教育的书籍。

28. 本题后面列出的三个单词,哪个与其他两个单词不类同。(　　)

①狗;②石头;③牛。

29. 如果我能到一个新的环境,我要(　　)。

①把生活安排得和从前不一样;②不确定;③和从前相仿。

30. 在一生中,我总觉得我能达到预期的目标。(　　)

①是的;②不一定;③不是的。

31. 当我说谎时,总觉得内心羞愧,不敢正视对方。(　　)

①是的;②不一定;③不是的。

32. 假如我手里拿着装有子弹的手枪,我必须把子弹拿出来才能安心。(　　)

①是的;②介于①③之间;③不是的。

33. 多数人认为我是一个说话有趣的人。(　　)

①是的;②不一定;③不是的。

34. 如果人们知道我内心的成见,他们会大吃一惊。(　　)

①是的;②不一定;③不是的。

35. 在公共场合,如果我突然成为大家注意的中心,我会感到局促不安。(　　)

①是的;②介于①③之间;③不是的。

36. 我喜欢规模庞大的晚会或集会。(　　)

①是的;②介于①③之间;③不是的。

37. 在科学中,我喜欢(　　)。

①音乐;②不一定;③手工劳动。

38. 我常常怀疑那些出乎意料的,对我过于友善的人的真实动机。(　　)

①是的;②介于①③之间;③不是的。

39. 我愿意把生活安排得像一个(　　)。

①艺术家;②不确定;③会计师。

40. 我认为目前所需要的是(　　)。

①多出现一些改造世界观的思想家;②不确定;②脚踏实地的实干家。

41. 有时候我觉得需要剧烈的体力劳动。(　　)

①是的;②介于①③之间;③不是的。

42. 我愿意跟有教养的人来往,而不愿意同粗鲁的人交往。( )

①是的;②介于①③之间;③不是的。

43. 在处理一些必须凭借智慧的事物中,我的亲人的确( )。

①比一般人差;②普通;③超人一等。

44. 当领导召见时,我( )。

①觉得可以趁机提出建议;②介于①③之间;③总怀疑自己做错了事。

45. 如果待遇优厚,我愿意做护理工作。( )

①是的;②介于①③之间;③不是的。

46. 读报时,我喜欢读( )。

①当前世界上的基本问题;②介于①③之间;③地方新闻。

47. 在接受困难任务时,我总是( )。

①有独立完成的信心;②不确定;③希望有别人的帮助和指导。

48. 在游览时我宁愿参加一个画家的写生,也不愿听人家的辩论。( )

①是的;②不一定;③不是的。

49. 我的神经脆弱,稍有点刺激就会使我战栗。( )

①时常如此;②有时如此;③从不如此。

50. 早晨起来我常常感到疲乏不堪。( )

①是的;②介于①③之间;③不是的。

51. 如果待遇相同,我愿做( )。

①森林管理员;②不一定;③中小学教师。

52. 每逢年节或亲友结婚时,我( )。

①喜欢赠送礼品;②不太确定;③不愿相互送礼。

53. 本题后面列举的三个数字中,哪个数字与其他两个不类同。( )

①5;②2;③7。

54. 猫和鱼就像牛和( )。

①牛奶;②牧草;③盐。

55. 我在小学时敬佩的老师,到现在仍然值得我敬佩。( )

①是的;②不一定;③不是的。

56. 我觉得我确实有一些别人所不及的优良品质。( )

①是的;②不一定;③不是的。

57. 根据我的能力,即使让我做一些平凡的工作,我也会安心的。( )

①是的;②不太确定;③不是的。

58. 我喜欢看电影或参加其他娱乐活动。( )

①比一般人多;②和一般人相同;③比一般人少。

59. 我喜欢需要精密技术的工作。( )

①是的;②介于①③之间;③不是的。

60. 在有威望有地位的人面前,我总是较为局促、谨慎。( )

①是的；②介于①③之间；③不是的。

61. 对于我来说，在大众面前演讲或表演是一件难事。（　　）

①是的；②介于①③之间；③不是的。

62. 我愿意（　　）。

①指挥几个人工作；②不确定；③和同志们一起工作。

63. 即使我做了一件让人笑话的事，我也能坦然处之。（　　）

①是的；②介于①③之间；③不是的。

64. 我认为没有人会幸灾乐祸希望我遇到困难。（　　）

①是的；②不确定；③不是的。

65. 一个人应该（　　）。

①考虑人生的真正意义；②不确定；③踏踏实实地工作和学习。

66. 我喜欢去处理被别人弄得一塌糊涂的工作。（　　）

①是的；②介于①③之间；③不是的。

67. 当我非常高兴时，总有种"好景不长"的感觉。（　　）

①是的；②介于①③之间；③不是的。

68. 在一般困难的情境中，我总能保持乐观。（　　）

①是的；②不一定；③不是的。

69. 迁居是一件极不愉快的事。（　　）

①是的；②介于①③之间；③不是的。

70. 在年轻的时候，当我和父母的意见不同时，我（　　）。

①保留自己的意见；②介于①③之间；③不接受父母的意见。

71. 我希望把我的家庭建设得（　　）。

①有其自身的活动和娱乐；②介于①③之间；③成为邻里交往活动的一部分。

72. 我解决问题时多借助于（　　）。

①个人独立思考；②介于①③之间；③和别人互相讨论。

73. 在需要当机立断时，我总是（　　）。

①镇静地利用理智；②介于①③之间；③常常紧张兴奋。

74. 最近在一两件事情上，我觉得我是无辜受累的。（　　）

①是的；②介于①③之间；③不是的。

75. 我善于控制我的表情。（　　）

①是的；②介于①③之间；③不是的。

76. 如果待遇相同，我愿做一个（　　）。

①文学研究工作者；②不确定；③旅行社经理。

77."惊讶"与"新奇"犹如"惧怕"与（　　）。

①勇敢；②焦虑；③恐怖。

78. 本题后面列出的三个分数，哪一个数与其他两个不类同。（　　）

①3/7；②3/9；③3/11。

79. 不知为什么，有些人总是回避或冷淡我。（　　）

①是的；②不一定；③不是的。

80. 我虽然善意待人，但常常得不到好报。（　　）

①是的；②不一定；③不是的。

81. 我不喜欢争强好胜的人。（　　）

①是的；②不一定；③不是的。

82. 和一般人相比，我的朋友的确太少。（　　）

①是的；②介于①③之间；③不是的。

83. 不在万不得已的情况下，我总是回避参加应酬性的活动。（　　）

①是的；②不一定；③不是的。

84. 我认为对领导逢迎得当，比工作表现更重要。（　　）

①是的；②介于①③之间；③不是的。

85. 参加竞赛时，我总是着重在竞赛的活动，而不计较其成败。（　　）

①总是如此；②一般如此；③偶然如此。

86. 按照我个人的意愿，我希望做的工作是（　　）。

①有固定而可靠的工资收入；②介于①③之间；③工资高低应随我的工作表现随时调整。

87. 我愿意阅读（　　）。

①军事与政治的实事记载；②不一定；③富有情感和幻想的作品。

88. 我认为有许多人之所以不敢犯罪，其主要原因是惧怕惩罚。（　　）

①是的；②介于①③之间；③不是的。

89. 我的父母从来不严格要求我事事顺从。（　　）

①是的；②不一定；③不是的。

90.“百折不挠、再接再厉”的精神似乎被人们所忽略。（　　）

①是的；②不一定；③不是的。

91. 当有人对我发火时，我总是（　　）。

①设法使他镇静下来；②不太确定；③也会发起火来。

92. 我希望（　　）。

①人们都要友好相处；②不一定；③进行斗争。

93. 无论是在极高的房屋上还是在极深的隧道中，我很少感到胆怯不安。（　　）

①是的；②介于①③之间；③不是的。

94. 只要没有过错，不管别人怎么说，我总能心安理得。（　　）

①是的；②不一定；③不是的。

95. 我认为凡是无法用理智来解决的问题，有时就不得不靠权力处理。（　　）

①是的；②介于①③之间；③不是的。

96. 我在年轻的时候和异性交往（　　）。

①较多；②介于①③之间；③较别人少。

97. 在社团活动中，我是一个活跃分子。（　　）

①是的；②介于①③之间；③不是的。

98. 在人声嘈杂中，我仍然能不受干扰，专心工作。(　　)

①是的；②介于①③之间；③不是的。

99. 在某些心境下，我常常因为困惑陷入空想而将工作搁置下来。(　　)

①是的；②介于①③之间；③不是的。

100. 我很少用难堪的语言去刺伤别人的感情。(　　)

①是的；②不太确定；③不是的。

101. 如果让我选择我宁愿做(　　)。

①列车员；②不确定；③描图员。

102. "理不胜词"的意思是(　　)。

①理不如词；②理多而词少；③词藻华丽而理不足。

103. "铁锹"与"挖掘"犹如"刀子"与(　　)。

①琢磨；②切割；③铲除。

104. 我在大街上，常常避开我所不愿意打招呼的人。(　　)

①极少如此；②偶然如此；③有时如此。

105. 当我聚精会神地听音乐时，假使有人在旁边高谈阔论(　　)。

①我仍然专心听音乐；②介于①③之间；③不能专心而感到愤怒。

106. 在课堂上如果我的意见与老师的不同，我常常(　　)。

①保持沉默；②不一定；③当场表明立场。

107. 我单独与异性谈话时，总显得不自然。(　　)

①是的；②介于①③之间；③不是的。

108. 我在待人接物方面，的确不太成功。(　　)

①是的；②不完全是这样；③不是的。

109. 每当做一个困难工作时，我总是(　　)。

①预先做好准备；②介于①③之间；③相信到时候总会有办法解决的。

110. 在我结交的朋友中，男女各占一半。(　　)

①是的；②介于①③之间；③不是的。

111. 我在结交朋友方面(　　)。

①结识很多人；②不一定；③维持几个深交的朋友。

112. 我愿意做一个社会科学家，而不愿意做一个机械工程师。(　　)

①是的；②不确定；③不是的。

113. 如果我发现了别人的缺点，我会不顾一切地提出指责。(　　)

①是的；②介于①③之间；③不是的。

114. 我善于设法影响和我一起工作的同事，使他们能协助我实现我所计划的目标。(　　)

①是的；②介于①③之间；③不是的。

115. 我喜欢做戏剧、音乐、歌舞、新闻采访等工作。(　　)

①是的；②不一定；③不是的。

116. 当人们表扬我的时候，我总觉得羞愧窘促。(　　)

①是的;②介于①③之间;③不是的。

117. 我认为一个国家最需要解决的问题是(　　)。

①政治问题;②不太确定;③道德问题。

118. 有时我会无故产生一种面临大祸的恐惧。(　　)

①是的;②有时如此;③不是的。

119. 我在童年时害怕黑暗的次数(　　)。

①极多;②不太多;③几乎没有。

120. 在闲暇的时候,我喜欢(　　)。

①看一些历史性的探险电影;②不一定;③读一本科学性的幻想小说。

121. 当人们批评我古怪不正常时,我(　　)。

①非常气恼;②有些动气;③无所谓。

122. 到一个新城市里去找地址,我(　　)。

①找人问路;②介于①③之间;③参考市区地图。

123. 当朋友声明他要在家休息时,我总是设法怂恿他同我一起到外面去游览。(　　)

①是的;②不一定;③不是的。

124. 在就寝时我常常(　　)。

①不易入睡;②介于①③之间;③极易入睡。

125. 有人烦扰我时,我(　　)。

①能不露声色;②介于①③之间;③总要说给别人听,以泄气愤。

126. 如果待遇相同,我愿做一个(　　)。

①律师;②不确定;③航海员。

127."时间变成了永恒"这是比喻(　　)。

①时间过得很快;②忘了时间;③光阴一去不复返。

128. 本题后面列的哪一项应接在 X0000XX000XXX 的后面?(　　)

①X0X0;②00X;③0XX。

129. 我不论到什么地方,都能清楚地辨别方向。(　　)

①是的;②介于①③之间;③不是的。

130. 我热爱所学的专业和从事的工作。(　　)

①是的;②介于①③之间;③不是的。

131. 如果我急于想借朋友的东西,而朋友又不在家时,我认为不告而取也没有关系。(　　)

①是的;②介于①③之间;③不是的。

132. 我喜欢向朋友讲述一些我个人有趣的经历。(　　)

①是的;②介于①③之间;③不是的。

133. 我宁愿做一个(　　)。

①演员;②不确定;③建筑师。

134. 业余时间,我总是做好安排,不使时间浪费。(　　)

①是的;②介于①③之间;③不是的。

135. 在和别人交往中，我总是无缘无故地产生一种自卑感。（ ）

①是的；②介于①③之间；③不是的。

136. 和不熟识的人交谈对我来说（ ）。

①毫无困难；②介于①③之间；③是一件难事。

137. 我所喜欢的音乐是（ ）。

①轻松活泼的；②介于①③之间；③富于感情的。

138. 我爱想入非非。（ ）

①是的；②不一定；③不是的。

139. 我认为未来二十年的世界局势定将好转。（ ）

①是的；②不一定；③不是的。

140. 在童年时，我喜欢阅读（ ）。

①神话幻想故事；②不确定；③战争故事。

141. 我向来都对机械、汽车等发生兴趣。（ ）

①是的；②介于①③之间；③不是的。

142. 即使让我做一个缓刑释放罪犯的管理人，我也会把工作搞得较好。（ ）

①是的；②介于①③之间；③不是的。

143. 我仅仅被认为是一个能够苦干而稍有成就的人而已。（ ）

①是的；②介于①③之间；③不是的。

144. 就是在不顺利的情况下，我仍能保持精神振奋。（ ）

①是的；②介于①③之间；③不是的。

145. 我认为节制生育是解决经济与和平问题的重要条件。（ ）

①是的；②不太确定；③不是的。

146. 在工作中我喜欢独自筹划，不愿受别人干涉。（ ）

①是的；②介于①③之间；③不是的。

147. 尽管有的同事和我意见不合，但我仍能跟他团结。（ ）

①是的；②不一定；③不是的。

148. 我在工作和学习上，总是设法使自己不粗心大意，忽略细节。（ ）

①是的；②介于①③之间；③不是的。

149. 在和别人争辩或险遭事故后，我常常表现出震颤、筋疲力尽，不能安心工作。（ ）

①是的；②介于①③之间；③不是的。

150. 未经医生处方，我是从不乱吃药的。（ ）

①是的；②介于①③之间；③不是的。

151. 根据我个人的兴趣，我愿参加（ ）。

①摄影组活动；②不确定；③文娱队活动。

152. “星火”与“燎原”犹如“姑息”与（ ）。

①同情；②养奸；③纵容。

153. “钟表”与“时间”犹如“裁缝”与（ ）。

①服装;②剪刀;③布料。

154. 生动的梦境常常干扰我的睡眠。(　　)

①经常如此;②偶然如此;②从不如此。

155. 我爱打抱不平。(　　)

①是的;②介于①③之间;③不是的。

156. 如果我要到一个新城市,我要(　　)。

①到处闲逛;②不确定;③避免到不安全的地方去。

157. 我爱穿朴素的衣服,不愿穿华丽的服装。(　　)

①是的;②不太确定;③不是的。

158. 我认为安静的娱乐远远胜于热闹的宴会。(　　)

①是的;②不太确定;③不是的。

159. 我明知自己有缺点,但不愿意接受别人的批评。(　　)

①偶然如此;②极少如此;③从不如此。

160. 我总是把"是非善恶"作为处理问题的原则。(　　)

①是的;②介于①③之间;③不是的。

161. 当我工作时,我不喜欢有许多人在旁观看。(　　)

①是的;②介于①③之间;③不是的。

162. 我认为侮辱那些有错误但有文化教养的人,如医生、教师等也是不应该的。(　　)

①是的;②介于①③之间;③不是的。

163. 在各种课程中,我喜欢(　　)。

①语文;②不确定;③数学。

164. 那些自以为是、道貌岸然的人使我生气。(　　)

①是的;②介于①③之间;③不是的。

165. 和循规蹈矩的人交谈,我觉得(　　)。

①很有兴趣,并有所得;②介于①③之间;③他们的思想简单,使我厌烦。

166. 我喜欢(　　)。

①有几个有时对我很苛刻但富有感情的朋友;②介于①③之间;③不受别人的干涉。

167. 如果征求我的意见,我赞同(　　)。

①根绝精神病患者及智能低下的人的生育;②不确定;③杀人犯判处死刑。

168. 有时我会无缘无故地感到沮丧痛苦。(　　)

①是的;②介于①③之间;③不是的。

169. 当和立场相反的人辩论时,我主张(　　)。

①尽量找出基本概念的差异;②不一定;③彼此让步。

170. 我一向是重感情,不重理智,因此我的观点常常动摇不定。(　　)

①是的;②不致如此;③不是的。

171. 我的学习多赖于(　　)。

①阅读书刊;②介于①③之间;③参加集体讨论。

172. 我宁愿选择一个工资较高的工作,不在乎是否有保障,不愿做工资低的固定工

作。(　　)

①是的;②不太确定;③不是的。

173. 在参加讨论时,我总是能把握住自己的立场。(　　)

①经常如此;②一般如此;③必要时才能如此。

174. 我常常被一些无所谓的小事所烦扰。(　　)

①是的;②介于①③之间;③不是的。

175. 我宁愿住在嘈杂的闹市区,而不愿住在僻静的郊区。(　　)

①是的;②不太确定;③不是的。

176. 下列工作如果让我挑选的话,我愿做(　　)。

①少先队辅导员;②不太确定;③修表工作。

177. 一人____事,众人受累。(　　)

①偾;②愤;③喷。

178. 望子成龙的家长往往____苗助长。(　　)

①揠;②堰;③偃。

179. 气候的变化并不影响我的情绪。(　　)

①是的;②介于①③之间;③不是的。

180. 因为我对一切问题都有一些见解,所以大家都认为我是一个有头脑的人。(　　)

①是的;②介于①③之间;③不是的。

181. 我讲话的声音(　　)。

①洪亮;②介于①③之间;③低沉。

182. 一般人都认为我是一个活跃热情的人。(　　)

①是的;②介于①③之间;③不是的。

183. 我喜欢做出差机会较多的工作。(　　)

①是的;②介于①③之间;③不是的。

184. 我做事严格,力求把事情办得尽善尽美。(　　)

①是的;②介于①③之间;③不是的。

185. 在取回或归还借的东西时,我总是检查,看是否保持原样。(　　)

①是的;②介于①③之间;③不是的。

186. 我通常总是精力充沛,忙碌多事。(　　)

①是的;②不一定;③不是的。

187. 我确信我没有遗漏或不经心回答上面的任何问题。(　　)

①是的;②不确定;③不是的。

五、内外向性格类型量表

内外向的概念首先是荣格(C. G. Jung)于1913年在他的《心理类型学》一书中提出的。他认为在与周围世界发生联系时,人的心理一般有两种指向,他称为定势。一种定势指向个体内部世界,叫内向;另一种定势指向外部环境,叫外向。内向性格是安静的、富于想象的、爱思考的、退缩的、害羞的和防御性的,对人的兴趣漠然;外向性格爱交际,好外出，坦率，随和，乐于助人，轻信，易于适应环境。荣格认为，纯粹内向或外向性格的人是很少的，只是在特定场合下，由于某种情境的影响而倾向于一种占优势的态度，大多数人是介于内向和外向之间的中间型。后人为了测验性格的内外向，编制出多种量表。现介绍日本淡元路治郎的向性检查卡。

向性检查卡又称淡路向性检查卡。该量表把一个人对别人的态度、交友的情况、对新环境的兴趣和适应，以及自我主张的强烈程度等作为判断内外向性的重要征候。该量表共 50 个测题，每题作“是”、“否”或“不定”的回答。根据被试回答结果，可求出外向性指数(V. Q)。其公式为

V. Q=(外向性反应总数+1/2 回答“不定”的总数)/25×100

公式中外向性反应总数是指所有作外向反应的题数。该量表外向性题的编号是：2、4、5、8、10、11、12、18、20、21、24、25、26、28、29、34、36、37、38、40、41、46、48、49、50，其余 25 道题属于内向性题。外向性指数大于 115，则性格类型属于外向型；外向性指数小于 95，则性格类型属于内向型；外向性指数在 95～115 之间，则属于中间型。

淡路向性检查卡

说明：请回答下列问题。如果问题内容适合于您的情况，就在“是”上画“○”；如果不适合，就在“否”上画“○”；如果介于适合和不适合之间，就在“不定”上画“○”。回答时不要考虑应该怎样，而只回答你平时是怎样的。每个答案无所谓正确与错误，因而没有对你不利的题目。请尽快回答，不要在每道题目上作太多思索。

题目			
1. 对细小的事情也忧虑不已吗？	是	不定	否
2. 能当机立断吗？	是	不定	否
3. 处理重大的事情啰唆费时吗？	是	不定	否
4. 能中途改变决心吗？	是	不定	否
5. 比起想，更喜欢做吗？	是	不定	否
6. 忧郁吗？	是	不定	否
7. 对失败耿耿于怀吗？	是	不定	否
8. 从容不迫吗？	是	不定	否
9 不爱说话吗？	是	不定	否
10. 好动感情吗？	是	不定	否
11. 喜欢热闹吗？	是	不定	否
12. 情绪容易变化吗？	是	不定	否
13. 热衷于事情吗？	是	不定	否
14. 忍耐力强吗？	是	不定	否
15. 爱讲小道理吗？	是	不定	否
16. 议论问题容易过激吗？	是	不定	否
17. 小心谨慎吗？	是	不定	否
18. 动作敏捷吗？	是	不定	否
19. 工作细致吗？	是	不定	否
20. 喜欢干引人注目的事吗？	是	不定	否

21. 不顾一切地工作吗？(对工作入迷吗？)	是	不定	否
22. 是空想家吗？	是	不定	否
23. 过于洁癖吗？	是	不定	否
24. 乱扔物品吗？	是	不定	否
25. 浪费多吗？	是	不定	否
26. 说话过多吗？	是	不定	否
27. 性情不随和吗？	是	不定	否
28. 喜欢开玩笑吗？	是	不定	否
29. 容易受怂恿吗？	是	不定	否
30. 固执吗？	是	不定	否
31. 经常感到不满吗？	是	不定	否
32. 担心对自己的评论吗？	是	不定	否
33. 敢于批评别人吗？	是	不定	否
34. 自己的事情能放心托别人办吗？	是	不定	否
35. 不愿接受别人指导吗？	是	不定	否
36. 居于人上能很好管理吗？	是	不定	否
37. 老老实实地听取别人的意见吗？	是	不定	否
38. 机灵吗？	是	不定	否
39. 好隐瞒吗？	是	不定	否
40. 同情别人吗？	是	不定	否
41. 过于信任别人吗？	是	不定	否
42. 不忘记怨恨吗？	是	不定	否
43. 腼腆羞怯吗？	是	不定	否
44. 喜欢孤独吗？	是	不定	否
45. 交朋友尽心尽力吗？	是	不定	否
46. 在别人面前能随便地说话吗？	是	不定	否
47. 在惹人注目的地方退缩不前吗？	是	不定	否
48. 和意见不同的人也能随便地交往吗？	是	不定	否
49. 好管闲事吗？	是	不定	否
50. 慷慨地给别人东西吗？	是	不定	否

六、气质类型调查表

本测验共有60个问题，只要你能根据自己的实际行为表现如实回答，就能帮助你确定自己的气质类型，但必须做到：

(1)回答时请不要猜测题目内容要求，也就是说不要考虑应该怎样，而只回答你平时怎样，因为题目答案本身无所谓正确与错误之分。

(2)回答要迅速，不要在某道题目上花过多时间。

(3)每一题都必须回答，不能有空题。

(4)在回答下列问题时,你认为很符合自己情况的,记2分,较符合自己情况的,记1分,介于符合与不符合之间的,记0分。较不符合自己情况的,记－1分,完全不符合自己情况的,记－2分。

1. 做事力求稳妥,不做无把握的事。
2. 遇到可气的事就怒不可遏,把心里话全说出来才痛快。
3. 宁肯一个人干事,不愿很多人在一起。
4. 到一个新环境很快就能适应。
5. 厌恶那些强烈的刺激,如尖叫、噪音、危险镜头等。
6. 和人争吵时,总是先发制人,喜欢挑衅。
7. 喜欢安静的环境。
8. 善于和人交往。
9. 羡慕那种善于克制自己感情的人。
10. 生活有规律,很少违反作息制度。
11. 在多数情况下情绪是乐观的。
12. 碰到陌生人觉得很拘束。
13. 遇到令人气愤的事,能很好地自我克制。
14. 做事总是有旺盛的精力。
15. 遇到问题常常举棋不定,优柔寡断。
16. 在人群中从不觉得过分拘束。
17. 情绪高昂时,觉得干什么都有趣;情绪低落时,又觉得什么都没有意思。
18. 当注意力集中于一事物时,别的事很难使我分心。
19. 理解问题总比别人快。
20. 碰到危险情景,常有一种极度恐怖感。
21. 对学习、工作、事业怀有很高的热情。
22. 能够长时间做枯燥、单调的工作。
23. 符合兴趣的事情,干起来劲头十足,否则就不想干。
24. 一点小事就能引起情绪波动。
25. 讨厌做那种需要耐心、细致的工作。
26. 与人交往不卑不亢。
27. 喜欢参加热烈的活动。
28. 爱看感情细腻、描写人物内心活动的文学作品。
29. 工作学习时间长了,常感到厌倦。
30. 不喜欢长时间谈论一个问题,愿意实际动手干。
31. 宁愿侃侃而谈,不愿窃窃私语。
32. 别人说我总是闷闷不乐。
33. 理解问题常比别人慢些。
34. 疲倦时只要短暂的休息就能精神抖擞,重新投入工作。
35. 心里有话宁愿自己想,不愿说出来。

36. 认准一个目标就希望尽快实现，不达目的，誓不罢休。
37. 学习、工作同样长时间，常比别人更疲倦。
38. 做事有些莽撞，常常不考虑后果。
39. 老师或师傅讲授新知识、新技术时，总希望他讲慢些，多重复几遍。
40. 能够很快地忘记那些不愉快的事情。
41. 做作业或完成一件工作总比别人花的时间多。
42. 喜欢运动量大的剧烈体育活动，或参加各种文艺活动。
43. 不能很快地把注意力从一件事转移到另一件事上去。
44. 接受一个任务后，就希望把它迅速解决。
45. 认为墨守成规比冒风险强些。
46. 能够同时注意几件事物。
47. 当我烦闷的时候，别人很难使我高兴起来。
48. 爱看情节起伏跌宕、激动人心的小说。
49. 对工作抱认真严谨、始终一贯的态度。
50. 和周围人们的关系总是相处不好。
51. 喜欢复习学过的知识，重复做已经掌握的工作。
52. 希望做变化大、花样多的工作。
53. 小时候会背的诗歌，我似乎比别人记得清楚。
54. 别人说我“出语伤人”，可我并不觉得是这样。
55. 在体育活动中，常因反应慢而落后。
56. 反应敏捷，头脑机智。
57. 喜欢有条理而不甚麻烦的工作。
58. 兴奋的事常使我失眠。
59. 老师讲新概念，常常听不懂，但弄懂以后就很难忘记。
60. 假如工作枯燥无味，马上就会情绪低落。

评分与解释

把每题得分填入下表题号中并相加，计算各栏的总分。

胆汁质(A)	2	6	9	14	17	21	27	31	36	38	42	48	50	54	58	合计
多血质(B)	4	8	11	16	19	23	25	29	34	40	44	46	52	56	60	合计
黏液质(C)	1	7	10	13	18	22	26	30	33	39	43	45	49	55	57	合计
抑郁质(D)	3	5	12	15	20	24	28	32	35	37	41	47	51	53	59	合计

汇总：A(　　)　B(　　)　C(　　)　D(　　)

(1)如果某类气质得分明显高出其他三种,均高出4分以上,则可定为该类气质。如果该类气质得分超过20分,则为典型型;如果该类得分在10～20分,则为一般型。

(2)两种气质类型得分接近,其差异低于3分,而且又明显高于其他两种,高出4分以上,则可定为这两种气质的混合型。

(3)三种气质得分均高于第四种,而且接近,则为三种气质的混合型,如多血—胆汁—黏液质混合型或黏液—多血—抑郁质混合型。

(4)如四栏分数皆不高且相近(<3分),则为四种气质的混合型。多数人的气质是一般型气质或两种气质的混合型,典型气质和数种气质的混合型的人较少。

此外,凡是在1、3、5……奇数题上答"2"或"1",或在2、4、6……偶数题上答"－1"或"－2",每题各得1分,否则得半分。如果你是男性,总得分在0～10之间则非常内向,11～25之间比较内向,26～35之间介于内外向之间,36～50之间比较外向,51～60之间非常外向。如果你是女性,总得分在0～10之间非常内向,11～21之间比较内向,22～31之间介于内外向之间,32～45比较外向,46～60之间非常外向。

七、抑郁自评量表(SDS)

注意事项:

下面有二十条文字,请仔细阅读每一条,把意思弄明白,然后根据您最近一星期的实际感觉,选择最适当的回答。

要求:

(1)独立、不受任何人影响地自我评定。

(2)评定的时间范围,应强调是"现在或过去一周"。

(3)每次评定一般可在10分钟内完成。

(4)症状出现的频度分4级评分:①没有或很少时间;②少部分时间;③相当多时间;④绝大部分或全部时间。

1. 我觉得闷闷不乐,情绪低沉。
2. 我觉得一天中早晨最好。
3. 我一阵阵哭出来或觉得想哭。
4. 我晚上睡眠不好。
5. 我吃得跟平常一样多。
6. 我与异性密切接触时和以往一样感到愉快。
7. 我发觉我的体重在下降。
8. 我有便秘的苦恼。
9. 我心跳比平常快。
10. 我无缘无故地感到疲乏。
11. 我的头脑跟平常一样清楚。
12. 我觉得经常做的事情并没有困难。
13. 我觉得不安而平静不下来。

14. 我对将来抱有希望。
15. 我比平常容易生气激动。
16. 我觉得作出决定是容易的。
17. 我觉得自己是个有用的人，有人需要我。
18. 我的生活过得很有意思。
19. 我认为如果我死了别人会生活得好些。
20. 平常感兴趣的事我仍然照样感兴趣。

八、症状自评量表(SCL-90)

评定时间：可以评定一个特定的时间，通常是评定一周时间。

评定方法：分为五级评分(从1～5级)，1＝从无，2＝轻度，3＝中度，4＝相当重，5＝严重。有的也用2～5级，在计算实得总分时，应将所得总分减去90。SCL-90除了自评外，也可以作为医生评定病人症状的一种方法。

SCL-90广泛应用于我国的心理咨询中，它是目前我国使用最广的一种检查心理健康的量表。它具有内容多、反映症状丰富、能准确刻画来访者自觉症状等优点。SCL-90共有90个评定项目。它的每一个项目均采用5级评分制：

(1)从无：自觉无该项症状问题。
(2)轻度：自觉有该项问题，但发生得并不频繁、严重。
(3)中度：自觉有该项症状，其严重程度为轻到中度。
(4)相当重：自觉常有该项症状，其程度为中到严重。
(5)严重：自觉常有该项症状，频度和程度都十分严重。

1. 头痛。
2. 神经过敏，心中不踏实。
3. 头脑中有不必要的想法或字句盘旋。
4. 头昏或昏倒。
5. 对异性的兴趣减退。
6. 对旁人责备求全。
7. 感到别人能控制自己的思想。
8. 责怪别人制造麻烦。
9. 忘性大。
10. 担心自己的衣饰整齐及仪态的端正。
11. 容易烦恼和激动。
12. 胸痛。
13. 害怕空旷的场所或街道。
14. 感到自己的精力下降，活动减慢。
15. 想结束自己的生命。
16. 听到旁人听不到的声音。

17. 发抖。
18. 感到大多数人都不可信任。
19. 胃口不好。
20. 容易哭泣。
21. 同异性相处时感到害羞不自在。
22. 受骗,中了圈套或有人想抓住。
23. 无缘无故地突然感到害怕。
24. 自己不能控制地大发脾气。
25. 怕单独出门。
26. 经常责怪自己。
27. 腰痛。
28. 感到难以完成任务。
29. 感到孤独。
30. 感到苦闷。
31. 过分担忧。
32. 对事物不感兴趣。
33. 感到害怕。
34. 我的感情容易受到伤害。
35. 旁人能知道自己的私下想法。
36. 感到别人不理解、不同情自己。
37. 感到人们对自己不友好,不喜欢自己。
38. 做事必须做得很慢,以保证做得正确。
39. 心跳得很厉害。
40. 恶心或胃部不舒服。
41. 感到比不上他人。
42. 肌肉酸痛。
43. 感到有人在监视自己、谈论自己。
44. 难以入睡。
45. 做事必须反复检查。
46. 难以作出决定。
47. 怕乘电车、公共汽车、地铁或火车。
48. 呼吸有困难。
49. 一阵阵发冷或发热。
50. 因为感到害怕而避开某些东西、场合或活动。
51. 脑子变空了。
52. 身体发麻或刺痛。
53. 喉咙有梗塞感。
54. 感到前途没有希望。

55. 不能集中注意。
56. 感到身体的某一部分软弱无力。
57. 感到紧张或容易紧张。
58. 感到手或脚发重。
59. 想到死亡的事。
60. 吃得太多。
61. 当别人看着自己或谈论自己时感到不自在。
62. 有一些不属于自己的想法。
63. 有想打人或伤害他人的冲动。
64. 醒得太早。
65. 必须反复洗手、点数目或触摸某些东西。
66. 睡得不稳不深。
67. 有想摔坏或破坏东西的冲动。
68. 有一些别人没有的想法或念头。
69. 感到对别人神经过敏。
70. 在商店或电影院等人多的地方感到不自在。
71. 感到任何事情都很困难。
72. 一阵阵恐惧或惊恐。
73. 感到公共场合吃东西很不舒服。
74. 经常与人争论。
75. 单独一人时神经很紧张。
76. 别人对我的成绩没有作出恰当的评价。
77. 即使和别人在一起也感到孤单。
78. 感到坐立不安心神不定。
79. 感到自己没有什么价值。
80. 感到熟悉的东西变得陌生或不像真的。
81. 大叫或摔东西。
82. 害怕会在公共场会昏倒。
83. 感到别人想占自己的便宜。
84. 为一些有关性的想法而苦恼。
85. 你认为应该为自己的过错而受到惩罚。
86. 感到要很快把事情做完。
87. 感到自己的身体有严重问题。
88. 从未感到和其他人很亲近。
89. 感到自己有罪。
90. 感到自己的脑子有毛病。

分析统计指标：

1. 总分

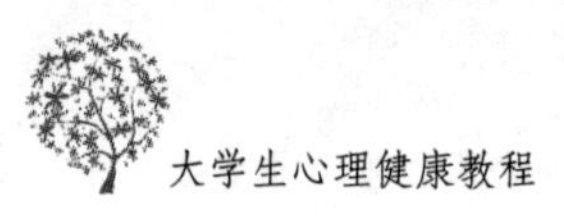

(1)总分是 90 个项目所得分之和。

(2)总症状指数,也称总均分,是将总分除以 90(总均分=总分÷90)。

(3)阳性项目数是指评为 2～5 分的项目数,阳性症状痛苦水平是指总分除以阳性项目数(阳性症状痛苦水平=总分÷阳性项目数)。

(4)阳性症状均分是指总分减去阴性项目(评为 0 的项目)总分,再除以阳性项目数。

2. 因子分

SCL-90 包括 9 个因子,每一个因子反映出病人的某方面症状痛苦情况,通过因子分可了解症状分布特点。

因子分=组成某一因子的各项目总分/组成某一因子的项目数

10 个因子含义及所包含项目为:

(1)躯体化:包括 1、4、12、27、40、42、48、49、52、53、56、58 共 12 项。该因子主要反映身体不适感,包括心血管、胃肠道、呼吸和其他系统的主诉不适,和头痛、背痛、肌肉酸痛,以及焦虑的其他躯体表现。

(2)强迫症状:包括了 3、9、20、28、38、45、46、51、55、65 共 10 项。主要指那些明知没有必要,但又无法摆脱的无意义的思想、冲动和行为,还有一些比较一般的认知障碍的行为征象也在这一因子中反映。

(3)人际关系敏感:包括 6、21、34、36、37、41、61、69、73 共 9 项。主要指某些个人不自在与自卑感,特别是与其他人相比较时更加突出。在人际交往中的自卑感,心神不安,明显不自在,以及人际交流中的自我意识,消极的期待亦是这方面症状的典型原因。

(4)抑郁:包括 5、14、15、20、22、26、29、30、31、32、54、71、79 共 13 项。苦闷的情感与心境为代表性症状,还以生活兴趣的减退、动力缺乏、活力丧失等为特征。还反映失望、悲观以及与抑郁相联系的认知和躯体方面的感受。另外,还包括有关死亡的思想和自杀观念。

(5)焦虑:包括 2、17、23、33、39、57、72、78、80、86 共 10 项。一般指那些烦躁、坐立不安、神经过敏、紧张以及由此产生的躯体征象,如震颤等。测定游离不定的焦虑及惊恐发作是本因子的主要内容,还包括一项解体感受的项目。

(6)敌对:包括 11、24、63、67、74、81 共 6 项。主要从三方面来反映敌对的表现:思想、感情及行为。其项目包括厌烦的感觉,摔物,争论直到不可控制的脾气暴发等各方面。

(7)恐怖:包括 13、25、47、50、70、75、82 共 7 项。恐惧的对象包括出门旅行、空旷场地、人群或公共场所和交通工具。此外,还有反映社交恐怖的一些项目。

(8)偏执:包括 8、18、43、68、76、83 共 6 项。本因子围绕偏执性思维的基本特征而制定,主要指投射性思维、敌对、猜疑、关系观念、妄想、被动体验和夸大等。

(9)精神病性:包括 7、16、35、62、77、84、85、87、88、90 共 10 项。反映各式各样的急性症状和行为,限定不严的精神病性过程的指征。此外,也可以反映精神病性行为的继发征兆和分裂性生活方式的指征。

(10)附加量表:包括 19、44、59、60、64、66、89 共 7 个项目未归入任何因子,反映睡眠及饮食情况,分析时将这 7 项作为附加项目或其他,作为第 10 个因子来处理,以便使各因子分之和等于总分。

各因子的因子分的计算方法是:各因子所有项目的分数之和除以因子项目数。例如强迫症状因子各项目的分数之和假设为30，共有10个项目，所以因子分为3。在2～5评分制中，粗略简单的判断方法是看因子分是否超过3分，若超过3分，即表明该因子的症状已达到中等以上严重程度。下面是正常成人SCL-90的因子分常模，如果因子分超过常模即为异常。

项目	X+SD	项目	X+SD
躯体化	1.37±0.48	敌对性	1.56±0.55
强迫	1.62±0.58	恐怖	1.23±0.41
人际关系	1.65±0.61	偏执	1.53±0.57
抑郁	1.5±0.59	精神病性	1.29±0.42
焦虑	1.39±0.43	阳性项目表	24.92±18.41

九、自信心的自我测验

请回答下面10个问题，每题选出一个最接近的答案。

1. 当老师在班里提出某一问题讨论时，你会采取哪一种态度：
   A. 马上举手表明自己的意见；
   B. 除非老师叫我起来回答，否则保持沉默；
   C. 等到大家发言完后再发表自己的看法。
2. 如果老师对你进行不适当的批评，你将采取哪一种对策：
   A. 马上全力为自己辩护，且情绪激动；
   B. 冷静地、理智地表明自己的看法；
   C. 不出声也不争辩，但记在心里。
3. 全校举行演讲比赛，老师和同学推荐你去，你将如何对待：
   A. 以种种借口推脱，坚决不去；
   B. 同意去，但演讲什么要老师和同学一起出主意；
   C. 不马上答应，等考虑好后再做答复；
4. 当你的好友在同学面前提出你也认为不好的要求，如借作业本抄，你怎么办：
   A. 面上答应，但过一会找个借口不给他；
   B. 给他讲抄作业的害处，帮他弄懂难点，让他自己完成；
   C. 听听其他同学的意见，再决定是否给他。
5. 当你去参加学生会举行的座谈会时，你首先做的是：
   A. 找认识的同学，坐在一起交谈；
   B. 与旁边不认识的同学相互认识起来，并进行交谈；
   C. 一个人坐在那里，不言语，看其他同学谈论。
6. 如果你被同学们选为班长，你怎么办：
   A. 勇敢地接受，并负责任地把班级工作做好；
   B. 同意试试，但随时准备退出；

C. 要求同学们支持、配合你的工作。

7. 如果老师要求你做一件关系到你声誉的工作时，你怎么办：

A. 请老师讲一讲做好这一工作的关键是什么；

B. 明确表示做好这工作的要求；

C. 勉强接受，但也可能就打退堂鼓。

8. 如果老师一个地方讲错了，你怎么办：

A. 巧妙地向老师提出问题，指出讲错的地方；

B. 借回答问题来纠正老师讲课中的差错；

C. 下课后再向老师提出。

9. 如果让你当班长，在挑选班委时，你将选择哪一种人：

A. 学习很好，有些只顾自己；

B. 小有缺点，但乐意为集体服务；

C. 学习好，大事做不来，小事尚能做的人。

10. 如果你来当老师，你将如何对待学生：

A. 想同学所想，通情达理；

B. 模仿老师的做法；

C. 有些照老师的做法，有些根据自己的体验。

评分标准：

	1	2	3	4	5	6	7	8	9	10
A	5	1	0	0	1	5	1	5	0	5
B	0	5	5	5	5	0	5	1	5	0
C	1	0	1	1	0	1	0	0	1	1

题目	1	2	3	4	5	6	7	8	9	10
选项										
分值										
总分										

评价：

1. 40～50分：你是一个很有自信的人。你敢于自告奋勇地做事，但必须小心，讲究工作技巧。

2. 28～38分：你有较强的自信心，并在多数情况下能应付自如，但在勇往直前时，要保持谨慎。

3. 13～5分：你办事缩手缩脚，总怕出差错，你应设法肯定自我，增强信心。

4. 0～10分：你给人的印象似乎不存在似的，应能力改变这种情况，需知自信是成功的一半。

参考文献

1. 郝伟主编.精神病学.第四版.北京:人民卫生出版社,2001

2. 易法建主编.实用训练医生.重庆:重庆大学出版社,2000

3. 卢家楣著.情感教学心理学.第二版.上海:上海教育出版社,2000

4. 汪道之编著.心理医生.第一版.北京:中国商业出版社,2001

5. 傅安求主编.家庭心理医生.第一版.上海:文汇出版社,2000

6. 李书荫著.成功心理学.第二版.北京:知识出版社,2002

7. [美]Lewis R,Aiken 著,张厚粲译.心理问卷与调查表.第一版.北京:中国轻工业出版社,2002

8. [美]Lewis R,Aiken 著,张厚粲译.心理测验与考试.第一版.北京:中国轻工业出版社,2002

9. 王丽敏,张文艺主编.心理卫生与健康 360.第一版.赤峰:内蒙古科学技术出版社,2001

10. 王建平著.健康教育:世纪的呼唤.第一版.北京:中国青年出版社,2001

11. 潘玉腾著.大学生心理健康教育研究.第一版.北京:人民出版社,2001

12. [美]Gera Corey 著,石林,程俊玲译.心理咨询与心理治疗.第一版.北京:中国轻工出版社,2000

13. 张理义主编.军人心理健康指南.第一版.北京:人民军医出版社,2000

14. 曹希绅等著.说劝心理与说劝技巧.第一版.合肥:安徽人民出版社,1999

15. 俞文钊等编著.市场营销心理学.第一版.北京:人民教育出版社,1997

16. 樊富珉编著.团体咨询的理论与实践.第一版.北京:清华大学出版社,1996

17. [日]国分康孝著,王江,段永萍译.婚姻心理.第一版.北京:世界知识出版社,1987

18. 刘达临著.爱情心理学.第一版.合肥:安徽人民出版社,1986

19. 刘芳编.女性生理和心理.第一版.成都:四川人民出版社,1987

20. 缪仁贤著.现代家教心理指导.第一版.上海:上海科学技术文献出版社,2001

21. 李建周著.教师心理训练.第一版.北京:教育科学出版社,1996

22. 刘张等著.新闻心理学.第一版.上海:复旦大学出版社,1997

23. 张力行编著.公关心理学.第一版.成都:四川大学出版社,1994

24. 贾纵云主编.宾馆管理心理学.第一版.北京:旅游教育出版社,1997

25. 王健等主编.健康教育学.第一版.北京:高等教育出版社,2006

26. 晋劲敏等编.教师心理.第一版.北京:北京师范大学出版社,1987

27. 屠荣生编著.师生沟通的心理攻略.第一版.上海:上海人民出版社,2002

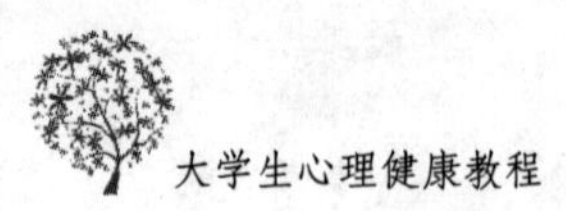

28. 杜江先等著.交往心理与交往技巧.第二版.合肥:安徽人民出版社,2001
29. 马义爽主编.消费心理学.第二版.北京:首都经济贸易大学出版社,1998
30. 江伟康主编.大学生健康教育读本.第一版.上海:上海医科大学出版社,1995